“十四五”高等职业教育城市轨道交通机电技术专业系列教材

单片机应用系统设计及调试

李志明◎主　编
李春鹏　邓建芳◎副主编
王青华◎主　审

中国铁道出版社有限公司
CHINA RAILWAY PUBLISHING HOUSE CO., LTD.

内 容 简 介

本书为“十四五”高等职业教育城市轨道交通机电技术专业系列教材之一，以《“十四五”职业教育规划教材建设实施方案》为引领，依据高等职业院校城市轨道交通类专业人才培养方案及单片机技术课程标准而编写。内容编写以典型任务为载体，符合学生认知特点，充分体现职业教育理念，将知识、技能和素养有机结合，达到有效激发学生学习兴趣和创新潜能的目的。

本书共分七个项目，其中项目一为单片机硬件基础部分，介绍了单片机的应用场景、历史和发展趋势，并详细介绍了C51单片机的硬件资源，搭建单片机最小系统；项目二至项目四为单片机应用基础部分，通过典型任务介绍了地铁列车到站指示灯、车站时钟系统、智能扶梯控制系统的设计与应用等内容，系统介绍单片机I/O端口、定时器、中断等内容；项目五为车站智能照明系统设计与应用，系统介绍单片机串口通信，初步引入传感网的概念；项目六、项目七为车站设备电压监控系统、地铁车站环境监控系统的设计与应用，是本书的提高部分，通过系统学习典型传感器在单片机系统中的应用，强化理解传感网，并初步理解大数据和人工智能的概念。

本书适合作为高等职业院校城市轨道交通类、铁道运输类、电子信息类各专业单片机技术相关课程教材，也可作为相关企业员工的培训资料。

图书在版编目(CIP)数据

单片机应用系统设计及调试 / 李志明主编. -- 北京 : 中国铁道出版社有限公司, 2025. 6. -- (“十四五”高等职业教育城市轨道交通机电技术专业系列教材).

ISBN 978-7-113-32163-5

Ⅰ. TP368.1

中国国家版本馆CIP数据核字第2025QP4985号

书　　名：单片机应用系统设计及调试

作　　者：李志明

策　　划：李中宝　　　　**编辑部电话：**(010)83527746

责任编辑：李中宝　绳　超

封面设计：刘　颖

责任校对：苗　丹

责任印制：赵星辰

出版发行：中国铁道出版社有限公司(100054，北京市西城区右安门西街8号)

网　　址：https://www.tdpress.com/51eds

印　　刷：北京联兴盛业印刷股份有限公司

版　　次：2025年6月第1版　2025年6月第1次印刷

开　　本：787 mm×1 092 mm　1/16　**印张：**15.75　**字数：**421千

书　　号：ISBN 978-7-113-32163-5

定　　价：63.00元

前　言

为了贯彻教育部关于职业教育教材建设的相关要求及“三教改革”的精神，以《“十四五”职业教育规划教材建设实施方案》为引领，依据高等职业院校城市轨道交通类专业人才培养方案及单片机技术课程标准而编写。编写中注重充分体现“加快构建现代职业教育体系，培养更多高素质技术技能人才、能工巧匠、大国工匠”的职业教育理念，将职业道德、工匠精神、科学思维、数字意识等融入教材中，旨在发挥教材育人功能。

单片机作为电子信息领域的关键技术，对培养专业人才有重要意义。这门课程不仅承接着电路原理、模拟电子技术、数字电子技术等课程，而且对培养学生的逻辑思维能力、系统设计能力和创新实践能力发挥着重要作用。本书具有以下特点：

1. 难度螺旋上升，符合认知规律

内容编排符合职业教育特点，遵循学生的认知和能力发展规律。对原有的课程体系进行重构，包括单片机认知、单片机常用资源和外设、单片机组网、单片机传感系统应用；内容选取上难度适中，螺旋上升，以“能用、够用、会用”为原则，切合教学实际。

2. 紧扣课程标准，突出职业特色

结合课程教学标准要求的知识、能力及素质目标，采用“项目引领、任务驱动”的项目化教材结构。通过典型任务的实施，突出知识的重点、难点，并注重基本实践技能训练，配套健全仿真实验项目，突出内容趣味性、典型性、实用性和可操作性。

3. 呈现形式新颖，注重创新思维

图文并茂，结构完整。书中有明确的任务目标、任务描述、知识链接、任务实施及任务评价，可操作性强，体现工学结合的一体化教学模式。教材中的项目选题来自城市轨道交通车站的应用，设计以学生为中心的“沉浸式”学习场景；项目中任务实施部分有基础任务和提高任务，注重启发学生的创新思维。

4. 教材资源丰富，适应时代发展

教材配套资源丰富，方便教师开展教学及学生自主学习。利用“互联网+”时代的新型技术手段，创设虚拟仿真等全新的教学环境，突出学生个体价值，构建虚拟智慧车站应用场景，以项目导向、任务驱动为架构的线上线下混合式教学模式，促进教学方式变革。在确保教材体系完整性、教材知识点满足教学目标的前提下，开发丰富、多元的教学资源，为学生提供视频微课、仿真练习等资源。

5. 融入课程思政，增强育人功能

根据轨道交通企业对人才的要求和职业教育的特点，教材从知识、能力、技能等方面，将规范作业、安全生产、团队协作、精益求精和科技创新等元素融入教材中，以培养学生职业素养。

本书由南京铁道职业技术学院与南京地铁集团有限公司合作完成。南京铁道职业技术学院李志明任主编；南京铁道职业技术学院李春鹏、邓建芳任副主编；南京铁道职业技术学院刘林、陈保国，南京地铁集团有限公司王承，南京中芯智联电子科技有限公司崔勇，武汉软件工程职业学院付厚奎参与编写，全书由南京地铁集团有限公司王青华主审。具体编写分工如下：李志明编写项目一、二、三、七中除“巩固练习”以外内容，以及其他项目的“任务目标”“任务实施”“任务评价”内容，并负责全书统稿；李春鹏编写项目六中“任务描述”“知识链接”“巩固练习”内容，以及其他项目“巩固练习”内容；邓建芳编写项目五任务1中“任务描述”“知识链接”内容；刘林编写项目四任务1中“任务描述”“知识链接”内容；陈保国编写项目四任务3中“任务描述”内容；王承编写项目四任务2中“任务描述”“知识链接”内容；崔勇编写项目五任务2中“任务描述”“知识链接”内容；付厚奎编写项目四任务3中“知识链接”内容。

本书在编写过程中得到了南京铁道职业技术学院原教研室主任丁祁正老师的大力支持，在此表示感谢！

本书在编写过程中，参考和引用了大量有关文献资料，在此对原作者表示感谢！

限于编者水平，书中难免存在一些疏漏和不当之处，恳请广大读者批评指正，并将建议及时反馈给我们（编者邮箱：lizhiming@njrts.edu.cn），以便本书修订完善。

编　者

2024年11月

目　录

项目一

单片机硬件系统

任务 搭建 51 单片机最小系统

任务目标

视频

单片机导学

知识目标：

(1)了解单片机的基本应用。

(2)了解单片机的发展历史和趋势。

(3)掌握 51 单片机硬件结构。

能力目标：

(1)能根据要求选用合适的单片机。

(2)能搭建最小单片机系统。

素养目标：

(1)具有安全作业的操作意识。

(2)具有精益求精的工匠精神。

(3)具有科技强国的责任感。

任务描述

单片机最小系统是指单片机可以正常执行程序的最简工作环境，是单片机能够实现简单运行的最少的元件组合。本任务要求掌握单片机基本硬件知识，并搭建单片机最小系统，为后续项目开展做准备。

知识链接

视频

认识单片机

一、单片机概述

单片机(single chip microcomputer，SCM)是一种集成电路芯片，是采用超大规模集成电路技术把具有数据处理能力的中央处理器(CPU)、随机存储器(RAM)、只读存储器(ROM)、多种 I/O 口和中断系统、定时/计数器等功能(可能还包括显示驱动电路、脉宽调制电路、模拟多路转换器、A/D 转换器等电路)集成到一块硅片上构成的一个小而完善的微型计算机系统，在工业控制领域广泛应用。从 20 世纪 80 年代开始，由当时的 8 位单片机，发展到现在的 16

位、32 位和 64 位高端领域的单片机。单片机的应用范围也是逐渐扩大，现今，单片机的应用几乎涵盖了人们日常生产生活中每个角落。

随着人们对电子产品性能和功能要求越来越高，相应的功耗不可忽略。7 nm 芯片技术的应用可以使电子产品在满足高性能需求的同时，降低功耗，延长电池使用时间，给用户带来更好的使用体验。

7 nm 指芯片制造工艺的精度。7 nm 的制造工艺代表着芯片的制造精度达到了非常高的水平。常见单片机外观如图 1-1-1 所示。

图 1-1-1　常见单片机外观

单片机凭借着低功耗、控制功能强、可靠性高以及高集成度等显著优点，成为当前社会科技领域的实用工具，也是人们生活的得力助手。它的应用领域也一直在扩大，按照用途主要有以下几大应用领域：

1. 家用电器领域

目前普通居民家中大多数电器都使用到了单片机。比如电饭煲、电冰箱、风扇、洗衣机、空调以及液晶电视等常用的家电设施，以及各种音响设备、体重秤、雾化器等都会用到单片机。

2. 医用设备领域

单片机在医用设备领域的使用同样广泛，中低端领域常用测温仪、电子体温计，高端领域的各种分析仪、呼吸机、监护仪以及超声诊断设备等。

3. 工业控制领域

由于单片机能够构成形式多样的控制系统、数据采集系统，所以被广泛应用在工厂流水线的智能化管理、楼房电梯智能化控制以及各种报警系统当中，还能够和计算机联网构成二级控制系统。

4. 智能仪器仪表领域

微控制器具有体积小、功耗低、控制功能强、扩展灵活、使用方便等优点，它与各种类型的传感器组合，可以实现各种物理量，如电压、功率、频率、湿度、温度、压力等测量。通过单片机控制，使仪器数字化、智能化、微型化，其功能比使用电子、数字电路更为强大。因此，单片机常用于各种智能化、高精度的测量仪器（如电能表、示波器、各种分析仪器）中。

5. 计算机网络通信领域

单片机通过通信接口，能够直接与计算机进行数据通信。比如手机、远程监控交换机、自动通信呼叫系统、无线对讲机等，都实现了单片机智能控制。

6. 大型电器中的模块化应用

一些特殊的单片机用来实现特定的功能，因此可以模块化地应用于不同的电路，而无须使用者知道其内部结构。例如音乐集成单片机，看似简单的功能，在纯电子芯片上微缩（有别于磁带的原理），需要有与计算机相似的复杂原理。例如：音乐信号以数字形式存在内存（类似于ROM），通过微处理器读取，并转换成模拟音乐电信号（与声卡相似）。

当然，单片机的应用领域远不止以上这些，除了以上六大主要领域之外，单片机还在工商、金融、人工智能以及国防航空等领域有着十分广泛的用途。随着32位、64位单片机的出现，单片机的运算效能得到了大幅提升，在未来，单片机的应用领域还将继续扩大。

二、单片机的发展史

（1）第一阶段（1976—1978年）：单片机的探索阶段。以Intel公司的MCS-48为代表。MCS-48的推出是在工控领域的探索，参与这一探索的公司还有Motorola、Zilog等，都取得了满意的效果。这就是SCM的诞生年代，“单片机”一词由此而来。

（2）第二阶段（1978—1982年）：单片机的完善阶段。Intel公司在MCS-48基础上推出了完善的、典型的单片机系列MCS-51。它在以下几方面奠定了典型的通用总线型单片机体系结构：

①完善的外部总线。MCS-51设置了经典的8位单片机的总线结构，包括8位数据总线、16位地址总线、控制总线及具有多机通信功能的串行通信接口。

②CPU外围功能单元的集中管理模式。

③体现工控特性的位地址空间及位操作方式。

④指令系统趋于丰富和完善，并且增加了许多突出控制功能的指令。

（3）第三阶段（1982—1990年）：8位单片机的巩固发展及16位单片机的推出阶段，也是单片机向微控制器发展的阶段。Intel公司推出的MCS-96系列单片机，将一些用于测控系统的A/D转换器、程序运行监视器、脉宽调制器等纳入芯片中，体现了单片机的微控制器特征。随着MCS-51系列单片机的应用，许多电气厂商竞相使用80C51为内核，将许多测控系统中使用的电路技术、接口技术、多通道A/D转换部件、可靠性技术等应用到单片机中，增强了外围电路的功能，强化了智能控制的特征。

（4）第四阶段（1990年至今）：单片机的全面发展阶段。随着单片机在各个领域全面深入的发展和应用，出现了高速、大寻址范围、强运算能力的8位、16位、32位通用型单片机，以及小型廉价的专用型单片机。

纵观单片机这几十年的发展历史，单片机向多功能、高性能、高速度、低功耗、低价格等方向发展，在生产生活中应用越来越广泛。

三、单片机的未来趋势

作为应用无处不在的产品，单片机未来的走势会是怎么样的呢？电子应用型产品性能集中在计算速度和体积两方面。节能是所有电子产品不可避免的话题，所以低功耗是未来单片机的一个重要发展方向。现代社会追求高效，所以高性能也是单片机发展的重要方向。

1. 低功耗CMOS化

MCS-51系列的8031推出时的功耗达630 mW，而现在的单片机功耗普遍都在100 mW左右，随着对单片机功耗要求越来越低，现在的各个单片机制造商基本都采用了CMOS（互补金属氧化物半导体工艺）。像80C51就采用了HMOS（高密度金属氧化物半导体工艺）和CHMOS（互补高密度金属氧化物半导体工艺）。CMOS虽然功耗较低，但由于其物理特征决定了其工作速度不够高，而CHMOS则具备了高速和低功耗的特点，这些特征，更适合于在要求低功耗，如电池供电的应用场合。所以，这种工艺将是今后一段时期单片机发展的主要途径。

2. 微型单片化

现在常规的单片机普遍都是将中央处理器(CPU)、随机存储器(RAM)、只读存储器(ROM)、并行和串行通信接口、中断系统、定时电路、时钟电路集成在一块单一的芯片上,增强型的单片机集成了如 A/D 转换器、PMW(脉宽调制电路)、WDT(看门狗定时器),有些单片机将 LCD(液晶)驱动电路集成在单一的芯片上,这样单片机包含的单元电路就更多,功能就更强大。甚至单片机厂商还可以根据用户的要求量身定做,制造出具有自己特色的单片机芯片。此外,现在的产品普遍要求体积小、质量小,这就要求单片机除了功能强和功耗低外,还要求其体积要小。

3. 主流与多品种共存

现在虽然单片机的品种繁多,各具特色,但仍是以 80C51 为核心的单片机占主流,兼容其结构和指令系统的有 Philips 公司的产品、Atmel 公司的产品等。美国得州仪器(TI)的 MSP430 系列单片机具有精简指令集计算机(RISC)的混合信号处理器(mixed signal processor),意法半导体(ST)公司的 STM32 系列基于 ARM Cortex-M3 内核,专为要求高性能、低成本、低功耗的嵌入式应用专门设计,应用日益广泛。

4. 低电压化

几乎所有的单片机都有 WAIT、STOP 等省电运行方式。允许使用的电压范围越来越宽,一般在 3 ~6 V 范围内工作。低电压供电的单片机电源下限已可达 1 ~2 V。目前 0.8 V 供电的单片机已经问世。

5. 低噪声与高可靠性

为提高单片机的抗电磁干扰能力,使产品能适应恶劣的工作环境,满足电磁兼容性方面更高标准的要求,各单片机厂家在单片机内部电路中都采用了新的技术措施。

6. 大容量化

以往单片机内的 ROM 为 1 ~4 KB,RAM 为 64 ~128 B,但在需要复杂控制的场合,该存储容量是不够的,必须进行外接扩充。为了适应这种领域的要求,须运用新工艺,使片内存储器大容量化。目前,单片机内 ROM 可达 256 KB,RAM 可达为 4 KB。随着工艺的发展,高端单片机的片内存储器容量还在不断增大。

7. 高性能化

高性能化主要是指进一步改进 CPU 的性能,加快指令运算的速度和提高系统控制的可靠性。采用 RISC 结构和流水线技术,可以大幅度提高运行速度。现在单片机加强了位处理功能、中断和定时控制功能。这类单片机的运算速度比标准的单片机高出 10 倍以上。由于这类单片机有极高的指令速度,可以用软件模拟其 I/O 功能,由此引入了虚拟外设的新概念。

8. 小容量、低价格化

与上述相反,以 4 位、8 位机为中心的小容量、低价格化也是发展动向之一。这类单片机的用途是把以往用数字逻辑集成电路组成的控制电路单片化,可广泛用于家电产品。随着低价位 OTP(one time programable,一次性可编程)及各种类型片内程序存储器的发展,加之外围接口不断进入片内,推动了单片机“单片”应用结构的发展。特别是 I2C、SPI 等串行总线的引入,可以使单片机的引脚设计得更少,单片机系统结构更加简化及规范化。

随着半导体集成工艺的不断发展,单片机的集成度将更高、体积将更小、功能将更强、速度将更快。

四、MCS-51 单片机的基本性能及硬件组成

世界上许多著名的半导体厂商相继推出的各个系列单片机都与 MCS-51 这个系列相兼容。产品型号不断增加、品种不断丰富、功能不断加强、性能不断提高。

1. MCS-51 单片机的基本性能(以 89C51 为例)

(1)1 个 8 位字长的 CPU 和指令系统;

(2)1 个片内振荡器及时钟电路;

(3)内部有 8 KB 的 EEPROM(程序存储器);

(4)64 KB 的外部程序存储器寻址空间;

(5)64 KB 的外部数据存储器寻址空间;

(6)256 B 的 RAM(数据存储器分成低 128 B 和高 128 B 两个存储区);

(7)2 个 16 位定时/计数器;

(8)1 个可编程的全双工串行接口;

(9)32 个可编程 I/O 接口(分 4 组 8 位并行 I/O 接口);

(10)5 个中断源、2 级优先的中断寄存器;

(11)1 个布尔处理器;

(12)111 条指令;

(13)40 个引脚。

2. MCS-51 单片机的硬件组成

MCS-51 单片机的硬件组成框图如图 1-1-2 所示。它主要包括:中央处理器、程序存储器、内部 RAM、特殊功能寄存器(SFR)、定时/计数器、可编程 I/O 并行接口、串行接口、中断系统、系统总线等。

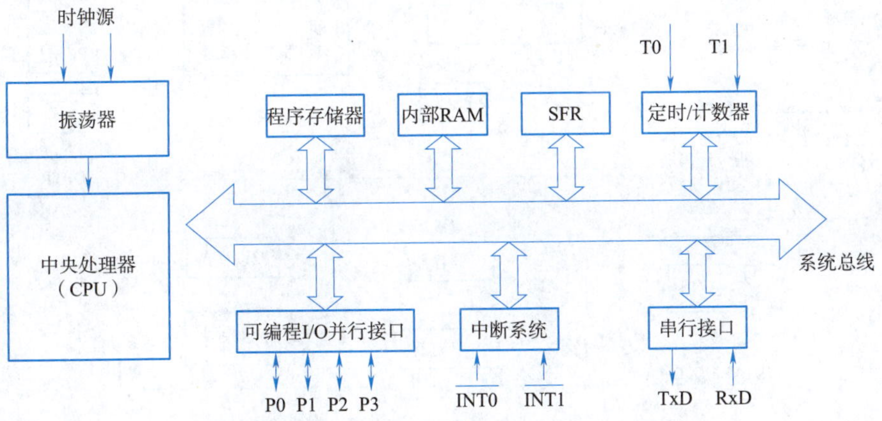

图 1-1-2　MCS-51 单片机的硬件组成框图

其各部分主要含义如下:

(1)中央处理器:中央处理器是整个芯片的核心,是一个 8 位数据宽度的处理器,负责控制、指挥、调度和协调整个单元系统的工作,全面完成和控制每个接口的操作。

(2)内部 RAM:8051 内部有 128 字节的数据存储器,该 RAM 读写速度非常快,可用于寄存器。

(3)SFR:SFR 是特殊功能寄存器。8051 有 128 字节,是用于存储内部功能设置的数据区,一般只能通过间接寻址访问。

(4)程序存储器:8051 内部有 4 KB 的掩模 ROM,是用来存放用户程序、原始数据或表格的。需要进一步说明的是:在 MCS-51 系列单片机中,绝大部分器件已经把 ROM 改成了电可擦除的 EEPROM。

(5)定时/计数器:8051 有 2 个独立的 16 位可编程的定时/计数器,以实现定时或计数功能。

(6)可编程 I/O 并行口:8051 单片机共有 4 组 8 位 I/O 接口(P0、P1、P2 和 P3),用于对外部数据的交换。其中,P0、P2 和 P3 口均有多功能复用功能。

(7)串行接口:8051 内置 1 个标准的全双工串行接口,用于与其他器件或设备间的串行数据传送。既可以异步通信,也可同步移位传送数据。

(8)中断系统:8051 具有 2 个外部中断、2 个定时/计数器中断和 1 个串口中断。

(9)系统总线:包括数据总线、地址总线和控制总线。

(10)时钟源:8051 内置时钟处理电路,可外接 1.2 ~ 12 MHz 的晶振(常用 11.059 2 MHz)。

图 1-1-3 为 8051 单片机的内部结构图。

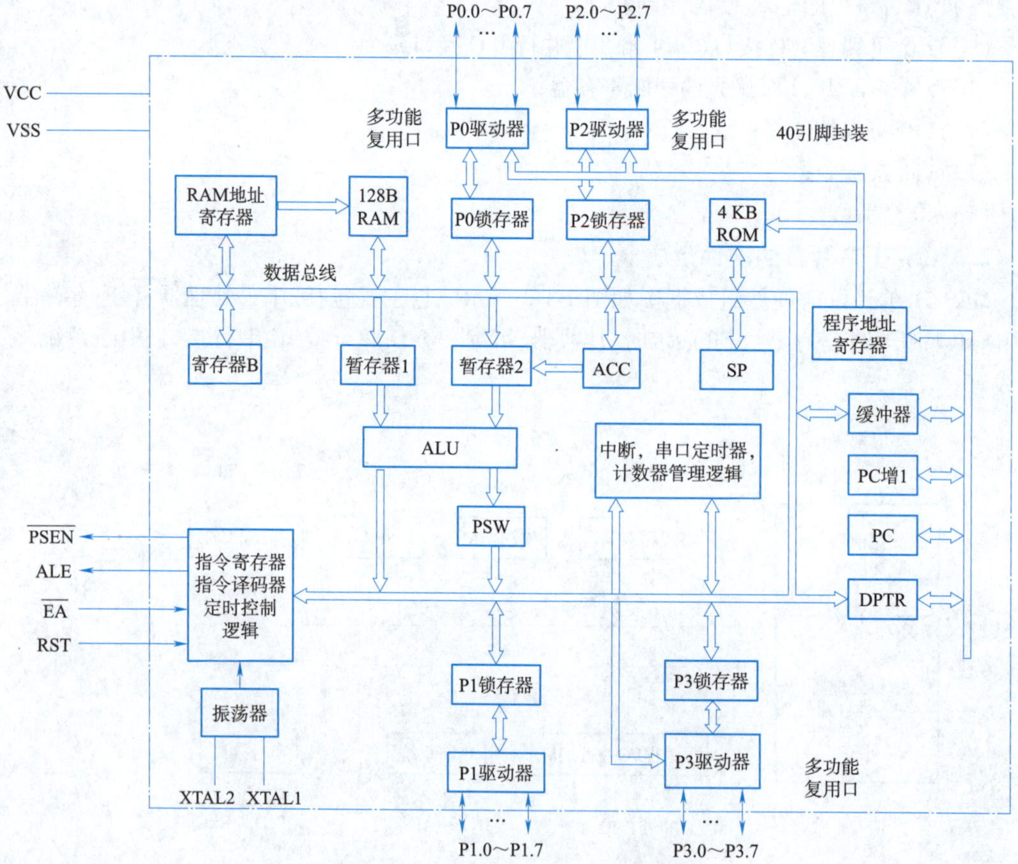

图 1-1-3　8051 单片机的内部结构图

其各部分主要含义如下:

(1)算术逻辑单元(ALU):对 8 位二进制数据进行加、减、乘、除运算和逻辑与、或、非、异或、清 0 等运算,并能进行高效的置位、清 0、取反、转移等位操作,功能十分强大。

(2)累加器(ACC):ACC(accumulator)为 8 位寄存器(简称累加器 A),是 CPU 中使用最频繁的寄存器。

(3)寄存器 B:寄存器 B 通常与累加器 A 配合使用,存放第二操作数。在乘除运算中,运算结束后，存放乘法的乘积高 8 位或除法的余数部分。若不做乘除运算时，可作为通用寄存器。

(4)程序计数器(PC)：又称指令指针。它实际上是 16 位的计数器，它计数(寻址)的范围是从 0000H 到 FFFFH(64 KB)，以达到程序控制的目的。

(5)数据指针寄存器(DPTR)：DPTR(data point register)是一个 16 位的寄存器。通常是存放访问外部程序存储器或数据存储器时的 16 位地址。它可以分成高 8 位的 DPH 和低 8 位的 DPL 两个寄存器。

(6)堆栈指针(SP)：SP(stack pointer)是一个 8 位的寄存器，用作栈的指针。堆栈是按照“先进后出，后进先出”的原则存取数据的一个 RAM 区域。一般在程序中断、子程序调用和需要压入或弹出数据时，都要用到栈的操作。

(7)程序状态字寄存器(PSW)：PSW(program status word)是一个 8 位的特殊功能寄存器，它的各位包含了单片机的工作状态信息。这些信息对判断程序去向、查询结果状态至关重要。

3. MCS-51 寄存器介绍

MCS-51 特殊功能寄存器(SFR)的地址空间范围为 80H ~ FFH。在 MCS-51 中，除程序计数器和 4 个工作寄存器区外，其余寄存器都属于 SFR，所有这些特殊功能寄存器的地址分配见表 1-1-1。

表 1-1-1　特殊功能寄存器的地址分配

符　号	名　称	地　址	符　号	名　称	地　址
P0#	P0 锁存器	80H	P1#	P1 锁存器	90H
SP	堆栈指针	81H	SCON#	串行口控制寄存器	98H
DPL	数据指针低 8 位	82H	SBUF	串行数据缓冲寄存器	H66
DPH	数据指针高 8 位	83H	P2#	P2 锁存器	AOH
PCON	电源控制寄存器	87H	IE#	中断允许控制寄存器	A8H
TCON#	定时器控制寄存器	88H	P3#	P3 锁存器	BOH
TMOD	定时器方式选择寄存器	89H	IP#	中断优先级控制寄存器	B8H
TL0	定时/计数器 0 低 8 位	8AH	B#	寄存器 B	FOH
TL1	定时/计数器 1 低 8 位	8BH	PSW#	程序状态字寄存器	DOH
TH0	定时/计数器 0 高 8 位	8CH	ACC#	累加器	EOH
TH1	定时/计数器 1 高 8 位	8DH			

注：带#号的表示可以支持位寻址。

特殊功能寄存器反映了 MCS-51 的状态字及控制字寄存器，大体可分为两类：一类与芯片的引脚有关；另一类作为芯片内部功能的控制寄存器。

MCS-51 的中断屏蔽及优先级控制不是通过硬件优先级实现，而是通过程序在特殊功能寄存器中设定。定时器、串行口的控制字等全部以特殊功能寄存器出现，这就使单片机有可能把 I/O 接口与 CPU、RAM 集成在一起，代替多片机中多个芯片连接在一起完成的功能。

与芯片引脚有关的特殊功能寄存器是 P0 ~ P3，它们实际上是 4 个锁存器，每个锁存器附加一个相应的输出驱动器和缓冲器就构成了一个并行口。芯片内部其他控制寄存器有 A、B、PSW 和 SP 等。

从表 1-1-1 中可以看出，21 个特殊功能寄存器离散分布在 80H ~ FFH 的 RAM 空间中，但是用户并不能使用剩余的空闲单元。在 21 个特殊功能寄存器中，凡是地址能够被 8 整除的寄存器都支持位寻址，共有 11 个特殊功能寄存器支持位寻址功能，具体位地址见表 1-1-2。

表 1-1-2 具有位寻址能力的 SFR 位地址表

字节地址	寄存器符号	位地址和位名称							
		第 7 位	第 6 位	第 5 位	第 4 位	第 3 位	第 2 位	第 1 位	第 0 位
F0H	B	0F7H	0F6H	0F5H	0F4H	0F3H	0F2H	0F1H	0F0H
E0H	ACC	0E7H	0E6H	0E5H	0E4H	0E3H	0E2H	0E1H	0E0H
D0H	PSW	0D7H	0D6H	0D5H	0D4H	0D3H	0D2H	0D1H	0D0H
		CY	AC	F0	RS1	RS0	OV	F1	P
B8H	IP	0BFH	0BEH	0BDH	0BCH	0BBH	0BAH	0B9H	0B8H
		—	—	—	PS	PT1	PX1	PT0	PX0
B0H	P3	0B7H	0B6H	0B5H	0B4H	0B3H	0B2H	0B1H	0B0H
		P3. 7	P3. 6	P3. 5	P3. 4	P3. 3	P3. 2	P3. 1	P3. 0
A8H	IE	0AFH	0AEH	0ADH	0ACH	0ABH	0AAH	0A9H	0A8H
		EA	—	—	ES	ET1	EX1	ET0	EX0
A0H	P2	0A7H	0A6H	0A5H	0A4H	0A3H	0A2H	0A1H	0A0H
		P2. 7	P2. 6	P2. 5	P2. 4	P2. 3	P2. 2	P2. 1	P2. 0
98H	SCON	9FH	9EH	9DH	9CH	9BH	9AH	H66	98H
		SM0	SM1	SM2	REN	TB8	RB8	TI	RI
90H	P1	97H	96H	95H	94H	93H	92H	91H	H06
		P1. 7	P1. 6	P1. 5	P1. 4	P1. 3	P1. 2	P1. 1	P1. 0
88H	TCON	8FH	8EH	8DH	8CH	8BH	8AH	89H	88H
		TF1	TR1	TF0	TR0	IE1	IT1	IE0	IT0
80H	P0	87H	86H	85H	84H	83H	82H	81H	80H
		P0. 7	P0. 6	P0. 5	P0. 4	P0. 3	P0. 2	P0. 1	P0. 0

4. MCS-51 单片机的引脚及其片外总线

用单片机组成应用系统，往往需要对存储器容量和 I/O 接口加以扩充，为保证连接无误和速度匹配，就需要熟悉和了解单片机的引脚信号。

HMOS 制造工艺的 MCS-51 单片机都采用 40 引脚的双列直插封装（DIP 方式），CHMOS 制造工艺的 8051/8031 芯片除采用 DIP 方式外，还采用方形封装方式。不管是 DIP 封装还是方形封装，40 个引脚都可分为三个部分：4 个并行口共有 32 个引脚，可分别用作地址总线、数据总线和 I/O 接口线；6 根控制信号线；2 根电源线。8051 引脚配置如图 1-1-4 所示。

P0 ~ P3 口介绍如下：

（1）P0 口：P0 口为一个 8 位漏极开路的双向 I/O 通道，在存取片外存储器时用作低 8 位地址及数据总线（在此时内部上拉电阻有效）；在程序检验时也用作输出指令字节（在程序检查时需要外部上拉电阻），能够接纳 8 个 TTL 负载输入。4 个端口中 P0 口带负载能力最强。

（2）P1 口：P1 口为一个带内部上拉电阻的 8 位双向 I/O 通道。在 8751 或 8051 的程序检验时，它接收低 8 位地址字节，能够吸收或供给 4 个 TTL 负载输入，不用附加上拉电阻即可驱动 MOS 输入。

（3）P2 口：P2 口为一个带内部上拉电阻的 8 位双向 I/O 通道。在访问外部存储器时，它是高位地址字节的出口。在 8051 或 8751 的程序检验中，它也能接收高位地址和控制信号，能够吸收或供给 4 个 TTL 负载输入，不用外加电阻即可驱动 CMOS 输入。

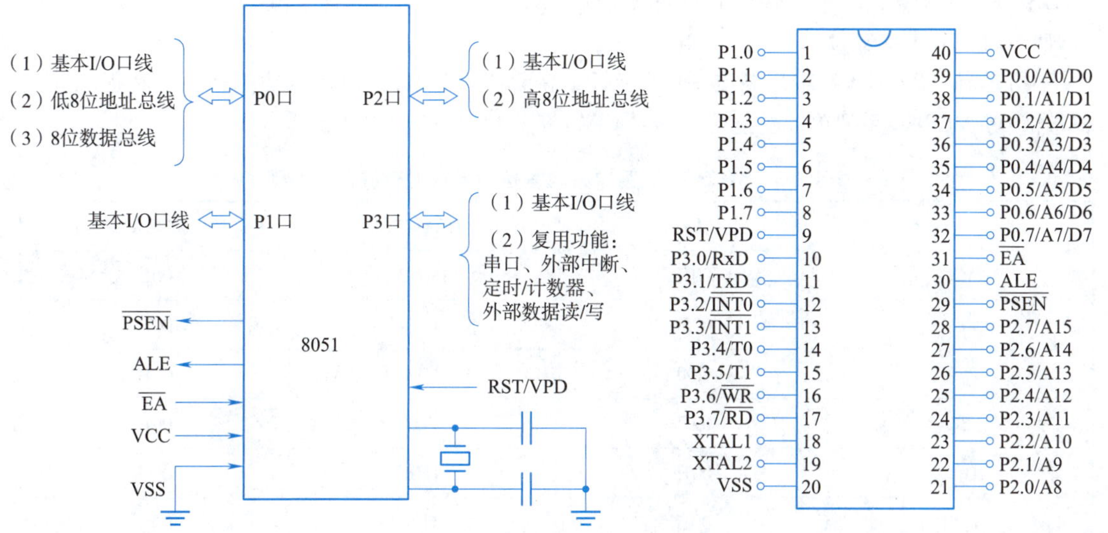

图 1-1-4　8051 引脚配置

（4）P3 口：P3 口为一个带内部上拉电阻的 8 位双向 I/O 通道。它还能用于实现 MCS-51 系列单片机的各种特殊功能，能够吸收或供给 4 个 TTL 负载输入，不用外加电阻即可实现 MOS 输入。同时要注意，P3 口是具有第二功能复用的 I/O 口，因此在设计时尽可能先使用 P0、P1、P2 口，P3 口留备升级改造时使用复用功能。

控制信号介绍如下：

（1）ALE：ALE（address latch enable）引脚的主要功能是控制地址锁存器。在访问外部存储器时，锁存低 8 位地址。当 ALE 信号为高电平时，P0 口上的数据被视为低 8 位地址。在 ALE 信号的下降沿，这些地址信息被送入地址锁存器并被锁存。P0 口在 ALE 信号为低电平期间就可以用于传输指令或数据信息，实现地址与数据的分离。

ALE 引脚在不访问外部存储器时它会以晶振频率的 1/6 输出正脉冲信号，可以作为外围设备的定时脉冲使用。

（2）$\overline{PSEN}$：$\overline{PSEN}$是程序存储允许输出端，是片外程序存储器的读选通信号。从片外程序存储器取数时，每个机器周期内$\overline{PSEN}$激发两次（当执行片外程序存储器的程序时，$\overline{PSEN}$在每次存取片外数据存储器时，有两个脉冲是不出现的）。从片内程序存储器存取时，不激发$\overline{PSEN}$。

对单片机而言，访问片外程序存储器时，将 PC 的 16 位地址输出到 P2 口和 P0 口外的地址寄存器后，$\overline{PSEN}$产生负脉冲选通片外程序存储器。相应的存储单元的指令字节送到 P0 口，供单片机读取。

$\overline{PSEN}$、ALE 和 XTAL2 输出端是否有信号输出可以判断出单片机是否在工作。

（3）$\overline{EA}$。$\overline{EA}$为高电平时，单片机先访问内部程序存储器，当寻址范围超出 0FFFH 时，地址指针就自动跳向外部程序存储器。

$\overline{EA}$为低电平时，单片机的地址指针直接跳向外部存储器，不再访问内部程序存储器。

（4）XTAL1。XTAL1 作为振荡器倒相放大器的输入端。当使用外振荡器时，必须接地。

（5）XTAL2。XTAL2 作为振荡器的倒相放大器的输出端和内部时钟发生器的输入端。当使用外振荡器时，接收外振荡器信号。

（6）RST/VPD。RST/VPD 是单片机复位端。当振荡器工作时，在此端持续出 2 个机器周期的高电平可以完成复位。由于有一个内部的下拉电阻，故只需要在此端口和 VCC 之间增加一个电容，便可以做到上电复位。

复位以后，P0 ~ P3 口输出高电平，SP 指针重新赋值为 07H，其他特殊功能寄存器和程序计数器被清 0。MCS-51 系列单片机复位后，各内部寄存器初始值见表 1-1-3。

表 1-1-3　MCS-51 系列单片机复位后各内部寄存器初始值

内部寄存器	初始值	内部寄存器	初始值
ACC	00H	TMOD	00H
B	00H	TCON	00H
PSW	H00	TH0	00H
SP	07H	TL0	00H
DPL	00H	TH1	00H
DPH	00H	TL1	00H
P0 ~ P3	FFH	SCON	00H
IP	×××00000B	SBUF	不定
IE	0 ××00000B	PCON	0 ×××××××B

只要 RST 保持高电平，MCS-51 系列单片机就会循环复位。RESET 由高电平变为低电平后，单片机从程序存储器的 0000H 开始执行程序。单片机初始复位不影响内部 RAM 的状态，包括工作寄存器 R0 ~ R7。

复位操作还对单片机的个别引脚信号有影响，例如把 ALE 和 $\overline{\text{PSEN}}$ 信号变为无效状态，即 ALE = 0，$\overline{\text{PSEN}}$ = 1。

5. 单片机最小系统

单片机最小系统主要包括复位电路模块、电源接口模块、振荡电路模块、单片机电路模块。下面分别介绍。

1）复位电路模块

复位电路的设计原则：在单片机的 RST 引脚上出现 2 个机器周期以上的高电平（为了保证应用系统可靠复位，通常使 RST 引脚保持 10 ms 以上的高电平）。根据这个原则，通常采用以下几种复位电路：

（1）自动上电复位。如图 1-1-5（a）所示，只要电源 VCC 的上升时间不超过 1 ms，就可以实现自动上电复位，接通电源即可完成系统的复位初始化。

（2）按键电平复位。按键电平复位是通过使复位端经电阻与 VCC 电源接通而实现，电路如图 1-1-5（b）所示。

（3）按键脉冲复位。按键脉冲复位是利用 *RC* 微分电路产生的正脉冲实现的，电路如图 1-1-5（c）所示。

上述复位电路图中的电阻、电容参数适用于 6 MHz 晶振，能保证复位信号高电平持续时间大于 2 个机器周期。

2）电源接口模块

VCC：在编程（用于 8751）、检验（用于 8051 或 8751）和正常运行时使用的电源，接 +5 V。

VSS：是接地端，一般在 VCC 和 VSS 之间应接有高频和低频滤波电容。

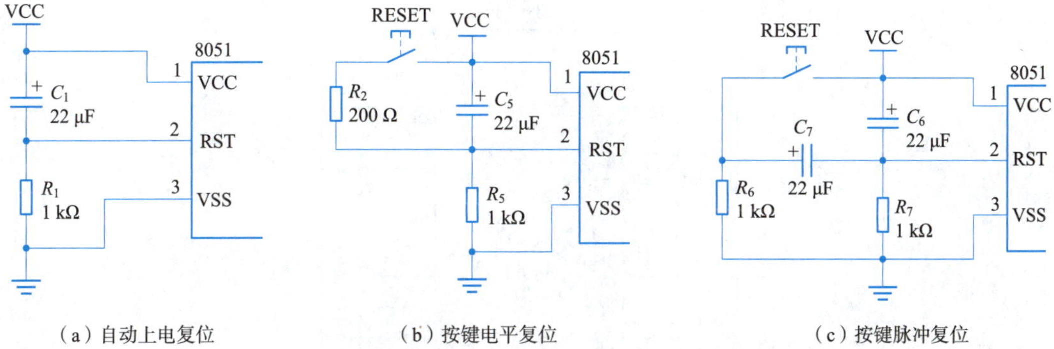

图 1-1-5　复位电路图

3）振荡电路模块

时钟电路用于产生单片机工作所需要的时钟信号。单片机本身是一个复杂的同步时序系统，为了保证同步工作方式的实现，单片机必须有时钟信号，以使其系统在时钟信号的控制下按时序协调工作。而所谓时序，则是指指令执行过程中各信号之间的相互时间关系。

振荡电路产生的振荡脉冲并不是时钟脉冲。这两者既有联系又有区别。在由多片单片机组成的系统中，为了各单片机之间的时钟信号的同步，还引入公用外部脉冲信号作为各单片机的振荡脉冲。XTAL1（19 引脚）是接外部晶体振荡器的一个引脚。在单片机的内部，它是一个反相放大器的输入端，这个放大器构成了片内振荡器。输出端为引脚 XTAL2。在芯片的外部通过这两个引脚接晶体振荡器和微调电容，形成反馈电路，构成一个稳定的自激振荡器。单片机时钟电路框图如图 1-1-6 所示。

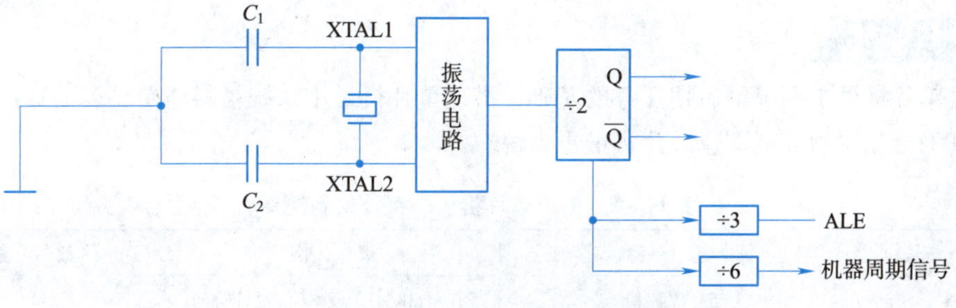

图 1-1-6　单片机时钟电路框图

可以用示波器测出 XTAL2 上的波形。电路中的 C_1、C_2 一般取 30 pF 左右，而晶体振荡器的频率范围通常是 1.2～12 MHz，晶体振荡器的频率越高，振荡频率就越高。

振荡电路产生振荡脉冲并不是时钟信号，而是经过二分频后才作为系统的时钟信号。在二分频的基础上再三分频产生 ALE 信号，ALE 信号是以 1/6 晶振频率输出的正脉冲。在二分频的基础上再分频得到机器周期信号，所以机器周期是 1/12 晶振频率。

4）单片机电路模块

首先在单孔板上合适位置放置 40 引脚的 IC 底座，用来放置单片机，然后在 P0 口（32～39 引脚）、P1 口（1～8 引脚）、P2 口（21～28 引脚）、P3 口（10～17 引脚）分别引出排针，用于系统扩展。电路连接图如图 1-1-7 所示，其中 J1～J4 均为 8 针的排针。

单片机最小系统结构图如图 1-1-8 所示。

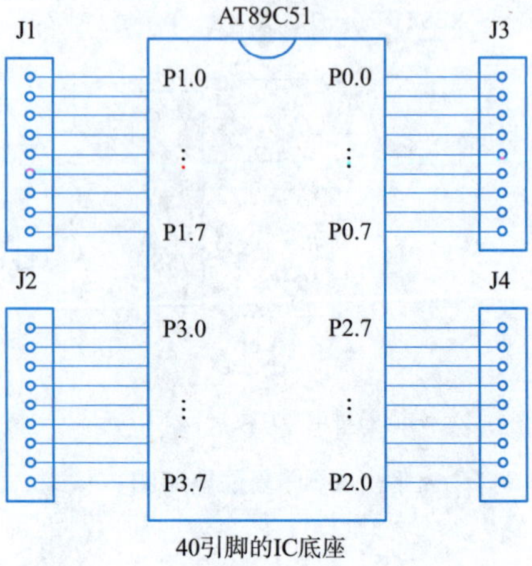

图 1-1-7　单片机电路模块连接图

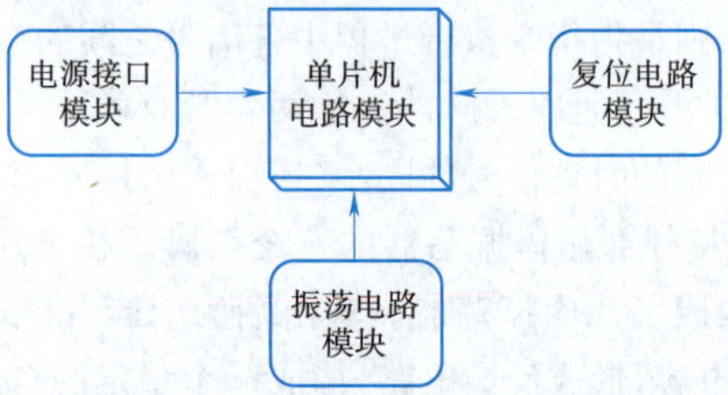

图 1-1-8　单片机最小系统结构图

任务实施

搭建单片机最小系统是后期任务的基础。搭建单片机最小系统材料清单见表 1-1-4。本任务利用仿真平台和实物分别搭建单片机最小系统。

表 1-1-4　搭建单片机最小系统材料清单

序　号	名　称	规　格	数　量
1	51 单片机	STC8H8K64U(规格可自行选择)	1
2	晶振	12 MHz	1
3	电阻	1 kΩ	1
4	电阻	200 Ω	1
5	电容	22 μF/50 V	1
6	电解电容	30 pF	2
7	复位开关		1
8	单孔板		1
9	排针	20 引脚	2
10	IC 底座	40 引脚	1
11	焊锡丝		1 卷

单片机最小系统实物接线图与仿真图，如图 1-1-9 所示。

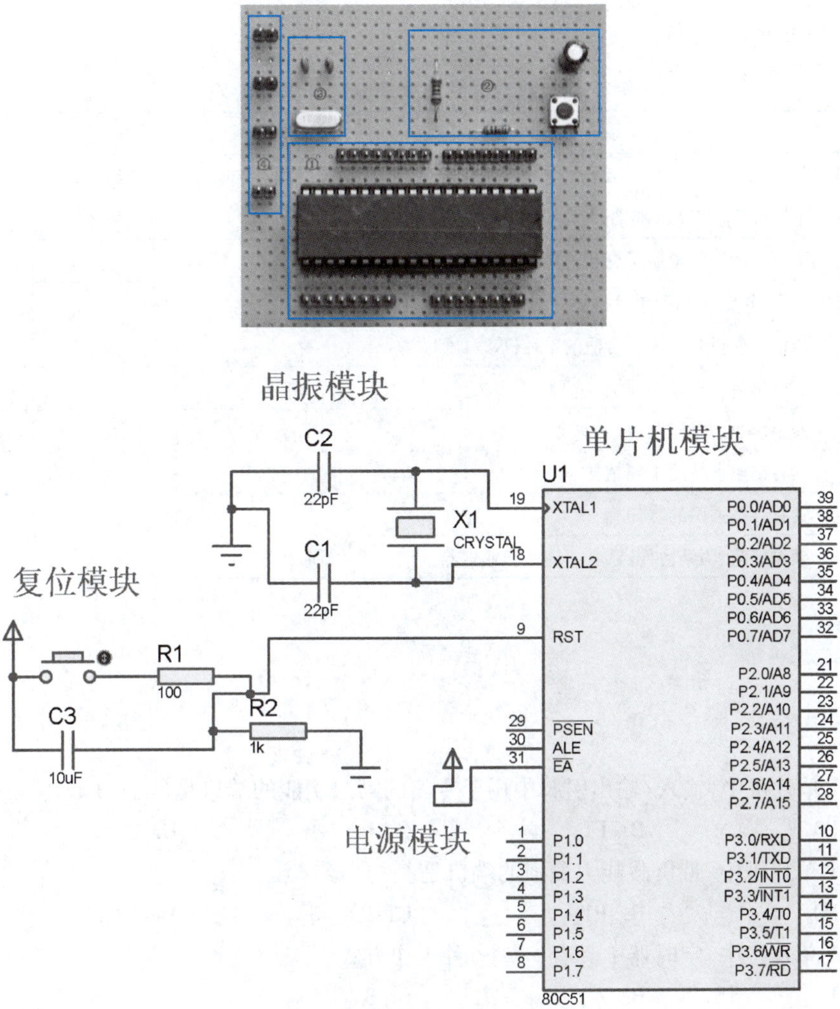

图 1-1-9　单片机最小系统实物接线图与仿真图[①]

本书配套建设了实验箱，书中所有程序皆可在实验箱上进行验证。本任务要求先进行仿真，再用教学单片机和电阻、电容元器件等进行焊接，搭建单片机最小系统。关键步骤见表 1-1-5。

表 1-1-5　搭建单片机最小系统实验关键步骤

序号	关键步骤	具体实施（图片、文字）或对应关键代码
1	对照表 1-1-4 检查材料是否齐全	
2	测试电阻	
3	测试电容	
4	按照仿真图进行焊接	
5	上电测试	
6	整理实验台	

① 本书仿真图均为仿真软件中的原图，其中某些电路图形符号与国家标准符号不符，两者对照关系见附录 A。仿真图中，10 uF 即 10 μF，100 即 100 Ω，1 K 即 1 kΩ，下同。

任务评价

任务评价表见表 1-1-6。

表 1-1-6 搭建单片机最小系统任务评价表

小组成员		学生姓名		
目标	目标内容	学生自评	小组互评	导师总评
知识	了解单片机的基本应用			
	了解单片机的发展历史和趋势			
	掌握 MCS-51 系列单片机硬件结构			
能力	能根据项目要求选用合适的单片机			
	能搭建单片机最小系统			
素养	安全作业的操作意识			
	具有精益求精的工匠精神			
	具有科技强国的责任感			
	操作规范、团结协作、认真严谨的职业素养			

巩固练习

一、单选题

1. 8051 单片机中,输入/输出引脚中用于专门的第二功能的端口是(　　)。

A. P0　　B. P1　　C. P2　　D. P3

2. 8051 单片机中,带负载能力最强的端口是(　　)。

A. P0　　B. P1　　C. P2　　D. P3

3. 8051 单片机中,定时器 1 具有(　　)种工作方式。

A. 1　　B. 2　　C. 3　　D. 4

4. 8051 单片机一次处理的数据位长为(　　)位。

A. 8　　B. 16　　C. 32　　D. 64

5. 8051 单片机内部包含(　　)个定时/计数器。

A. 1　　B. 2　　C. 4　　D. 8

6. 8051 单片机的输出 I/O 口有(　　)个。

A. 2　　B. 4　　C. 6　　D. 8

7. 8051 单片机设有(　　)个特殊功能寄存器。

A. 8　　B. 16　　C. 21　　D. 32

8. 8051 单片机系统复位后,栈指针的值是(　　)。

A. 07H　　B. 16H　　C. 21H　　D. FFH

9. 8051 单片机特殊功能寄存器 P0 口的地址是(　　)。

A. 80H　　B. 81H　　C. 82H　　D. 83H

10. 8051 单片机的对外寻址时,16 位地址线中的高 8 位从(　　)口输出。

A. P0　　B. P1　　C. P2　　D. P3

二、填空题

1. REG52. H 头文件主要定义了单片机的特殊功能寄存器的________。

2. 对 MCS-51 系列单片机进行复位操作，RST 端口应置时间不少于________机器周期的________电平，复位后端口 P0 ~ P3 的值为________。

3. 单片机最小系统包括________、________、________、________四个模块。

4. 为实现对 8051 单片机的功能设置及端口控制，其数据存储区设有________个特殊功能寄存器。

5. 8051 单片机的晶振频率为 6 MHz，则机器周期为________。

6. 8051 单片机的中断源有________个，可通过特殊功能寄存器设置________级中断优先。

7. 8051 单片机的内部设有 4 KB 的程序存储空间，要使用它，需将$\overline{EA}$设置为________电平，程序寻址最大范围为________ KB。

8. 8051 单片机的内部设有________个________位定时/计数器，THx、TLx 是________位数据存储器。

9. 8051 单片机使用外部振荡器提供时钟信号时，端口________必须接地。

10. 存储器 ROM 存储的是________、________或________，掉电________。

11. 存储器 RAM 存储的是________，掉电________。

三、计算题

1. 已知单片机 P1 口的初始状态为 0x * 2，请在不改变 P1 口高 4 位状态的条件下，通过运算赋值，设置 P1.3 口的输出状态为“1”。

2. 已知单片机的晶振频率为 12 MHz，定时器 0 工作在方式 1，定时时间为 10 ms，请计算定时器的初值，写出 TOMD 的值及 TH0、TL0 的值。

3. 已知单片机的晶振频率为 6 MHz，定时器 1 工作在方式 0，定时时间为 10 ms，请计算定时器的初值，写出 TOMD 的值及 TH0、TL0 的值。

四、简答题

1. 列举四种当今主流公司的单片机型号？

2. 端口 P2. 2 可以驱动多少个 TTL 负载？

3. 8051 单片机哪些特殊功能寄存器可以位寻址？

项目二

地铁列车到站指示灯设计与制作

任务1 铁路信号灯设计与制作

任务目标

视频

地铁列车到站虚拟车站导学

知识目标：

(1)认识单片机的I/O口。

(2)理解C语言基本语句。

(3)理解常见发光二极管的发光原理。

(4)理解循环语句的延迟原理。

(5)理解单片机移位操作。

能力目标：

(1)能根据要求在单片机最小系统基础上设计铁路信号灯电路。

(2)能根据要求控制单片机I/O口。

(3)能根据要求使用C语言循环语句完成延迟功能。

(4)能用C语言进行移位操作。

素养目标：

(1)具有规范作业的操作意识、轨道交通生产安全的责任意识。

(2)具有精益求精的工匠精神。

(3)具有科技强国的责任感。

(4)培养操作规范、团结协作、认真严谨等职业素养。

任务描述

视频

铁路信号灯设计与制作

火车在铁道上跑要遵从信号灯指挥，确保行车安全，保证人民生命财产安全。铁路信号灯颜色有红、黄、绿、蓝、白。红、黄、绿是行车信号；蓝、白是调车信号。红色是指不能越过该信号机；黄色是指注意减速；绿色是指按规定速度行驶；蓝色是指调车作业的车列禁止越过该信号机；白色是指调车作业的车列可以越过该信号机。轨道信号机如图2-1-1所示。

本任务利用LED模拟铁路信号灯，分别点亮三盏不同颜色的LED，使读者对单片机的I/O口控制有初步认识。这是本书第一个单片机任务，任务使用实验箱完成，利用P1口控制三盏LED闪烁。熟练掌握51单片机的端口控制和软件Proteus的使用。

图 2-1-1　轨道信号机

知识链接

一、硬件知识

1. 端口

MCS-51 单片机共有 4 个双向的 8 位 I/O 口 P0 ~ P3，P0 口负载能力为 8 个 TTL 电路，P1 口、P2 口、P3 口负载能力为 4 个 TTL 电路。

P0 口输出驱动电路由于上、下两只场效应管，因而负载能力较强，能以吸收电流的方式驱动 8 个 TTL 输入负载。P1 口、P2 口、P3 口能以吸收或输出电流的方式驱动 4 个 LS 型的 TTL 负载。本任务选用 P1.0 口进行点灯实验。

2. 硬件原理

1）排阻

排阻是将若干个参数完全相同的电阻集中封装在一起组合制成的。它们的一个引脚都连到一起，作为公共引脚。其余引脚正常引出。所以，如果一个排阻是由 n 个电阻构成的，那么它就有 $n+1$ 只引脚，一般来说，最左边的是公共引脚。它在排阻上一般用一个色点标出来。排阻具有装配方便、安装密度高等优点，目前已大量应用在电视机、显示器、计算机主板、小家电中。图 2-1-2 是排阻原理图。

实际的排阻一般还会标有阻值，如图 2-1-3 所示。

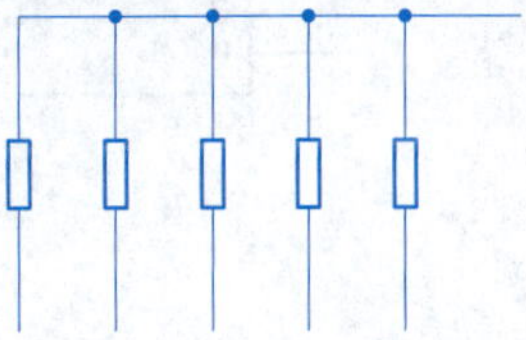

图 2-1-2　排阻原理图

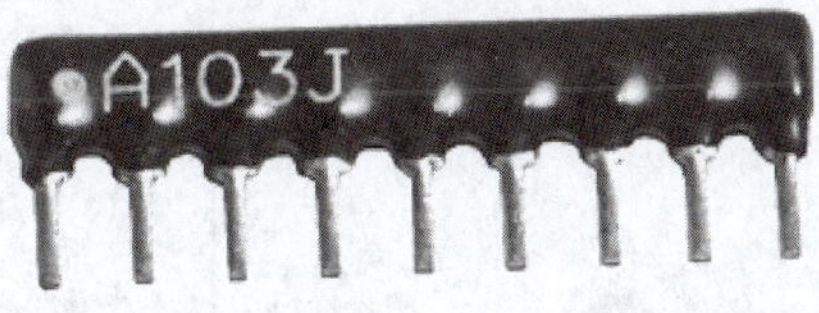

图 2-1-3　排阻实物图

标示“103”表示阻值为 $10\times10^3\ \Omega=10\ \text{k}\Omega$。三位数字标记法，前两位代表具体数值，最后一位代表 10 的几次方。

2）发光二极管

发光二极管是半导体二极管的一种，可以把电能转化成光能。常简写为 LED（light emitting diode）。常见发光二极管如图 2-1-4 所示。

发光二极管与普通二极管一样也具有单向导电性。当给发光二极管加上正向电压（一般在 1.7 ~ 2 V 之间）时就会发光；当给发光二极管加上负向电压时不会发光。

发光二极管的发光亮度与通过的工作电流成正比。一般情况下,发光二极管的正向工作电流在 2 ~ 20 mA ,若电流过大时会损坏发光二极管,小于 2 mA 则熄灭。因此使用时必须串联限流电阻以控制通过发光二极管的电流。发光二极管广泛应用于各种电子电路、家电、仪表等设备中,作为电源或电平指示。

八个发光二极管一端连接排阻,另一端连接单片机的 P1 口,如图 2-1-5 所示。假设发光二极管的工作电流为 2 ~ 20 mA,正向导通电压为 1.7 V,则其限流电阻阻值为

$$\frac{5\ \text{V}-1.7\ \text{V}}{2\ \text{mA}}=1\ 650\ \Omega,\quad \frac{5\ \text{V}-1.7\ \text{V}}{20\ \text{mA}}=165\ \Omega$$

限流电阻小于 1 650 Ω,则发光二极管能发光,大于 165 Ω 则不会被烧坏。所以,限流电阻阻值应该在 165 ~ 1 650 Ω 之间,通常取 1 kΩ。

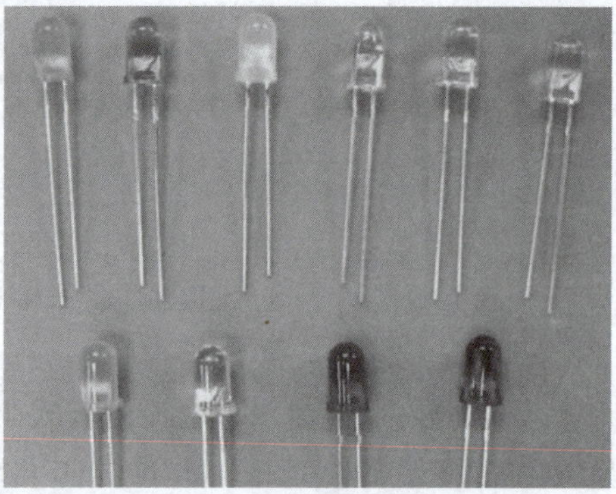

图 2-1-4　常见发光二极管

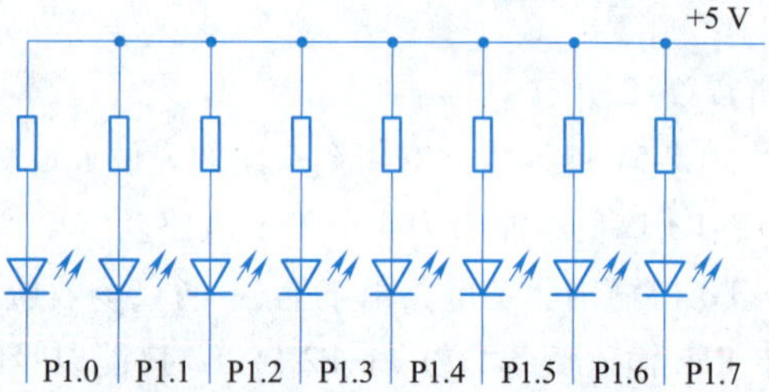

图 2-1-5　LED 灯的电路连接原理图

3. 硬件设计

使用 51 单片机的 P1.0 控制红灯,P1.1 控制黄灯,P1.2 控制绿灯,发光二极管分别串联一个 100 Ω 的限流电阻,如图 2-1-6 所示。

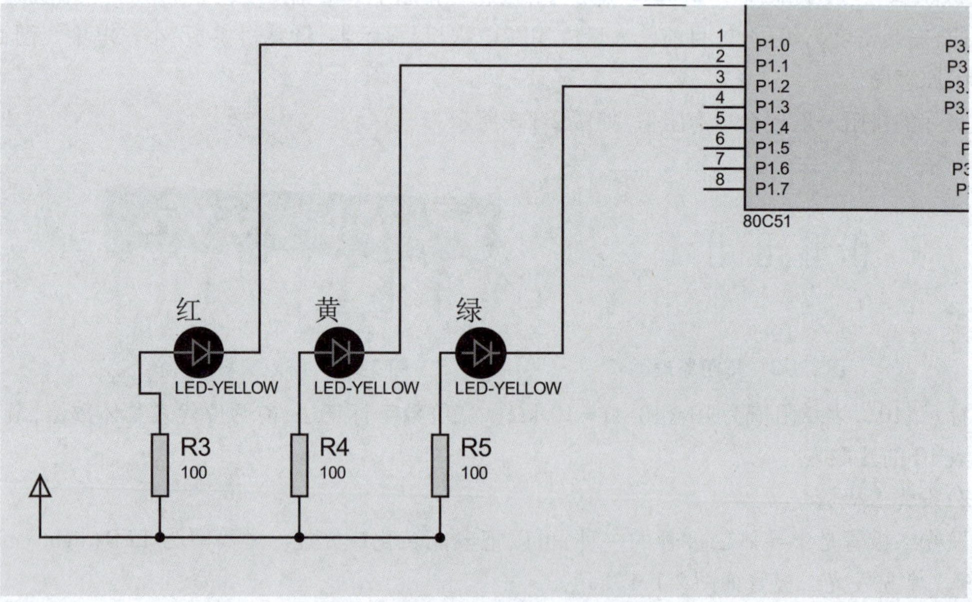

图 2-1-6　信号灯硬件设计原理图

二、仿真实现

Proteus 软件是英国 Lab Center Electronics 公司出品的 EDA 工具软件。它不仅具有其他 EDA 工具软件的仿真功能,还能仿真单片机及外围器件。它是比较好的仿真单片机及外围器件的工具,已受到单片机爱好者、从事单片机教学的教师、致力于单片机开发应用的科技工作者的青睐。

Proteus 从原理图布图、代码调试到单片机与外围电路协同仿真,一键切换到 PCB 设计,真正实现了从概念到产品的完整设计。它是将电路仿真软件、PCB 设计软件和虚拟模型仿真软件三合一的设计平台,其处理器模型支持 8051、HC11、PIC10/12/16/18/24/30、DSPIC33、AVR、ARM、8086 和 MSP430 等。2010 年又增加了 Cortex 和 DSP 系列处理器,并持续增加其他系列处理器模型。在编译方面,它也支持 IAR、Keil 和 MATLAB 等多种编译器。在本书任务中采用 8051 处理器,编译器采用 Keil 4 编译器。图 2-1-7 是 LED 闪烁任务的 Proteus 仿真截图。

通过 Proteus 仿真,可以在无实物的情况下,进行单片机学习,进行程序代码的验证,非常适合线上教学。在图 2-1-7 中,可以看到在运行仿真后,与 P1.0 连接的发光二极管 D1 已经点亮。可以知道自己所写的程序能控制 8051 单片机的端口。

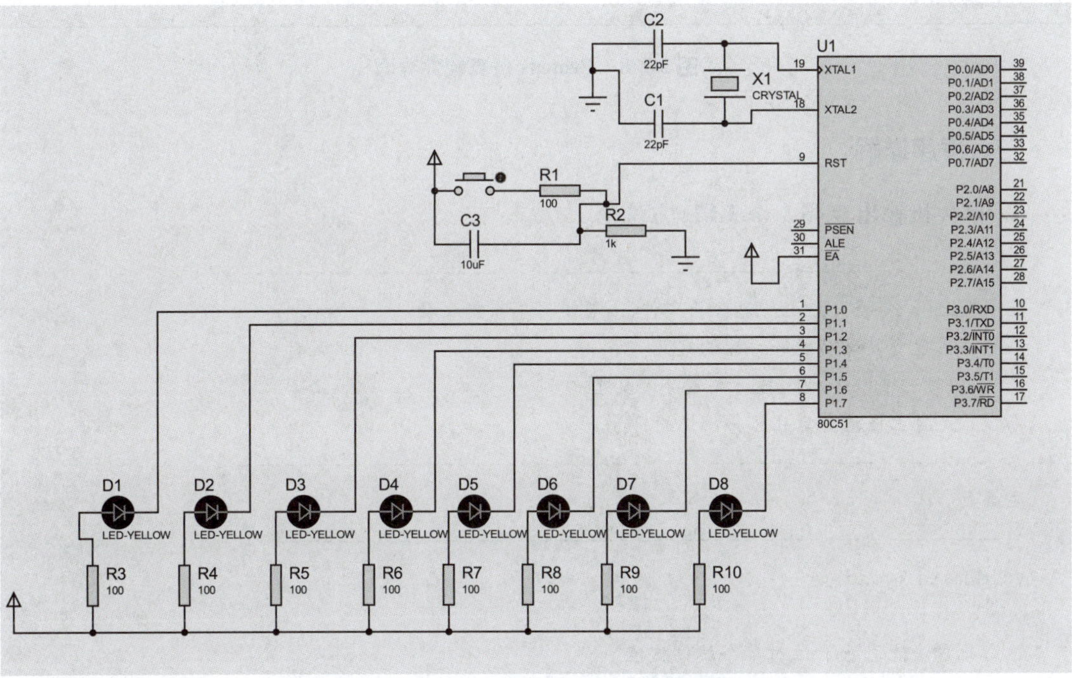

图 2-1-7　LED 闪烁任务的 Proteus 仿真截图

下面简要介绍 Proteus 仿真软件的基本使用。Proteus 仿真软件界面如图 2-1-8 所示。

图 2-1-8 区域 1 是仿真编辑区域,是设计开发者进行仿真电路搭建和连接的区域。

区域 2 是常用工具箱,从上到下分别是:选择模式、元件模式、结点模式、连线标号模式、文字脚本模式、总线模式、子电路模式、终端模式、器件引脚模式、图标模式、录音机模式、激励源模式、电压探针模式和电流探针模式等。这些快捷键方便进行电路设计。

区域 3 是仿真工具栏,从左到右分别为开始仿真、帧进仿真、暂停仿真和停止仿真。

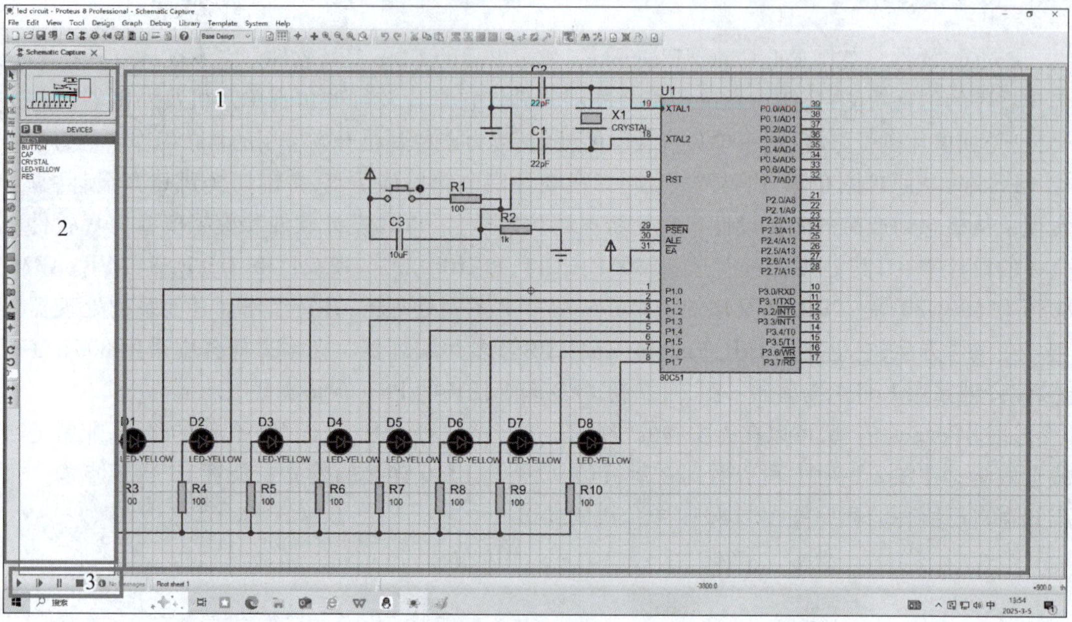

图 2-1-8　Proteus 仿真软件界面

三、程序详解

1. 单片机输出点亮 1 个 LED 方法 1

```
/* --------------------------------------------------------*/
#include <reg52.h> //包含头文件,一般情况不需要改动
//头文件包含特殊功能寄存器的定义
sbit LED = P1^0; //用 sbit 关键字定义 LED 到 P1.0 口
//LED 是自己任意定义且容易记忆的符号
/* --------------------------------------------------------
主函数
--------------------------------------------------------*/
void main (void)
{
  //此方法使用 bit 位对单个端口赋值
  LED = 1;           //将 P1.0 口赋值 1,对外输出高电平
  LED = 0;           //将 P1.0 口赋值 0,对外输出低电平
  while (1)          //主循环
  {
      //主循环中添加其他需要一直工作的程序
  }
}
```

实验现象:下载程序后,可以看到连接在 P1.0 口的 LED 点亮后很快熄灭,其他 LED 一直熄灭。

程序解析：

(1) #include <reg52.h>。#说明这是个预处理命令(在编译之前进行处理),include 是文件包含命令。C 语言的预处理主要有三方面的内容:宏定义、文件包含和条件编译。

(2) reg52.h 介绍。从 reg52.h 的内容可以看到,头文件主要定义了端口和特殊功能寄存器的物理地址,包含这个头文件后,在程序中就可以直接使用定义过的标识符。如果需要对 P1 口进行操作,因为 P1 口的寄存器地址是 0x90,不需要了解单片机具体内部结构和地址,直接针对 P1 口进行操作,单片机内部就会对 0x90 这个地址操作。P1 = 0xFF;语句的作用是直接赋值十六进制 FF 到 P1 口。因为记一串有意义的符号比一串二进制符号容易很多,头文件给编程带来很大方便。reg52.h 头文件内容如下：

```
/* ---------------------------------------------------------------
reg52.h 是系统 C51 头文件
---------------------------------------------------------------*/
    #ifndef __REG52_H__
    #define __REG52_H__
    /* BYTE Registers*/
    sfr P0 = 0x80;
    sfr P1 = 0x90;
    sfr P2 = 0xA0;
    sfr P3 = 0xB0;
    sfr PSW = 0xD0;
    sfr ACC = 0xE0;
    sfr B = 0xF0;
    sfr SP = 0x81;
    sfr DPL = 0x82;
    sfr DPH = 0x83;
    sfr PCON = 0x87;
    sfr TCON = 0x88;
    sfr TMOD = 0x89;
    sfr TL0 = 0x8A;
    sfr TL1 = 0x8B;
    sfr TH0 = 0x8C;
    sfr TH1 = 0x8D;
    sfr IE = 0xA8;
    sfr IP = 0xB8;
    sfr SCON = 0x98;
    sfr SBUF = 0x99;
    /* 8052 Extensions*/
    sfr T2CON = 0xC8;
    sfr RCAP2L = 0xCA;
    sfr RCAP2H = 0xCB;
    sfr TL2 = 0xCC;
    sfr TH2 = 0xCD;
    /* BIT Registers*/
    /* PSW*/
    sbit CY = PSW^7;
    sbit AC = PSW^6;
```

```
sbit F0 = PSW^5;
sbit RS1 = PSW^4;
sbit RS0 = PSW^3;
sbit OV = PSW^2;
sbit P = PSW^0; //仅对 8052 有效
/* TCON*/
sbit TF1 = TCON^7;
sbit TR1 = TCON^6;
sbit TF0 = TCON^5;
sbit TR0 = TCON^4;
sbit IE1 = TCON^3;
sbit IT1 = TCON^2;
sbit IE0 = TCON^1;
sbit IT0 = TCON^0;
/* IE*/
sbit EA = IE^7;
sbit ET2 = IE^5; //仅对 8052 有效
sbit ES = IE^4;
sbit ET1 = IE^3;
sbit EX1 = IE^2;
sbit ET0 = IE^1;
sbit EX0 = IE^0;
/* IP*/
sbit PT2 = IP^5;
sbit PS = IP^4;
sbit PT1 = IP^3;
sbit PX1 = IP^2;
sbit PT0 = IP^1;
sbit PX0 = IP^0;
/* P3*/
sbit RD = P3^7;
sbit WR = P3^6;
sbit T1 = P3^5;
sbit T0 = P3^4;
sbit INT1 = P3^3;
sbit INT0 = P3^2;
sbit TXD = P3^1;
sbit RXD = P3^0;
/* SCON*/
sbit SM0 = SCON^7;
sbit SM1 = SCON^6;
sbit SM2 = SCON^5;
sbit REN = SCON^4;
sbit TB8 = SCON^3;
sbit RB8 = SCON^2;
sbit TI = SCON^1;
sbit RI = SCON^0;
/* P1*/
```

```
    sbit T2EX = P1^1; //仅对 8052 有效
    sbit T2 = P1^0;   //仅对 8052 有效
     /* T2CON*/
    sbit TF2 = T2CON^7;
    sbit EXF2 = T2CON^6;
    sbit RCLK = T2CON^5;
    sbit TCLK = T2CON^4;
    sbit EXEN2 = T2CON^3;
    sbit TR2 = T2CON^2;
    sbit C_T2 = T2CON^1;
    sbit CP_RL2 = T2CON^0;
#endif  //头文件结束
```

sbit 这个关键字是 C51 中特有的,用于定义 SFR(特殊功能寄存器)的位变量。例如:

```
sbit LED = P1^0;
```

表示定义发光二极管连接的硬件端口。LED 定义在 P1(特殊功能寄存器)的第 0 位,即 P1.0,定义了这个端口以后,下面对 P1.0 的操作,就可以直接用 LED 代替:

```
LED = 1;    //将 P1.0 口赋值 1,对外输出高电平
LED = 0;    //将 P1.0 口赋值 0,对外输出低电平。由于 sbit 定义位变量,所以赋值结果只有 0 和 1
```

2. 单片机点亮 1 个 LED 方法 2

```
/* ----------------------------------------------------
名称:IO 口高低电平控制
内容:点亮 P1 口的一个 LED
该程序是单片机学习中最简单、最基础的,通过程序了解如何控制端口的高低电平
----------------------------------------------------*/
/* 程序开始 ----------------------------------------------------------*/
#include <reg52.h> //包含头文件,一般情况不需要改动
void main (void)
{
    P1 = 0xff;          //P1 口全部为高电平,对应的 LED 全灭掉
    P1 = 0xfe;          //P1 口的最低位点亮,可以更改数值使其他的灯点亮
    while (1)           //主循环
    {
    }
}
/* 程序结束 ---------------------------------------------------------*/
```

实验现象:下载程序后,可以看到连接在 P1.0 口的 LED 点亮后很快熄灭,其他 LED 熄灭。

程序解析:端口寄存器整体赋值。与第一个程序不同,这里更简单,直接对 P1 口整体操作。使用的是 8 位单片机,所以一个口占的宽度是 8 位,用二进制表示,样例注释中有详细解释。0xFF 和 0xff 相同,C 语言中数值不区分大小写,标识符一定要区分大小写。0x 前缀表示这个是十六进制数,如果直接用十进制则可以用下面方式表示:P1 = 255,此句等效于 P1 = 0xff。单片机中常用的进制是:十进制、二进制和十六进制,三种进制只是表现形式不同,可以相互转换。在写程序之前需要详细了解这三种进制并能熟练进行换算。下面通过表 2-1-1 展示 P1 口与数值对应关系。

表 2-1-1　P1 口与数值对应关系

P1 = 0xfe = $(11111110)_2$								
端口	P1.7	P1.6	P1.5	P1.4	P1.3	P1.2	P1.1	P1.0
赋值	1	1	1	1	1	1	1	0

(1)端口与 LED 对应关系。观察图 2-1-8 Proteus 仿真软件界面图可知，端口 P1.0 连接 LED 灯 D1，端口 P1.1 连接 LED 灯 D2，以此类推，端口 P1.7 连接 LED 灯 D8。硬件图中 LED 灯共阳极接法，阴极分别接到单片机的 P1 口，根据发光二极管的基本特性，只要在单片机的端口处输出低电平，二极管即可导通发光。本例程中，P1 等于 0xfe，即 P1 端口的 P1.0 赋值 0，其余端口赋值 1，因此 P1.0 连接的 LED 灯 D1 被点亮。

(2)这里再一次强调，根据 C51 的头文件给出的定义，P1 一定大写 P。

(3)while(1){ }。这个空循环一定要有。虽然这个条件永远为真的空循环看起来什么都没做，但却保证单片机的程序一直在执行；否则，按照 C 语言程序顺序执行语句，执行到最后一条语句就退出整个程序，从而单片机也停止了工作，此时如果单片机程序有中断设计，那么中断也无法完成。

(4)最简单的换算办法可以通过计算机自带的计算器。如图 2-1-9 所示，用户在输入十进制数值后，可以直接选择十六进制、二进制或者八进制，结果就能直接出来。

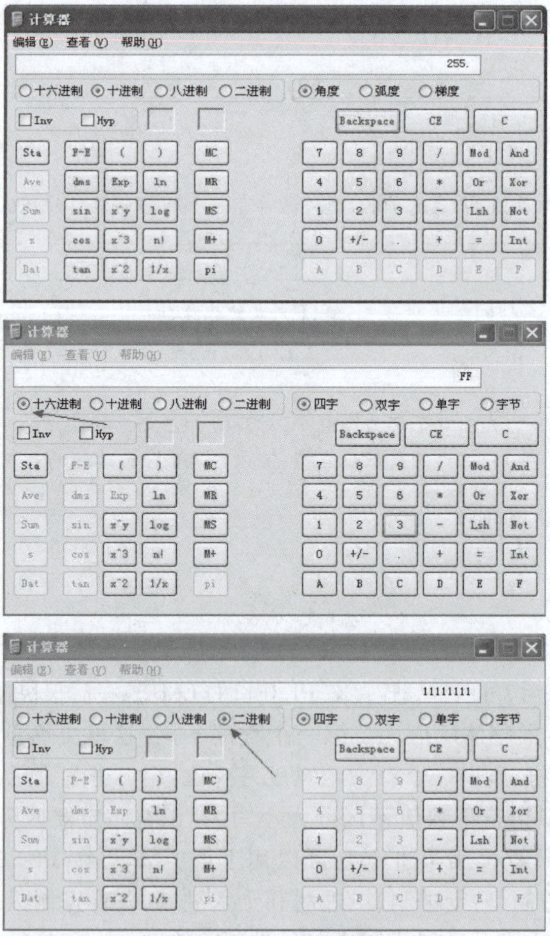

图 2-1-9　进制转换

3. 铁路信号灯 LED 模拟实现

```
/*-----------------------------------------------------------*/
#include <reg52.h>      //包含头文件,一般情况不需要改动
//头文件包含特殊功能寄存器的定义
sbit LEDR = P1^0;       //用 sbit 关键字定义 LED 到 P1.0 端口,红
sbit LEDY = P1^1;       //用 sbit 关键字定义 LED 到 P1.1 端口,黄
sbit LEDG = P1^2;       //用 sbit 关键字定义 LED 到 P1.2 端口,绿
/*--------------------------------------------------
主函数
------------------------------------------------*/
void main (void)
{
   int i;
   //此方法使用 bit 位对单个端口赋值
   LEDR = 1;                  //将 P1.0 口赋值 1,对外输出高电平,点亮红灯
   LEDY = 1;                  //将 P1.1 口赋值 1,对外输出高电平,点亮黄灯
   LEDG = 1;                  //将 P1.2 口赋值 1,对外输出高电平,点亮绿灯
   for(i = 0;i <10000;i ++);  //语句延时
   LEDR = 0;
   LEDY = 0;
   LEDG = 0;                  //熄灭三盏灯
   while (1)                  //主循环
   {
   }
}//主函数结束
/*-----------------------------------------------------------*/
```

实验现象:下载程序后,可以看到连接在 P1.0 ~ P1.2 的红、黄、绿 LED 点亮然后熄灭。

程序解析:本程序实现点亮三盏信号灯。这里用到语句延时 for( )语句。在后文将详细介绍。

四、C 语言知识

考虑到本书部分读者没有 C 语言基础,故本书按照项目涉及的 C 语言知识进行相关介绍。

1. 第一个 C 语言程序

这个是第一个 C 语言程序,程序在显示屏上输出字符串:“This is a C program”。

先对 C 语言程序有一个整体认识。下面详细介绍 C 语言程序的结构:

```
/*-------------------------------------------------------*/
#include <stdio.h>                     //这是编译预处理指令
int main()                             //定义主函数
{                                      //函数开始的标志
   printf("This is a C program. \n");  //输出所指定的一行信息
   return 0;                           //函数执行完毕时返回函数值 0
}                                      //函数结束的标志
/*-------------------------------------------------------*/
```

程序解析:

(1)main 是函数的名字,表示“主函数”。每一个 C 语言程序都必须有一个 main( )函数,是 C 语言程序的入口函数。main 前面的 int 表示此函数的类型是 int 类型(整型),即在执行主函数后会得到一个值(即函数值),其值为整型。return 0;的作用是当 main( )函数执行结束前将整数 0

作为函数值,返回到调用函数处。

(2)函数体由花括号{}括起来。

(3)printf 是 C 编译系统提供的函数库中的输出函数。printf()函数中双引号内的字符串"This is a C program."按原样输出。\n 是换行符,即在输出“This is a C program.”后,显示屏上的光标位置移到下一行的开头。

(4)每条语句最后都有一个分号,表示语句结束。几条语句用花括号括起来,则组成了复合语句。

(5)在使用函数库中的输入输出函数时,编译系统要求程序提供有关此函数的信息,程序第 1 行“#include <stdio.h>”的作用就是用来提供这些信息的。stdio.h 是系统提供的一个文件名,stdio 是 standard input & output 的缩写,文件扩展名 .h 的意思是头文件(header file),因为这些文件都是放在程序各文件模块的开头的。输入输出函数的相关信息已事先放在 stdio.h 文件中,本例程中,printf 就是 C 编译系统提供的标准输入输出函数库(stdio.h)中的输出函数,所以在 main()函数之前需要#include 来包含调用的函数库。

2. 变量定义

C 语言作为一种程序编程语言,在描述一件事情时需要有变量符号来帮助解决计算问题。下面介绍 51 单片机语言常见数据类型见表 2-1-2。

表 2-1-2　常见数据类型

数据类型	内存(字节数)	数值范围	含　义
int	2	-32 768 ~ 32 767	整型
unsigned int	2	0 ~ 65 535	无符号整型
long	4	-2.147E+9 ~ 2.147E+9	长整型
unsigned long	4	0 ~ 4.294 9E+9	无符号长整型
char	1	-128 ~ 127	字符型
unsigned char	1	0 ~ 255	无符号字符型
float	4	-3.4E+38 ~ 3.4E+38	浮点型
sfr	1	0 ~ 255	特殊功能寄存器
sbit	1/8	0/1	声明一个可位寻址变量

可以看到,不同的数据类型的值域不一样,在选择量变数据类型的时候,要对变量值域有所估计,在满足要求的情况下,尽可能选择值域小的,因为值域小的数据类型所占字节数小,节省内存。其中,sbit 和 sfr 数据类型是 51 单片机独有的数据类型。

变量定义的格式如下:

```
数据类型说明符　变量名[,变量名];
```

注意:

(1)变量名必须以字母或下画线开头。

(2)变量名的其他部分可以由字母、数字和下画线组成。

(3)变量名大小写表示不同意义。

(4)变量名不能是 C 语言的关键字。

(5)允许在一个数据类型说明符后,定义多个相同类型的变量,各变量之间用逗号隔开。

(6)最后一个变量名之后必须以“;”结尾。

(7)定义变量必须放在变量使用之前。

3. 赋值语句与算术运算符

赋值运算符“=”的作用是将一个数据赋给一个变量。例如:a=3 的作用是执行一次赋值操作(或称赋值运算)。把常量 3 赋给变量 a。也可以将一个表达式的值赋给一个变量。

对赋值表达式求解的过程是:

(1)求赋值运算符右侧的“表达式”的值。

(2)赋给赋值运算符左侧的变量。既然是一个表达式,就应该有一个值,表达式的值等于赋值后左侧变量的值。

赋值表达式的作用是将一个表达式的值赋给一个变量,因此赋值表达式具有计算和赋值的双重功能。表 2-1-3 是 C 语言常见的算术运算符。

表 2-1-3　C 语言常见的算术运算符

运算符	作　用
+	加
-	减
*	乘
/	除
%	求余数
--	减 1
++	加 1

算术运算符说明:

(1)C 语言的乘号与数学乘号写法不一致。

(2)“++”运算符放变量前面是先进行变量加 1 运算,再使用该变量;放在变量后面是先使用该变量,再进行变量加 1 运算。“--”运算符同理。

(3)运算符赋值运算后以“;”结尾,即赋值运算语句。每一条 C 语言语句都是以“;”结尾。

任务实施

本书配套建设了实验箱,书中所有程序皆可在实验箱上进行验证。本任务要求先进行仿真,再用实验箱进行验证。铁路信号灯设计与制作材料清单见表 2-1-4。

表 2-1-4　铁路信号灯设计与制作材料清单

序　号	名　称	规　格	数　量
1	51 单片机实验箱	本书配套	1
2	计算机	Win 10 系统	1
3	仿真软件 Proteus	Proteus 7 以上	1
4	Keil	μVision 4 以上	1
5	发光二极管	红、黄、绿	各 1

本任务仿真结果如图 2-1-10 所示。

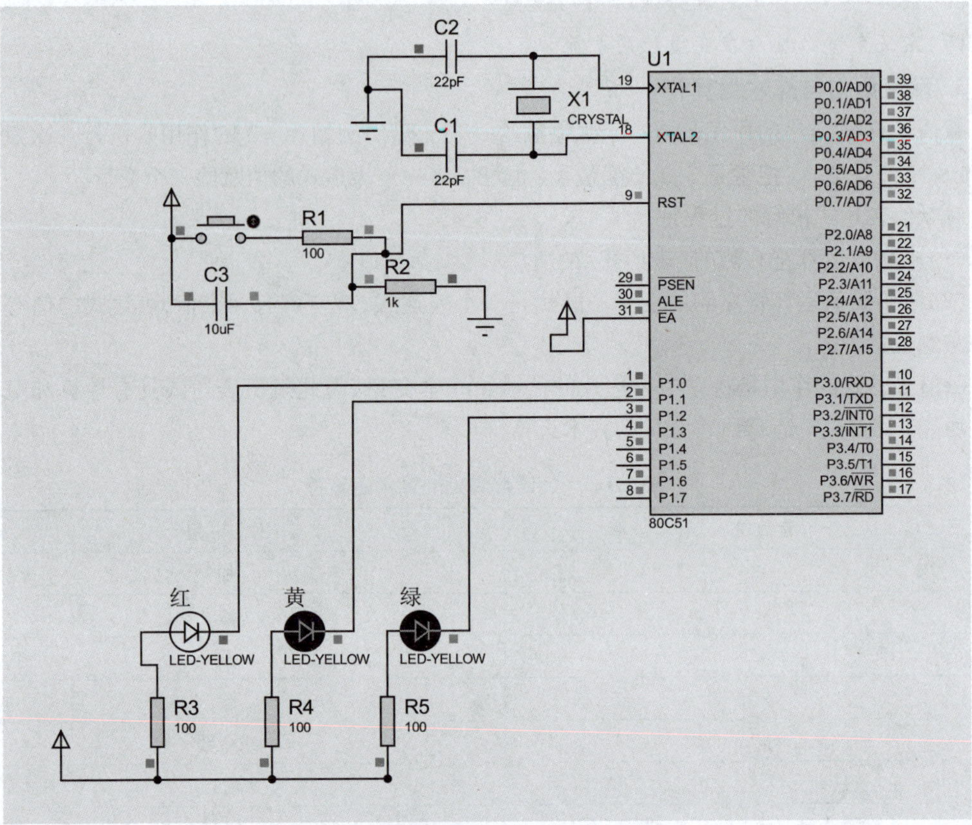

图 2-1-10　铁路信号灯仿真结果图

请对照表 2-1-5 进行铁路信号灯实验操作,并记录关键步骤和关键代码。其中,附加功能是提高部分,供学有余力的学生进行能力提升。

表 2-1-5　铁路信号灯实验关键步骤

序号	关键步骤	具体实施(图片、文字)或对应关键代码
1	检查实验箱对应部件是否良好	
2	实验箱与计算机连接	
3	建立单片机工程,工程名称为 siglight,单片机型号选择实验箱上对应的单片机型号	
4	编写程序并编译通过,生成 siglight. hex 文件	
5	用仿真器成功下载代码到单片机	
6	运行单片机系统,进行功能测试	
7	功能 1:三盏红、黄、绿灯轮流点亮	
8	附加功能 1:反向点灯	
9	附加功能 2:时间间隔调整	
10	整理实验台	

任务评价

任务评价见表 2-1-6。

表 2-1-6　铁路信号灯任务评价表

小组成员		学生姓名		
目标	目标内容	学生自评	小组互评	导师总评
知识	熟悉单片机的 I/O 端口			
	熟悉 C 语言基本语句			
	理解常见发光二极管的发光原理			
	理解循环语句的延迟原理			
	熟悉单片机循环语句规则			
能力	能设计铁路信号灯电路			
	会控制单片机 I/O 端口			
	能使用 C 语言循环语句完成控制炫彩灯			
	能使用 C 语言进行 I/O 端口进行电平控制			
素养	具有安全作业的操作意识			
	具有服务社会的奉献精神			
	具有科技强国的责任感			
	操作规范、团结协作、认真严谨等职业素养			

任务 2　炫彩霓虹灯的设计与制作

任务目标

知识目标：

(1)掌握单片机 I/O 口整体赋值。

(2)理解 C 语言程序架构。

(3)理解循环语句的延迟原理。

(4)理解单片机循环语句。

能力目标：

(1)能根据项目要求在单片机最小系统基础上设计炫彩霓虹灯电路。

(2)能根据项目要求使用控制单片机 I/O 口。

(3)能根据项目要求使用 C 语言循环语句完成炫彩霓虹灯控制。

(4)能用 C 语言进行 I/O 端口电平控制。

素养目标：

(1)具有规范作业的操作意识、服务社会的奉献精神。

(2)具有不断创新、精益求精的工匠精神。

(3)具有科技强国的责任感。

(4)培养操作规范、团结协作、认真严谨等职业素养。

任务描述

视频

炫彩霓虹灯的设计与制作

每逢重大节日，在城市高楼中总能出现各种主题庆祝霓虹灯。例如每年的国庆，我们能看到在全国各地都会出现庆祝祖国生日的标语。用标语来表达我们对祖国的热爱，对这一片土地的热爱，如图 2-2-1 所示。

图 2-2-1　祝福祖国生日快乐霓虹灯展示

这个其实是控制数量很多的 LED 进行有规律的闪烁，闪烁出“我爱你中国”字样和红色背景即可。原理很简单，下面先来学习一个简单霓虹灯——流水灯的实现，在完成后，可自行进行复杂霓虹灯的设计与制作。

本任务要求实现实验箱上 8 个 LED 从左边到右边轮流点亮和熄灭，形成流动的 LED。实验箱 LED 灯列如图 2-2-2 所示。

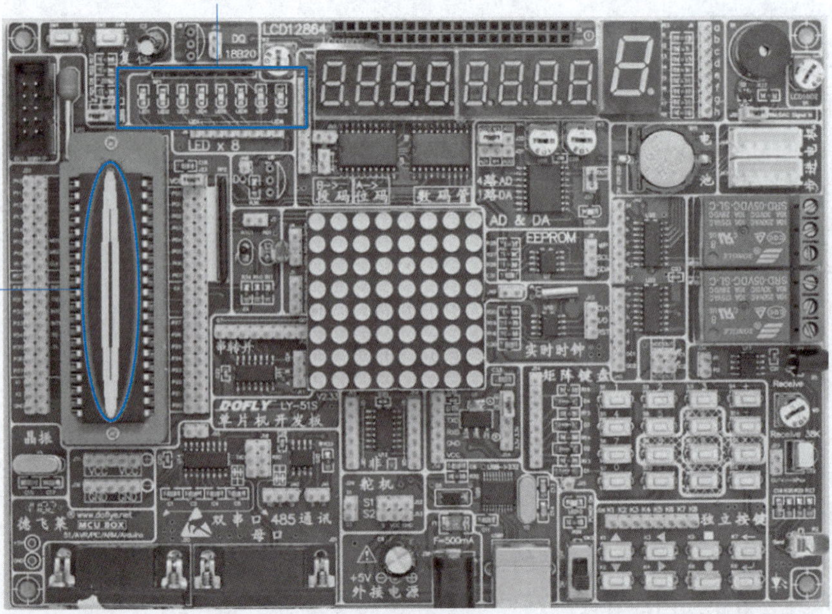

图 2-2-2　实验箱 LED 灯列

知识链接

一、硬件知识

1. LED 灯列硬件连接

本任务的 LED 灯列连接到单片机 P1 口，LED1 连接到 P1.0，LED2 连接到 P1.1，以此类推，LED8 连接到 P1.7。P1 口与 LED 连接表见表 2-2-1。

表 2-2-1　P1 口与 LED 连接表

端口	P1.7	P1.6	P1.5	P1.4	P1.3	P1.2	P1.1	P1.0
LED	LED8	LED7	LED6	LED5	LED4	LED3	LED2	LED1

从实验箱的 LED 灯列硬件原理图可以看到 LED 灯列采用共阳极连接，而阴极连接到 51 单片机 P1 口。用杜邦线连接对应的 I/O 口，如图 2-2-3 所示。

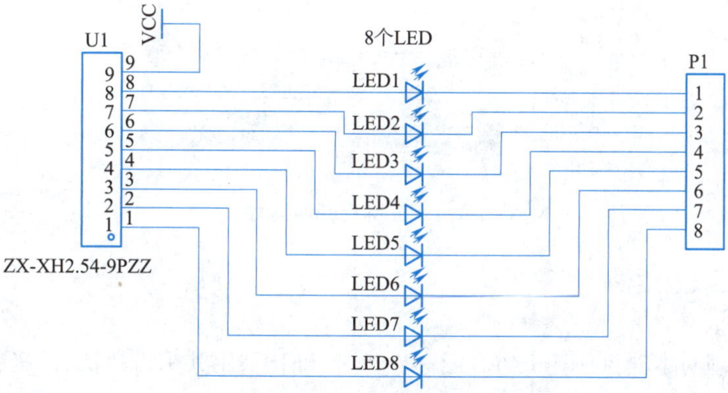

图 2-2-3　实验箱 LED 硬件原理图

实验箱 LED 硬件连接图如图 2-2-4 所示。本任务采用母对母杜邦线进行连接。

图 2-2-4　实验箱 LED 硬件连接图

2. 杜邦线

电子行业杜邦线可用于实验板的引脚扩展,增加实验项目等,可以非常牢靠地和插针连接,无须焊接,可以快速进行电路实验。

杜邦线分为三种,分别是母对母杜邦线、母对公杜邦线和公对公杜邦线。根据电路板实际引脚进行选用。三种杜邦线实物图如图 2-2-5 所示。

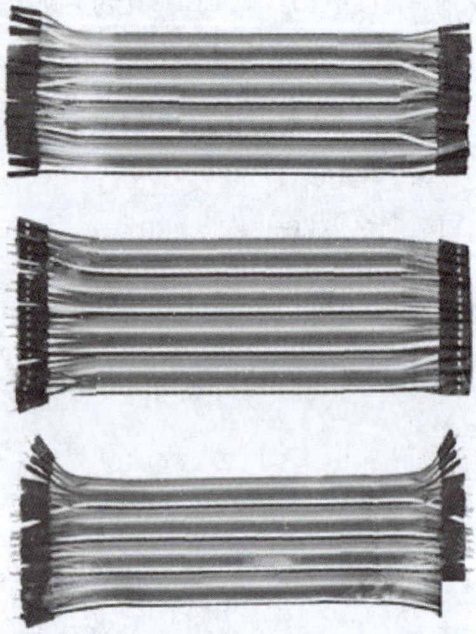

图 2-2-5 三种杜邦线实物图

二、仿真实现

仿真硬件原理与本项目任务 1 仿真图一样,8 个 LED 采用共阳极接法,阴极分别接到 P1 口。单片机通过 P1 口控制流水灯的轮流点亮和熄灭,从而实现流水灯的功能。

三、程序详解

1. 控制一个 LED 闪烁

在本项目任务 1 中,只是负责点亮灯,并没有使灯闪烁。要实现流水灯,必须首先能控制灯亮和灭。本任务先实现控制一个 LED 有规律闪烁。程序如下:

```
--------------------------------------------------------*/
#include < reg52.h > //包含头文件,一般情况不需要改动
//头文件包含特殊功能寄存器的定义
sbit LED0 = P1^0;//用 sbit 关键字定义 LED 到 P1.0 口
//LED 是自己任意定义且容易记忆的符号
void Delay(unsigned int t); //函数声明
/* -------------------------------------------------------
主函数
--------------------------------------------------------*/
void main (void)
{
                                //此方法使用 bit 位对单个端口赋值
    while (1)                   //主循环
    {
        LED0 =0;                //将 P1.0 口赋值 0,对外输出低电平
```

```
        Delay(10000);       //调用延时程序。更改延时数字可以更改延时长度
        LED0 =1;            //将 P1.0 口赋值 1,对外输出高电平
        Delay(10000);       //主循环中添加其他需要一直工作的程序
    }
}
/* ----------------------------------------------------
延时函数,含有输入参数 unsigned int t,无返回值
unsigned int 是定义无符号整形变量,其值的范围是 0 ~65 535
-----------------------------------------------------*/
void Delay(unsigned int t)
{
    while(--t);
}
/* ----------------程序结束--------------------------*/
```

实验现象:下载程序后,可以看到连接在 P1.0 口的 LED0 点亮,延迟 10 s 后 LED0 熄灭。如此一直循环。

程序解析:

(1)void Delay(unsigned int t)延时函数。C 语言程序设计中,可以将一段经常需要使用的代码封装起来,在需要使用时可以直接调用,这就是程序中的函数。C 语言的函数可以分为两类:带参数的函数和不带参数的函数。一般形式如下:

```
类型标识符  函数名(类型标识符 参数)
```

例如:void Delay(unsigned int t)

void 的字面意思是“无类型”,如果函数没有返回值,则声明为 void 类型;如果函数没有输入参数,也需要声明为 void 类型。

可以看出 Delay()函数有输入参数,输入参数是无符号整型变量 t ,但没有返回值。

在主调函数中调用某函数之前应对该被调函数进行说明(声明),这与使用变量之前要先进行变量说明是一样的。在主调函数中对被调函数做说明的目的是使编译系统知道被调函数返回值的类型,以便在主调函数中按此种类型对返回值做相应的处理。

其一般形式为

```
类型说明符 被调函数名(类型 形参,类型 形参……);
```

或为

```
类型说明符 被调函数名(类型,类型……);
```

括号内给出了形参的类型和形参名,或只给出形参类型。这便于编译系统进行检错,以防止可能出现的错误。

(2)函数声明。C 语言中规定在以下几种情况时可以省去主调函数对被调函数的函数说明。

①如果被调函数的返回值是整型或字符型时,可以不对被调函数做说明,而直接调用。这时系统将自动对被调函数返回值按整型处理。

②当被调函数的函数定义出现在主调函数之前时,在主调函数中也可以不对被调函数再做说明而直接调用。

③如在所有函数定义之前,在函数外预先说明了各个函数的类型,则在以后的各主调函数中,可不再对被调函数做说明。例如:

```
char str(int a);
float f(float b);
main()
{…}
char str(int a)
{
    …
}
float f(float b)
{
    …
}
```

其中第一、二行对 str()函数和 f()函数预先做了说明。因此在以后各函数中无须对 str()和 f()函数再做说明就可直接调用。

对库函数的调用不需要再做说明,但必须把该函数的头文件用 include 命令包含在源文件前部。

(3)函数调用。程序是通过对函数的调用来执行函数体的,其过程与其他语言的子程序调用相似。C 语言中,函数调用的一般形式为

```
函数名(实际参数表);
```

对无参函数调用时则无实际参数表。实际参数表中的参数可以是常数、变量或其他构造类型数据及表达式。各实参之间用逗号分隔。

函数表达式:函数作为表达式中的一项出现在表达式中,以函数返回值参与表达式的运算。这种方式要求函数是有返回值的。例如:z = max(x,y);是一个赋值表达式,把 max 的返回值赋予变量 z。

函数语句:函数调用的一般形式加上分号即构成函数语句。例如:

printf ("% d",a);scanf ("% d",&b);都是以函数语句的方式调用函数。

函数实参:函数作为另一个函数调用的实际参数出现。这种情况是把该函数的返回值作为实参进行传送,因此要求该函数必须是有返回值的。例如:

printf("% d",max(x,y));即把 max 调用的返回值又作为 printf()函数的实参来使用。在函数调用中还应该注意的一个问题是求值顺序的问题。所谓求值顺序,是指对实参表中各量是自左至右使用,还是自右至左使用。对此,各系统的规定不一定相同。

(4)循环语句。在单片机程序中,经常使用无限循环语句,使得单片机上电之后一直在工作,不会有程序执行完毕的时候。

所以,本任务中的 LED 灯一直闪烁,直到系统断电为止。

2. 流水灯实现基本方法

下面把 8 个 LED 轮流点亮熄灭就成了流水灯。最直接的想法就是定义 8 个引脚代表 8 个 LED,分别点亮和熄灭。程序代码如下:

```
/* -----------------------------------------------------
主函数
-----------------------------------------------------*/
#include <reg52.h>
sbit LED7 = P1^7;           //定义引脚
sbit LED6 = P1^6;
```

```
sbit LED5 = P1^5;
sbit LED4 = P1^4;
sbit LED3 = P1^3;
sbit LED2 = P1^2;
sbit LED1 = P1^1;
sbit LED0 = P1^0;
void main()
{
  while(1){
  LED0 =0;                 //点灯
  Delay(1000);             //调用延时函数延时 1 s
  LED0 =1;                 //灭灯
  LED1 =0;
  Delay(1000);
  LED1 =1;
  LED2 =0;
  Delay(1000);
  LED2 =1;
  LED3 =0;
  Delay(1000);
  LED3 =1;
  LED4 =0;
  Delay(1000);
  LED4 =1;
  LED5 =0;
  Delay(1000);
  LED5 =1;
  LED6 =0;
  Delay(1000);
  LED6 =1;
  LED7 =0;
  Delay(1000);
  LED7 =1;
  }
}
/****************** 程序结束**********************/
```

实验现象:下载程序后,可以看到 LED0 ~ LED7 像流水一样被轮流点亮。如此一直循环。这也是城市绚烂多姿的霓虹灯实现的基本原理。读者可以尝试做一个心形的流水灯。

3. 流水灯实现改进方法

仔细观察流水灯实现的基本方法发现,程序对 LED0 ~ LED7 的处理都是一样的,因此想到用循环的办法实现。在改进程序中使用了 for 循环语句。

```
/* ---------------------------------------------
主函数
---------------------------------------------*/
#include <reg52.h>
void main()
```

```
{
    unsigned int a,i,val;
    do{
          val = 0x01;
          for(i = 0;i < 8;i ++)                 //8 次循环
          {
              P1 = ~val;                        //取反赋值
              for(a = 0;a < 30000;a ++);        //延时
              val = val << 1;                   //左移到下一个 LED
          }
     }while(1);
}
/****************** 程序结束**********************/
```

程序解析:

(1)空循环语句做时间延迟。上一个任务程序使用了延时函数,本任务中使用了空循环语句作为不精确的延时(本任务并无规定灯亮多长时间熄灭)。

语句 for(a = 0;a < 30000;a ++);循环了 30 000 次,语句后紧跟分号作为结束,那么这个循环语句的循环体是空循环体,换句话说,这个循环判断条件成立了,程序也是什么都不做,紧跟着进行 a ++ 运算,然后再判断 a < 30 000 是否成立(成立不做任何计算,不成立退出循环),如此不断循环 30 000 次。程序延迟的时间就是单片机执行这 30 000 次运算的时间。

(2)P1 端口整体赋值。本程序采用了 C51 语法中按位左移的方式控制 LED。具体见表 2-2-2 P1 口移位赋值与 LED。

表 2-2-2　P1 口移位赋值与 LED

P1 口移位赋值	00000001	00000010	00000100	00001000	00010000	00100000	01000000	10000000
LED	LED0	LED1	LED2	LED3	LED4	LED5	LED6	LED7

可以看到,P1 口的二进制的值中 1 不断左移(右移),每次刚好只有一位 1 对应 LED 灯。在系统硬件连接原理图中可以知道,LED 采用共阳极,阴极接到了 P1 口,所以本程序在赋值给 P1 是取反赋值 P1 = ~val。

通过本程序可以看到,经过算法的简单处理,程序变得简单明了。采用移位的方式控制,直接进行位控制,因而效率也更高。

(3)算法。广义地说,为解决一个问题而采取的方法和步骤,就称为“算法”。对同一个问题,可以有不同的解题方法和步骤。为了有效地进行解题,不仅需要保证算法正确,还要考虑算法的质量,选择合适的算法。

数值运算的目的是求数值解。由于数值运算往往有现成的模型,可以运用数值分析方法,因此对数值运算的算法的研究比较深入,算法比较成熟。

计算机在非数值运算方面的应用远超在数值运算方面的应用。非数值运算的种类繁多,要求各异,需要使用者参考已有的类似算法,重新设计解决特定问题的专门算法。本程序就是属于非数值运算的算法。

四、C 语言知识

1. 函数的基本概念

(1) C 程序的基本架构。在执行程序时,由系统调用 main()函数,main()函数再去调用其他函数或者执行函数语句而完成设定功能。换句话说，一个 C 程序中 main( ) 函数是系统调用程序唯一入口，main( ) 函数可以调用其他函数，其他函数却不能调用 main( ) 函数。main( ) 函数是被操作系统调用的。

一个 C 程序由一个或多个程序模块组成，每一个程序模块作为一个源程序文件。较大的程序可分别放在若干个源文件中。这样便于分别编写和编译，提高调试效率。一个源程序文件可以为多个 C 程序共用。

① 一个源程序文件由一个或多个函数以及其他有关内容（如指令、数据声明与定义等）组成。一个源程序文件是一个编译单位，在程序编译时是以源程序文件为单位进行编译的，而不是以函数为单位进行编译的。

②C 程序的执行是从 main( ) 函数开始的，如果在 main( ) 函数中调用其他函数，在调用后流程返回到 main( ) 函数，在 main( ) 函数中结束整个程序的运行。

③所有函数都是平行的，即在定义函数时是分别进行的，是互相独立的。一个函数并不从属于另一个函数，即函数不能嵌套定义。

(2) 定义函数。C 语言要求，在程序中用到的所有函数，必须“先定义、后使用”。

定义函数应包括以下几项内容：

①指定函数的名称，以便以后按名调用。

②指定函数的类型，即函数返回值的类型。

③指定函数参数的名称和类型，以便在调用函数时向它们传递数据。对无参函数不需要这一项。

④指定函数应当完成什么操作，也就是函数是做什么的，即函数的功能。这是最重要的，是在函数体中解决的。

定义无参函数格式：

```
类型名   函数名()
{
    函数体
}
```

定义有参函数格式：

```
类型名   函数名(形式参数表列)
{
    函数体
}
```

a. 类型名即函数类型，可以是变量类型名，如 int、float 等，也可以是无返回值 void 类型。

b. 函数名命名规则与前面介绍的变量命名规则一致。函数名通常用英语或者其简单的缩写表示函数的基本功能，这样使程序更具有可读性。

c. 函数体即函数的实现，由具有一定功能的复合语句组成，实现一项简单的函数功能。

d. 如果定义有参数的函数，则参数用逗号隔开，最后一个参数无须用逗号隔开。

举例：定义一个有两个参数的函数，函数返回输入两个参数的大值。

```
int max(int x,int y)      //函数名 max,函数返回类型为 int,有两个 int 参数
{   int z;                //声明部分
    z=x>y? x:y;           //执行语句部分
    return(z);            //返回值部分
}
```

(3)函数调用。函数调用的形式：

```
函数名(实参表列);
```

① 函数调用语句。把函数调用单独作为一个语句，如 printf_star();这时不要求函数带回值，只要求函数完成一定的操作。

② 函数表达式。函数调用出现在另一个表达式中，如 c = max(a,b); 这时要求函数带回一个确定的值，以参加表达式的运算。

③ 函数参数。函数调用作为另一个函数调用时的实参，如 m = max(a,max(b,c));，又如 printf ("%d", max (a,b));等。

④main()函数中调用举例：

```
int  max(int x,int y);//函数声明
main()
{
    int c,a=10,b=5;
    c=max(a,b);//函数调用
}
```

2. 循环语句

1)while 循环语句

语句结构：

```
while(表达式)  {语句;}
```

while 循环语句可简单地记为：只要循环条件表达式为真(即给定的条件成立)，就执行循环体语句。

"语句"就是循环体。循环体可以是一条简单的语句，也可以是复合语句(用花括号括起来的若干条语句)。

执行循环体的次数是由循环条件控制的，这个循环条件就是上面一般形式中的"表达式"，它也称为循环条件表达式。当此表达式的值为"真"(以非 0 值表示)时，就执行循环体语句；为"假"(以 0 值表示)时，就不执行循环体语句。

while 循环语句流程示意图如图 2-2-6 所示。

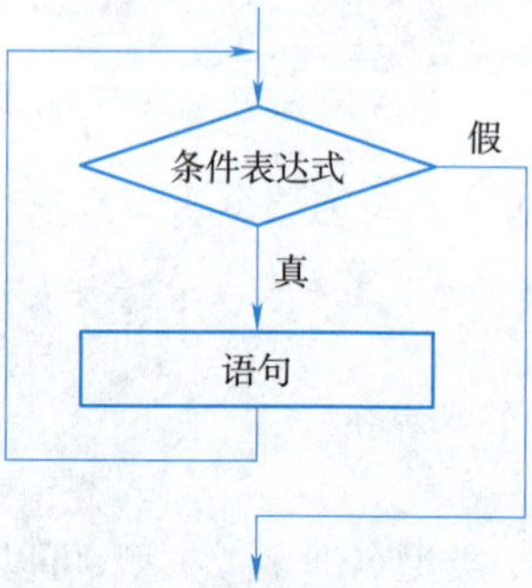

图 2-2-6 while 循环语句流程示意图

2)do-while 循环语句

语句结构：

```
do
{
  语句;
}while(表达式);
```

do-while 循环语句流程示意图如图 2-2-7 所示。

do-while 结构的循环语句与 while()循环语句十分类似。只是不管表达式是否成立，循环体必定执行一次。

3)for 循环语句

语句结构：

```
for(表达式1;表达式2;表达式3)
    {语句;  }
```

表达式1：设置初始条件，只执行一次。可以为零个、一个或多个变量设置初值。

表达式2：循环条件表达式，用来判定是否继续循环。在每次执行循环体前先执行此表达式，决定是否继续执行循环。

表达式3：作为循环的调整，例如使循环变量增值。它是在执行完循环体后才进行的。for 循环语句流程示意图如图 2-2-8 所示。

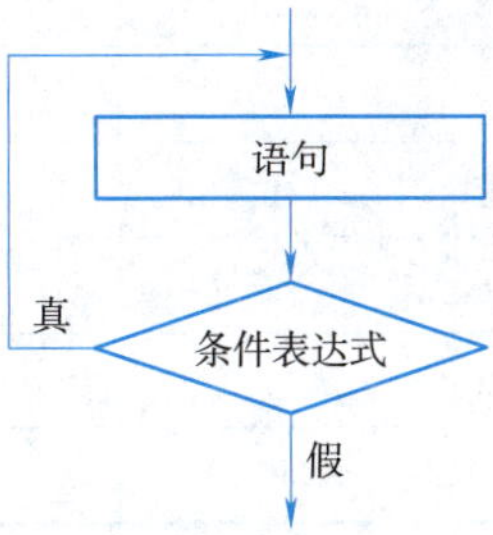

图 2-2-7　do-while 循环语句流程示意图

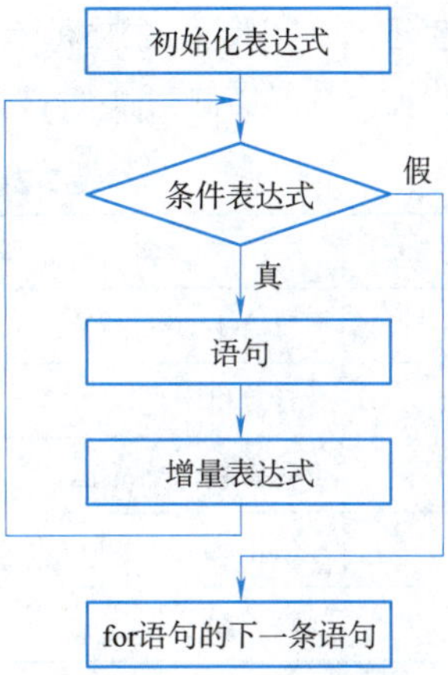

图 2-2-8　for 循环语句流程示意图

for 循环语句的执行过程如下：

(1)求解表达式1。

(2)求解表达式2。若此条件表达式的值为真(非0)，则执行 for 语句中的循环体，然后执行第(3)步。若为假(0)，则结束循环，转到第(5)步。

(3)求解表达式3。

(4)转回步骤(2)继续执行。

注意： 在执行完循环体后，循环变量的值“超过”循环终值，循环结束。

(5)循环结束。执行 for 语句的下一条语句。

4)用三种循环语句编写循环10次的代码片段

(1) while 实现：

```
int i,j;
while(i >10)
{
    i ++;
    j ++;
}
```

(2)do-while 实现：

```
int i,j;
do
{
    i ++;
    j ++;
} while(i >10);
```

(3)for 语句实现：

```
int i,j;
for(i=0;i<10;i++)
{  j++;  }
```

任务实施

本书配套建设了实验箱，书中所有程序皆可在实验箱进行验证。任务要求先进行仿真，再用实验箱进行验证。炫彩霓虹灯实验材料清单见表 2-2-3。

表 2-2-3　炫彩霓虹灯实验材料清单

序　号	名　称	规　格	数　量
1	51 单片机实验箱	本书配套	1
2	计算机	Win 10 系统	1
3	仿真软件 Proteus	Proteus 7 以上	1
4	Keil	μVision 4 以上	1
5	杜邦线	公对公、公对母、母对母	20

本任务仿真结果如图 2-2-9 所示。

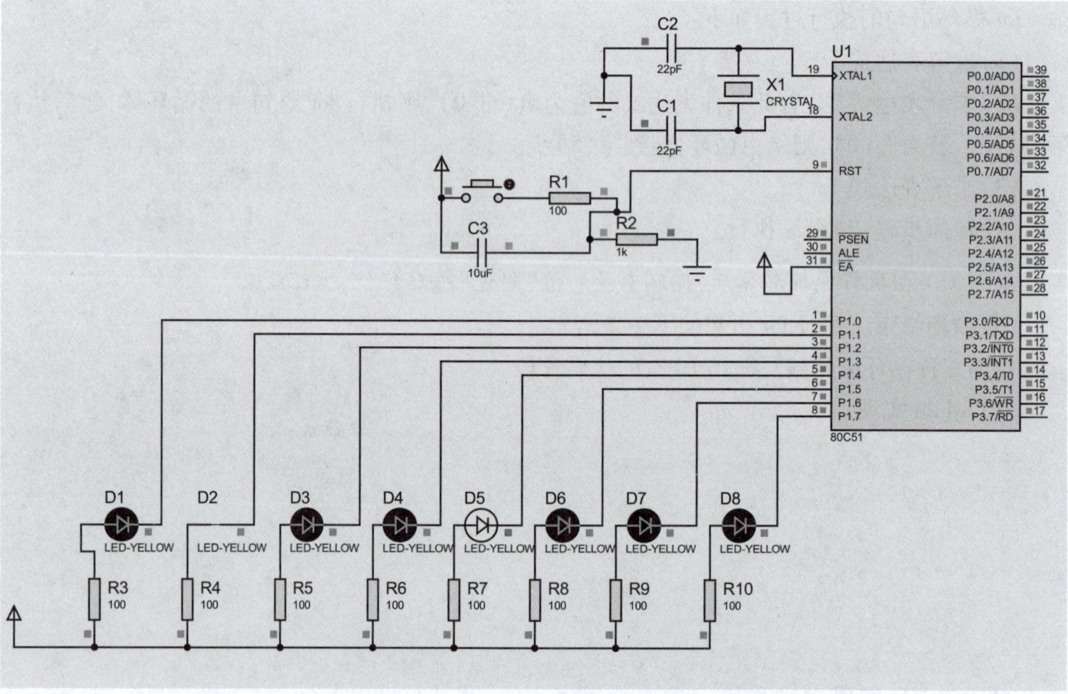

图 2-2-9　炫彩霓虹灯仿真结果

对照表 2-2-4 进行炫彩霓虹灯实验操作，并记录具体关键步骤和关键代码。其中，附加功能是提高部分，供学有余力的学生进行能力提升。

表 2-2-4　炫彩霓虹灯实验关键步骤

序号	关键步骤	具体实施(图片、文字)或对应关键代码
1	检查实验箱对应部件是否良好	
2	实验箱与计算机连接	
3	建立单片机工程,工程名为 led8。单片机型号选择实验箱上对应的单片机型号	
4	编写程序,并编译通过,生成 led8. hex 文件	
5	用仿真器成功下载代码到单片机	
6	运行单片机系统,进行功能测试	
7	功能 1:8 个 LED 轮流点亮	
8	功能 2:两个 LED 点亮间隔约 2 s	
9	附加功能 1:乒乓点灯	
10	附加功能 2:奇偶点灯	
11	整理实验台	

任务评价

任务评价表见表 2-2-5。

表 2-2-5　炫彩霓虹灯任务评价表

小组成员		学生姓名		
目标	目标内容	学生自评	小组互评	导师总评
知识	掌握单片机的 I/O 端口整体赋值			
	理解 C 语言程序的架构			
	理解循环语句的延迟原理			
	理解单片机移位操作原理			
能力	能根据项目要求在最小单片机系统基础上设计炫彩霓虹灯电路			
	能根据项目要求使用控制单片机 I/O 端口			
	能根据项目要求使用 C 语言循环语句完成控制炫彩灯			
	能用 C 语言进行 I/O 端口进行电平控制			
素养	具有安全作业的操作意识			
	具有轨道交通生产安全的责任意识			
	具有科技强国的责任感			
	操作规范、团结协作、认真严谨等职业素养			

任务 3　地铁列车到站指示灯设计与制作

任务目标

知识目标:

(1)理解单片机的 I/O 口。

(2)理解 C 语言基本语句。

(3)掌握单片机定时原理。

(4)掌握 C51 单片机定时器寄存器 TMOD、TCON 等。

(5)掌握 C51 单片机定时时间参数的计算方法。

能力目标:

(1)能根据要求在单片机最小系统基础上设计地铁列车到站指示灯电路。

(2)能根据要求灵活控制单片机 I/O 口。

(3)能根据要求使用 C 语言完成 C51 单片机定时器初始化。

(4)能用 C 语言进行循环控制。

素养目标:

(1)具有安全作业的操作意识、列车生产安全的责任意识。

(2)具有不断创新、精益求精的工匠精神。

(3)具有科技强国的责任感。

(4)具有优秀的团队协作职业素养。

任务描述

视频

地铁列车到站指示灯设计与制作

我们乘坐地铁时,地铁列车会实时显示目前位置,提醒乘客到站下车,这样可极大方便乘客、提高乘客的乘坐体验,从而提高地铁运营竞争力。本任务在前一个流水灯任务的基础上实现地铁列车到站指示灯的模拟。

实际的地铁列车进站出站基于各种传感器信号。本任务仅利用定时器与 LED 进行模拟,方便读者对地铁列车进站指示灯的设计有一个初步认识,并学会使用单片机定时器,如图 2-3-1 所示。

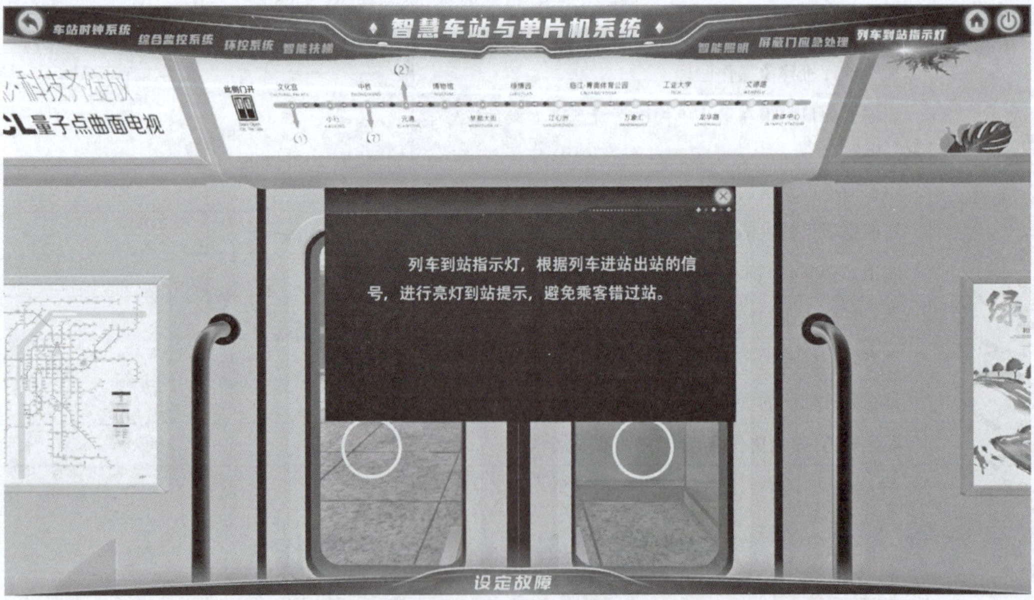

图 2-3-1　地铁列车到站指示图

任务要求:模拟列车 2 min 行驶一站,到站后闪烁 3 ~ 5 次,然后进行下一站的循环。一共模拟 8 站。

知识链接

一、硬件知识

1. 8051 的定时器

MCS-51 系列单片机内部有两个 16 位定时/计数器，即定时器 0（T0）和定时器 1（T1）。它们都具有定时和计数功能，可用于定时或延时控制，对外部事件进行检测、计数等。

定时/计数器是一个加"1"计数器，来一个脉冲即做加 1 计数，直至寄存器各位全为 1，再来一个脉冲，计数器回 0 且使 TF0（定时器 0）、TF1（定时器 1）置 1 表示定时时间到。计数值乘以单片机的机器周期就是定时时间。

由单片机的晶振经过 12 分频后获得一个脉冲源。晶振的频率当然很准，所以这个计数脉冲的时间间隔也很准。内部时钟结构如图 2-3-2 所示。

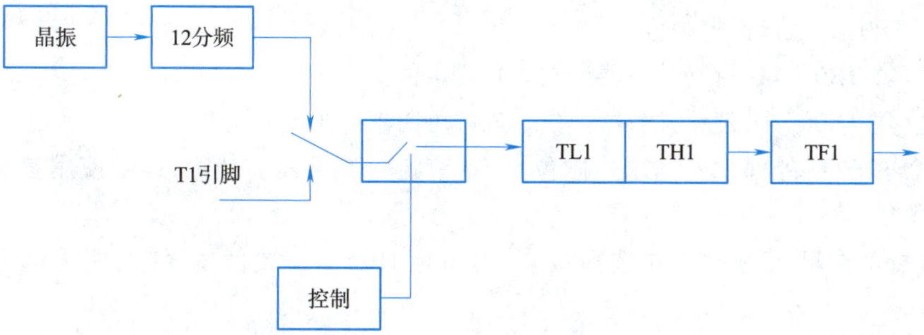

图 2-3-2　8051 单片机内部时钟结构

（1）工作方式控制寄存器 TMOD。

工作方式控制器寄存器 TMOD 各位含义见表 2-3-1。

表 2-3-1　工作方式控制器寄存器 TMOD 各位含义

TMOD 各位	D7	D6	D5	D4	D3	D2	D1	D0
含义	GATE	$C/\overline{T}$	M1	M0	GATE	$C/\overline{T}$	M1	M0

其中，D7 ~ D4 控制定时器 1，D3 ~ D0 控制定时器 0。控制方式一样。下面以定时器 1 为例，详细介绍 TMOD 各位含义。

①GATE（门控位）：

GATE = 1，定时器是否计数，由外中断引脚 INTx（x = 0，1）上的电平与运行控制位 TRx（x = 0，1）共同控制。

GATE = 0，允许运行控制位 TRx（x = 0，1）启动定时器。

②$C/\overline{T}$（计数器模式和定时器模式选择位）：

$C/\overline{T}$ = 0，定时器模式，对系统时钟 12 分频后的脉冲进行计数。

$C/\overline{T}$ = 1，计数器模式，计数器对外部输入引脚 T0（P3.4）或 T1（P3.5）的外部脉冲（负跳变）计数。

③M1、M0（工作方式选择位）。8051 单片机的引脚功能和工作方式见表 2-3-2。

（2）定时/计数器控制寄存器 TCON。定时/计数器控制寄存器 TCON。含义见表 2-3-3。

表 2-3-2　8051 单片机的引脚功能和工作方式

M1	M0	工作方式
0	0	方式 0，为 13 位定时/计数器
0	1	方式 1，为 16 位定时/计数器
1	0	方式 2，8 位的常数自动重新装载的定时/计数器
1	1	方式 3，仅适用于 T0，此时 T0 分成 2 个 8 位计数器，T1 停止计数

表 2-3-3　控制寄存器 TCON 各位含义

TCON 各位	D7	D6	D5	D4	D3	D2	D1	D0
含义	TF1	TR1	TF0	TR0	IE1	IT1	IE0	IT0

①TF1、TF0（计数溢出标志位）。当计数器计数溢出时，该位置 1。使用查询方式时，此位可供 CPU 查询，但应注意查询后，用软件及时将该位清 0。使用中断方式时，作为中断请求标志位，进入中断服务程序后由硬件自动清 0。

②TR1、TR0（计数运行控制位）：

TR1 位（或 TR0）=1，启动计数器计数的必要条件。

TR1 位（或 TR0）=0，停止计数器计数。该位可由软件置 1 或清 0。

③IE1（或 IE0）（外部中断请求标志位）。本节定时器不需要使用，详细使用参考中断相关内容。

④IT1（外部中断 1 触发方式选择位）。本节定时器不需要使用，详细使用参考中断相关内容。

2. 定时器初值计算

定时时间的计算公式：

$$定时时间=(2^x-初值)\times机器周期$$

定时时间计算公式 x 值与定时器工作方式对应关系见表 2-3-4。

表 2-3-4　x 值与定时器工作方式对应关系

x 值	定时器工作方式
13	方式 0
16	方式 1
8	方式 2
8	方式 3

一般来说，使用定时器时，定时时间是已知的，机器周期也是已知的，而且选好定时器的工作方式后，2^x 也是已知的。所以，实际需确定的是初值，也即真正使用的公式是下面的变形公式：

$$初值=2^x-\frac{定时时间}{机器周期}$$

式中，机器周期 = 12/单片机的晶振频率。

如果单片机的晶振频率是 12 MHz，则可算出机器周期是 1 μs。

定时器 0 方式 0 工作时，由 TH0 的 8 位 + TL0 的低 5 位组成一个 13 位计数器。

定时器 0 方式 1 工作时，由 TH0 的 8 位 + TL0 的 8 位组成一个 16 位计数器。

定时器 0 方式 2 工作时，由 TL0 构成 8 位计数器，TH0 仅用来存放时间常数。TH1 中的时间常数还会自动地装入 TL1，并重新开始定时或计数。

定时器0方式3工作时，定时器0分为2个独立的8位定时器，其中TH0、TL0分别作为这2个独立定时器的计数器用。

注意： 如果是定时器1，则初值应该赋给TH1、TL1两个寄存器。

在项目中已知选用定时器0且工作在方式1使用的是2个8位寄存器。低8位给TL0，高8位给TH0。为了使定时器能定时2 s，采取的办法是每次定时50 ms，定时40次。51单片机默认配置的晶振是12 MHz，经过12分频后，机器频率是12 MHz/12，那么机器周期为1/1 MHz = 1 μs根据公式：

初值 = 2^{16} − 50 ms/1 μs = 65 536 − 50 000 = 15 536 = (11 110 010 110 000)2 = 0x3cb0。所以，定时器初始化代码为

```
TMOD = 0x01;
TH0 = 0x3c;
TL0 = 0xb0;
```

二、仿真实现

实际地铁到站时是根据计轴器、应答器等信息，通过列控ATC定位系统准确定位列车实际位置，判断列车是否进站停车，从而把到站站名灯点亮，提示乘客到站下车。仿真中，把发光二极管改为地铁站名，到站时间用定时器定时2 s，完成列车到站亮灯提示。

仿真电路中，将指示灯用共阳极方法连接，一端共同接到电源端，另外一端分别接入单片机P1口。仿真电路图如图2-3-3所示。

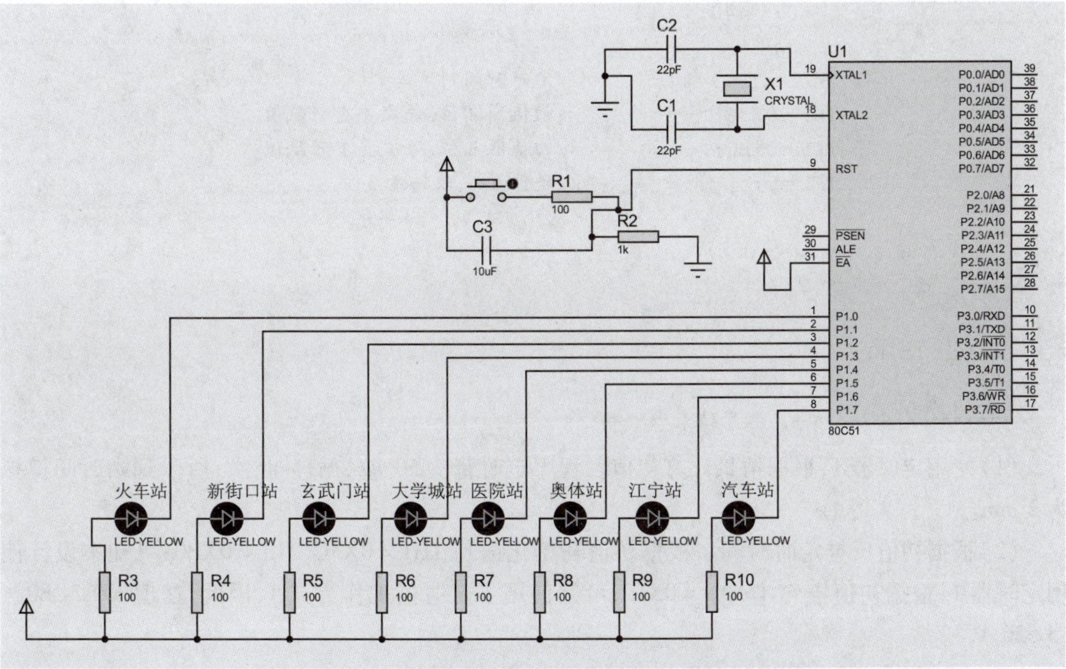

图2-3-3　地铁列车到站指示灯仿真电路图

三、程序详解

本程序的任务是用定时器准确定时2 s，完成列车到站亮灯提示。

```
/* -------------------------------------------------------------*/
//#include <reg52.h> //包含头文件,一般情况不需要改动
//头文件包含特殊功能寄存器的定义
//P1 口进行整体赋值
//LED 是自己任意定义且容易记忆的符号
//定时器精准定时 2 s
-------------------------------------------------------------*/
/* -------------------------------------------------------------
主函数
-------------------------------------------------------------*/
#include <reg52.h>
main()
{
    unsigned int i,j,value,dec;
    TMOD = 0X10;                         //模拟 8 站地铁站
    TH1 = 0x3C;                          //初值高 8 位
    TL1 = 0xB0;                          //初值低 8 位
    TR1 = 1;                             //启动定时器
    do{
        value = 254;
        dec = 1;
        for(i = 0;i < 8;i ++)            //模拟 8 站地铁站
        {
            P1 = value;
            for(j = 0;j < 40;j ++)
            {
                while(TF1 != 1);         //定时时间到了吗
                TH1 = 0X3C;              //初值高 8 位,每次要重新赋值
                TL1 = 0XB0;              //初值低 8 位,每次要重新赋值
                TF1 = 0;                 //硬件置 1,软件清 0
            }
        value = value - dec;
        dec = dec* 2;
        }
    }while(1);
}
/******************** 程序结束 *************************/
```

(1)使用定时器 1,根据情景计算初值。程序定时每次 50 ms,循环 40 次,所以到站时间模拟为 2 min。

(2)根据初值反推定时时间。根据初值初始化语句 TH1 = 0X3C,TL1 = 0XB0;可知本设计使用定时器 1;根据初值语句 TMOD = 0X10,可知使用了定时器工作方式 1,因此,初值 = 0x3CB0 = 15 536。

根据公式:$初值 = 2^x - \frac{定时时间}{机器周期}$,$x = 16$,则

$$\frac{定时时间}{机器周期} = 2^x - 初值 = 65\ 536 - 15\ 536 = 50\ 000$$

51 单片机系统默认晶振频率为 12 MHz,十二分频后,机器周期为 1 μs,所以

$$定时时间 = 50\ 000 \times 1\ \mu s = 50\ ms$$

任务实施

本书配套建设了实验箱,书中所有程序皆可在实验箱上进行验证。任务要求先进行仿真,再用实验箱进行验证。地铁列车到站指示灯实验材料清单见表 2-3-5。

表 2-3-5　地铁列车到站指示灯实验材料清单

序　号	名　称	规　格	数　量
1	51 单片机实验箱	本书配套	1
2	计算机	Win 10 系统	1
3	仿真软件 Proteus	Proteus 7 以上	1
4	Keil	μVision 4 以上	1
5	杜邦线	公对公、公对母、母对母	20

本任务仿真结果如图 2-3-4 所示。

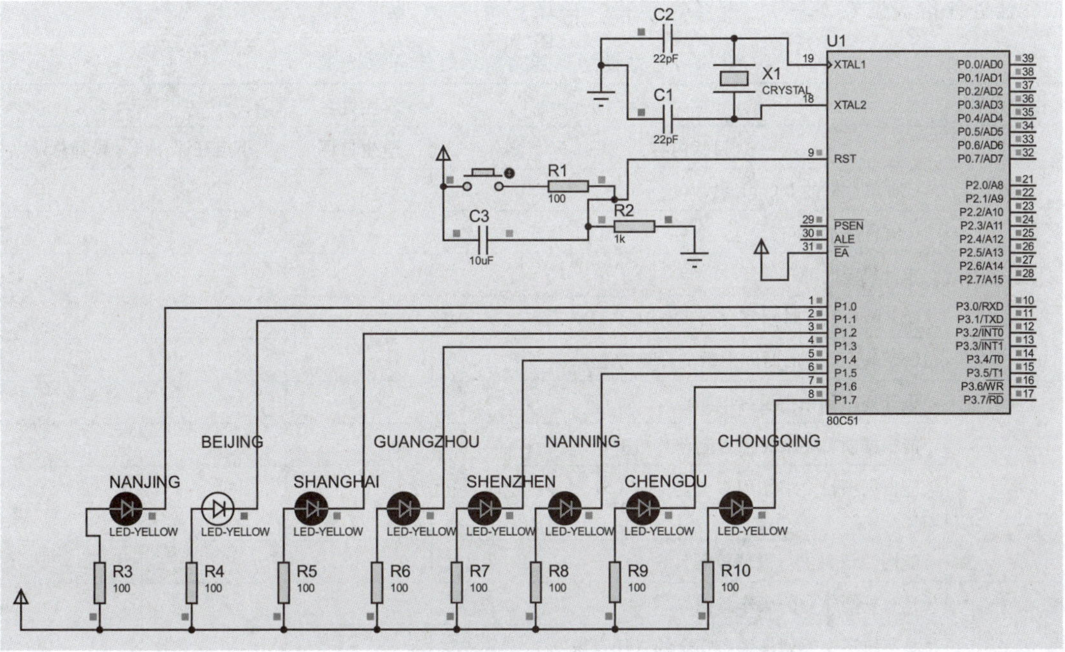

图 2-3-4　地铁列车到站指示灯仿真结果图

请对照表 2-3-6 进行地铁列车到站指示灯实验操作,并记录关键步骤和关键代码。其中,附加功能是提高部分,供学有余力的学生进行能力提升。

表 2-3-6　地铁列车到站指示灯实验关键步骤

序号	关键步骤	具体实施(图片、文字)或对应关键代码
1	检查实验箱对应部件是否良好	
2	实验箱与计算机连接	
3	建立单片机工程,工程名为 station8。单片机型号选择实验箱上对应的单片机型号	

续表

序号	关键步骤	具体实施(图片、文字)或对应关键代码
4	编写程序并编译通过,生成 station8. hex 文件	
5	用仿真器成功下载代码到单片机	
6	运行单片机系统,进行功能测试	
7	功能 1:列车 1 到站时间 1 s	
8	功能 2:列车 2 到站时间 10 s	
9	附加功能 1:跳站指示灯	
10	附加功能 2:指示灯闪烁显示	
11	整理实验台	

任务评价

任务评价表见表 2-3-7。

表 2-3-7 地铁列车到站指示灯任务评价表

小组成员		学生姓名		
目标	目标内容	学生自评	小组互评	导师总评
知识	C51 单片机的 I/O 口			
	C 语言基本语句			
	单片机定时原理			
	C51 单片机定时器寄存器 TMOD、TCON			
	C51 单片机定时时间参数的计算方法			
能力	设计列车到站指示灯电路			
	能根据项目要求灵活控制单片机 I/O 口			
	能根据项目要求使用 C 语言完成 C51 单片机定时器初始化			
	能用 C 语言进行循环控制			
素养	具有安全作业的操作意识			
	具有轨道交通列车生产安全的责任意识			
	具有科技强国的责任感			
	操作规范、团结协作、认真严谨等职业素养			

任务 4 车站常用设备报警状态灯的实现

任务目标

知识目标:

(1)理解基本的编码技术。

(2)熟悉 C 语言基本语句。

(3)熟悉 C 语言数组的应用规则。

能力目标：

(1)能根据项目要求在单片机最小系统基础上设计设备报警灯电路。

(2)能根据项目要求灵活控制单片机 I/O 口。

(3)能根据项目要求使用 C 语言完成简单的编码技术。

素养目标：

(1)具有安全作业的操作意识、机电设备巡检安全的责任意识。

(2)具有不断创新、精益求精的工匠精神。

(3)具有科技强国的责任感。

(4)培养操作规范、团结协作、认真严谨等职业素养。

任务描述

视频

地铁机电设备报警灯设计与应用

在城市轨道交通系统中，有大量设备需要工作人员日常巡检。巡检的一个主要任务就是记录设备指示灯的状态，并进行必要维护。目前很多设备都是靠颜色来进行设备状态标识的，比如红色严重告警、黄色普通告警、绿色正常运行，如图 2-4-1 所示。

图 2-4-1　常用设备指示灯

常见的设备状态表示方法还有根据灯闪烁时间长短进行状态表示或者根据编码进行状态表示。下面介绍根据编码进行设备状态表示的方法。

设备状态很多，比如 8 个，如果跟图 2-4-1 一样用不同的 LED 表示不同状态那么需要 8 个 LED。再加电源状态、工作状态等，那么设备外表面需要很多 LED。这显然是不美观、不现实的。本任务使用二进制编码，仅用 3 个 LED 就实现了 8 个状态表示，大大节约了成本，提升了设备外观美观度。为了更有助于读者理解，本任务假设了 8 个设备状态。8 个设备状态与对应的二进制编码见表 2-4-1。

表 2-4-1　设备状态与对应的二进制编码

十进制值	二进制编码	设备状态
0	000	掉电状态
1	001	正常工作
2	010	电压不稳
3	011	网络故障
4	100	普通告警
5	101	接口故障
6	110	传感器故障
7	111	严重告警

注：表中二进制编码中，1 表示对应 LED 亮；0 表示对应 LED 灭。

知识链接

一、硬件知识

车站常用设备报警状态灯

本任务的 LED 灯列连接到单片机 P1 口,只是使用了 P1.0、P1.1 和 P1.2 引脚。LED0 连接到 P1.0,LED1 连接到 P1.1,LED2 连接到 P1.2,如图 2-4-2 所示。

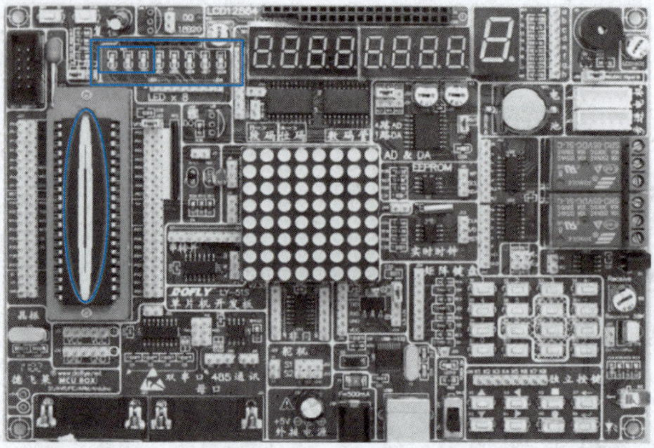

图 2-4-2 设备报警状态灯

系统根据任务中的编码点亮不同 LED,反映系统不同的报警状态。

二、仿真实现

仿真电路中,三个 LED 采用共阳极接法,阴极分别接到 P1 口。单片机通过 P1 口的 P1.0、P1.1 和 P1.2 三个 I/O 引脚控制三个 LED 状态灯。设备报警状态灯仿真电路图如图 2-4-3 所示。

三、程序详解

本任务只是负责展示报警状态灯的 8 种不同状态,具体何时亮起,要根据设备的具体情况。本任务只展示三个 LED 灯表示 8 种不同状态。

```
/**************** 主程序*****************/
#include <reg52.h>
char ledstat[8] = {0,1,2,3,4,5,6,7};        //状态初始化,转为二进制能更清晰看到亮灯规则
void main()
{
    unsigned int a,i;
    while(1)
    {
        for(i =0;i <8;i ++)
        {
            P1 = ~ledstat[i];                //状态灯,P1 口整体赋值
            for(a =0;a <50000;a ++);         //空循环延时
        }
    }
}
/* ---------------------------------程序结束---------------------------------*/
```

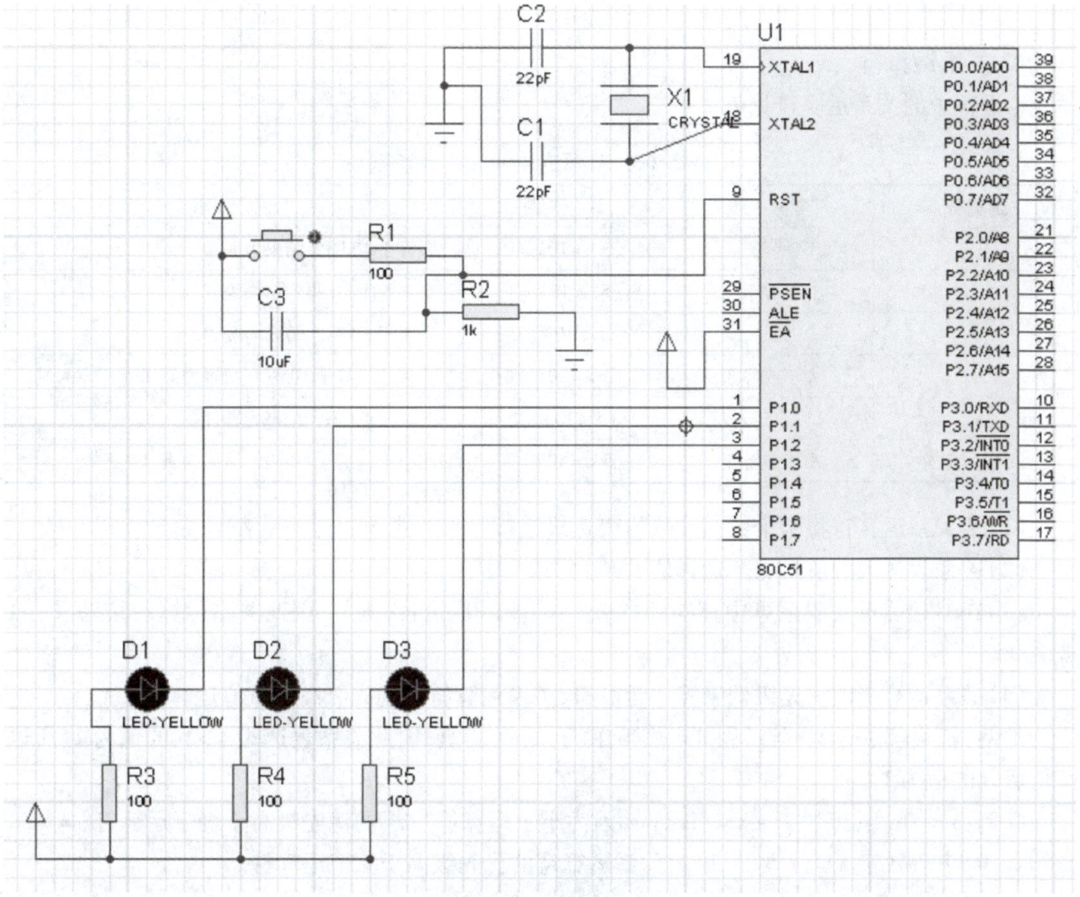

图 2-4-3　设备报警状态灯仿真电路图

实验现象：下载程序后，可以看到连接在 P1.2 、P1.1 和 P1.0 口的 LED 按照二进制编码亮灭，如此循环。在实际地铁车站设备中，单片机根据传感器采集的设备状态信息对应不同编码进行亮灯控制，从而实现三个 LED 显示地铁车站设备的 8 种不同状态。

程序解析：

二进制编码与设备亮灯状态关系见表 2-4-2。

表 2-4-2　二进制编码与设备亮灯状态关系

P1.2、P1.1、P1.0	●●●	●●○	●○●	●○○	○●●	○●○	○○●	○○○
二进制	000	001	010	011	100	101	110	111
十进制	0	1	2	3	4	5	6	7

表 2-4-2 中，二进制高位对应 P1.2，低位对应 P1.0，表中黑色小圆代表灯熄灭，白色小圆代表灯点亮。可以看到，二进制刚好跟 8 种灯的状态一一对应，这样工作人员就可以根据灯的状态判断车站机电设备的工作状态。

LED 采用共阳极接法，要使 LED 亮，则 I/O 口输出低电平，也就是 0 电平。所以，语句 `P1 = ~ledstat[i];`采用了取反运算，使二进制编码 1 取反后为 0，点亮对应的 LED。

四、C语言知识

1. 关系运算符

C语言中的关系运算符见表2-4-3。

表2-4-3 C语言中的关系运算符

运算符	含　义	举　例	说　明
==	等于	(5==10)=0	5等于10吗？结果为假，0
!=	不等于	(5!=10)=1	5不等于10吗？结果为真，1
>	大于	(5>10)=0	5大于10吗？结果为假，0
>=	大于或等于	(5>=10)=0	5大于或等于10吗？结果为假，0
<	小于	(5<10)=1	5小于10吗？结果为真，1
<=	小于或等于	(5<=10)=1	5小于或等于10吗？结果为真，1

(1)用关系运算符将两个数值或数值表达式连接起来的式子称为关系表达式。

(2)关系表达式的值是一个逻辑值，即“真”或“假”。

(3)在C语言的逻辑运算中，以“1”代表“真”，以“0”代表“假”。因此关系运算的结果只有1或者0。

(4)关系运算符的优先级低于算术运算符，关系运算符的优先级高于赋值运算符。

举例：若a=3，b=2，c=1，则d=a>b，由于a>b为真，因此关系表达式a>b的值为1，所以赋值后d的值为1。

举例：a==b<c等效于a==(b<c)，因为小于运算符“<”的优先级高于等于运算符“==”。a=b>c等效于a=(b>c)，因为关系运算符的优先级高于赋值运算符。

2. 逻辑运算符

C语言中的逻辑运算符见表2-4-4。

表2-4-4 C语言中的逻辑运算符

运算符	含　义	举　例	说　明
&&	逻辑与	5&&10=1	如果a和b都为真，则结果为真，否则为假
||	逻辑或	5||10=1	如果a和b有一个以上为真，则结果为真，二者都为假时，结果为假
!	逻辑非	!5=0	如果a为假，则!a为真；如果a为真，则!a为假

(1)“&&”和“‖”是双目运算符，要求有两个运算对象(操作数)；“!”是单目运算符，只要求有一个运算对象。

(2)优先次序：!(非)→&&(与)→‖(或)，即“!”为三者中最高的；逻辑运算符中的“&&”和“‖”低于关系运算符，“!”高于算术运算符。

(3)逻辑运算结果不是0就是1，不可能是其他数值。而在逻辑表达式中作为参加逻辑运算的运算对象可以是0(“假”)或任何非0的数值(按“真”对待)。

(4)在逻辑表达式的求解中，并不是所有的逻辑运算符都被执行，只是在必须执行下一个逻辑运算符才能求出表达式的解时，才执行该运算符。

举例：判别用year表示的某一年是否闰年，可以用一个逻辑表达式来表示。闰年的条件是符

合下面二者之一：第一，能被 4 整除，但不能被 100 整除，如 2008；第二，能被 400 整除，如 2000。逻辑表达式：(year % 4 == 0 && year % 100 != 0) || year % 400 == 0。

3. 按位逻辑运算符

C 语言中的按位逻辑运算符见表 2-4-5。

表 2-4-5　C 语言中的按位逻辑运算符

运算符	作　用	举　例
&	按位逻辑与	$(0101)_2 \& (1010)_2 = (0000)_2 = 0$
|	按位逻辑或	$(0101)_2 \mid (1010)_2 = (1111)_2 = 15$
^	按位逻辑异或	$5\hat{}10 = 1$，即 $(0101)_2\hat{}(1010)_2 = (1111)_2 = 0$
~	按位逻辑反	$\sim 5 = 10$，即 $\sim (0101)_2 = (1010)_2 = 10$
>>	右移	$5 >> 1 = 4$，即 $(0101)_2 >> (0010)_2 = 4$
<<	左移	$5 << 1 = 10$，即 $(0101)_2 << (1010)_2 = 10$

举例：

x&y 表示将 x 和 y 中各个位都分别对应进行“与”运算；

x|y 表示将 x 和 y 中各个位都分别对应进行“或”运算；

x^y 表示将 x 和 y 中各个位都分别对应进行“异或”运算；

~y 表示 y 中各个位都分别进行取反运算；

x >>2 表示 x 中各个位都向右移动 2 位，左边空出来的位用 0 补足；

y <<1 表示 y 中各个位都向左移动 1 位，右边多出的空位用 0 补足。

4. 一维数组

数组定义格式：

```
类型说明符　数组名[常量表达式];
```

数组是内存中一块连续的区域，这样在使用时会带来意想不到的好处。数组是最原始、最简单的数据结构。

数组名的命名规则和变量名相同，遵循标识符命名规则：

(1) 在定义数组时，需要指定数组中元素的个数，方括号中的常量表达式用来表示元素的个数，即数组长度。

(2) 常量表达式中可以包含常量和符号常量，不能包含变量。

(3) 只能引用数组元素而不能一次整体调用整个数组全部元素的值。数组元素与一个简单变量的地位和作用相似。数组“下标”可以是整型常量或整型表达式。

举例：int a[10];

①定义整型(int)数组，即数组中的元素均为整型。

②数组名为 a。

③数组包含 10 个整型元素。

④这 10 个元素分别为 a[0]、a[1]、…、a[8]、a[9]。这 10 个元素就跟变量一样使用。

注意： 下标从 0 开始到 9，所以下标不能出现 10，这是数组越界，应该避免。

(4) 数组初始化：

①在定义数组时，对全部数组元素赋予初值。

```
int a[10] = {0,1,2,3,4,5,6,7,8,9};
```

②可以只给数组中的一部分元素赋值。

```
int a[10] = {0,1,2,3,4};
```

定义 a 数组有 10 个元素，但花括号内只提供 5 个初值，这表示只给前面 5 个元素赋初值，系统自动给后 5 个元素赋初值为 0。

任务实施

本书配套建设了实验箱，书中所有程序皆可在实验箱上进行验证。任务要求先进行仿真，再用实验箱进行验证。车站常用设备报警状态灯实验材料清单见表 2-4-6。

表 2-4-6　车站常用设备报警状态灯实验材料清单

序　号	名　称	规　格	数　量
1	51 单片机实验箱	本书配套	1
2	计算机	Win 10 系统	1
3	仿真软件 Proteus	Proteus 7 以上	1
4	Keil	μVision 4 以上	1
5	杜邦线	公对公、公对母、母对母	5

本任务仿真结果如图 2-4-4 所示。

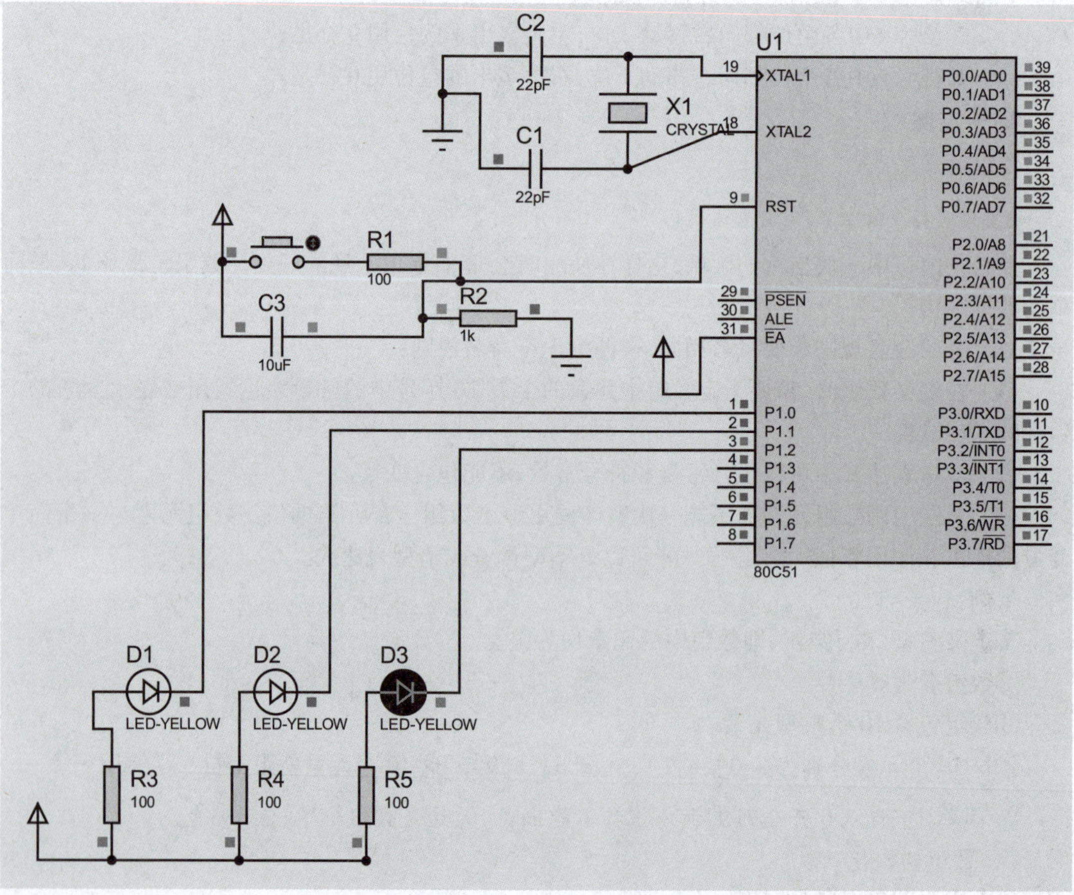

图 2-4-4　车站常用设备报警状态灯仿真结果图

请对照表 2-4-7 进行车站常用设备报警状态实验操作,并记录关键步骤和关键代码。其中,附加功能是提高部分,供学有余力的学生进行能力提升。

表 2-4-7　车站常用设备报警状态灯实验关键步骤

序号	关键步骤	具体实施(图片、文字)或对应关键代码
1	检查实验箱对应部件是否良好	
2	实验箱与计算机连接	
3	建立单片机工程,工程名为 alarmsta,单片机型号选择实验箱上对应的单片机型号	
4	编写程序,并编译通过,生成 alarmsta. hex 文件	
5	用仿真器成功下载代码到单片机	
6	运行单片机系统,进行功能测试	
7	功能 1:8 种状态依次显示	
8	功能 2:每种状态显示约 1 s	
9	附加功能 1:每种状态精准显示 2 s	
10	附加功能 2:利用时间长短点灯进行编码显示	
11	整理实验台	

任务评价

任务评价表见表 2-4-8。

表 2-4-8　车站常用设备报警状态灯任务评价表

小组成员		学生姓名		
目标	目标内容	学生自评	小组互评	导师总评
知识	理解基本的编码技术			
	熟悉 C 语言基本语句			
	熟悉 C 语言的数组应用规则			
能力	设计设备报警灯电路			
	能根据项目要求,灵活控制单片机 I/O 口			
	能根据项目要求,使用 C 语言完成简单的编程			
素养	具有安全作业的操作意识			
	具有机电设备巡检安全的责任意识			
	具有不断创新、精益求精的工匠精神			
	操作规范、团结协作、认真严谨等职业素养			

巩固练习

一、单选题

1. C51 语言中,1 字节数据指的是(　　)位。

A. 1　　B. 4　　C. 8　　D. 16

2. C51 语言中,一个字数据指的是(　　)位。

A. 1　　B. 4　　C. 8　　D. 16

3. 单片机振荡频率为 4 MHz,程序执行的机器周期是(　　)。

A. 2 μs　　B. 3 μs　　C. 4 μs　　D. 5 μs

4. 变量 unsigned char led,则 led 变量可以表示(　　)种状态。

A. 8　　B. 16　　C. 128　　D. 256

5. 执行语句 TMOD = (TMOD&0XF0) |0X02;则定时器 T0 工作在方式(　　)。

A. 0　　B. 1　　C. 2　　D. 3

6. 定义函数的类型是 char ,程序执行该函数后,函数返回值的类型应为(　　)。

A. char　　B. int　　C. long　　D. float

7. C51 语言中,变量先定义再使用,下面变量名书写不正确的是(　　)。

A. value　　B. _2rt　　C. t_flag　　D. 2_flower

8. 51 单片机的硬件定时器 1 共有(　　)种工作方式。

A. 1　　B. 2　　C. 3　　D. 4

9. C51 语言中,特殊功能寄存器名通常要满足(　　)。

A. 全部使用大写字母　　B. 首字母大写即可

C. 按变量名定义规范即可　　D. 没有要求

10. C51 语言中,已知 a 为无符号字符型变量,a 的最大值为(　　)。

A. 127　　B. 255　　C. 8 191　　D. 32 767

二、填空题

1. C51 程序有且只有一个________函数,主函数可以调用________函数,反之不可以。

2. unsigned int a = 0x2458, unsigned char b;执行 b = a 后,b = ________。

3. unsigned int a = 0x0023, unsigned int b;执行 b = a << 3 后,b = ________。

4. unsigned char a = 23, b = 10, c = 0;执行 c = a > b 后,c = ________。

5. 已知 unsigned char a = 0x11, b = 0xf0;则 a&&b = ________。

6. 已知 unsigned char a = 128, b = 0;执行语句 b = a >> 2 后,b = ________。

7. 已知 unsigned int a = 3421, b = 0;执行语句 b = a/100 后,b = ________。

8. 已知 unsigned int a、unsigned char b 这两个变量,a 变量的最大值 = ________,b 变量的最大值 = ________。

9. 已知 unsigned char a = 0x44, b = 0xf5;则 ~a & b = ________。

10. 执行语句 P1& = 0x00, P1 | = 0xaa 后, P1 = ________。

11. 数值“10”在 C51 语言中,表示方法有________、________两种,可表示为________、________。

三、计算题

1. 已知 x = 0xaa, y = 0x55,请求出 x|y、x&y、x&&y 的值。

2. 已知四个无符号字符变量 value = 176, b, c, d,请书写表达式,将变量 value 的个位、十位、百位分别赋值给 b、c、d 三个变量。

3. 已知三个整型数 352、2 000、418,编写完整程序,使用有参有返回值函数的方式求最大值。

4. 已知单片机的晶振频率为 6 MHz，定时器 0 工作在方式 1，定时时间为 100 ms，请计算定时器的初值。

四、简答题

1. 已知无符号字符型变量 a，条件表达式 if(a)下的语句在 a 为何值时会执行？

2. C51 语言程序中出现 int a[6] = {0,1,2,3,4,5} 和 b = a[3]语句，请说明一维数组下标的意义。

3. 定时器 0 工作在方式 1，当前计数值为 65 535，请问 TF0 的值为多少？若此时再来一个计数脉冲，TF0 的值又为多少？

4. 写一段程序，读 P1 口的第 1、2 位的状态，如果全为 1，向 P2 口的第 0、1 位写 1，否则写 0。

项目三

车站时钟系统设计与应用

任务1 数码管显示阿拉伯数字

视频

车站时钟系统虚拟车站导学

任务目标

知识目标：

(1)了解单片机的I/O口寄存器。

(2)理解8位寄存器整体赋值。

(3)了解数码管的结构。

(4)理解共阴极和共阳极数码管。

(5)理解数码管的段码和位码。

能力目标：

(1)能根据项目要求在最小单片机系统基础上设计数码管显示电路。

(2)能根据硬件原理图完成数码管的编码。

(3)能根据要求使用控制数码管显示阿拉伯数字。

(4)能灵活使用C语言一维数组。

素养目标：

(1)具有安全作业的操作意识。

(2)具有精益求精的工匠精神。

(3)具有科技强国、服务社会的责任感。

(4)培养操作规范、团结协作、认真严谨等职业素养。

任务描述

视频

数码管静态显示

LED数码管是一种显示装置，其工作原理是通过LED来显示数字和文字。由于LED数码管具有亮度高、寿命长、耐冲击、抗振能力强等优点，因此被广泛应用于各种场合。但它的色彩还原性较差，且不能长时间工作等。

本任务利用多个数码管同时显示数字0~9，定时器每秒显示一个数字，实现轮询显示（静态显示）8段数码管如图3-1-1所示。

图 3-1-1　8 段数码管

知识链接

一、硬件知识

数码管是一种半导体发光器件,其基本单元是发光二极管。按照前面介绍的内容,只要把对应的发光二极管点亮,就能显示不同的数字或者字符。因而,数码管是一种最为简单的显示方式,非常适合初学者学习单片机显示基本原理。

数码管是由 7 段发光二极管组成的,可通过加电平的高低来控制发光二极管的导通与截止。对 7 个二极管进行合理的组合控制,将会得到 0 ~ 9 这 10 种数字的显示效果。如果是 8 段数码管,则多了一个小数点。7 段数码管对应的发光二极管排列如图 3-1-2 所示。

图 3-1-2　7 段数码管对应的发光二极管排列

可以看到,对于 7 段数码管,以图 3-1-2 方式排列并被命名为 a、b、c、d、e、f、g(若为 8 段,则多一个小数点 h)。按照右边阿拉伯数字的显示方式,点亮对应的二极管就能显示相应数字。

1. 数码管的分类

数码管按发光二极管单元连接方式分为共阳极数码管和共阴极数码管。共阳极数码管是指将所有发光二极管的阳极接到一起形成公共阳极(COM)的数码管。共阳极数码管在应用时应将公共极 COM 接到 +5 V,当某一字段发光二极管的阴极为低电平时,相应字段就点亮;当某一字段发光二极管的阴极为高电平时,相应字段就不亮。内部连接结构如图 3-1-3 所示。

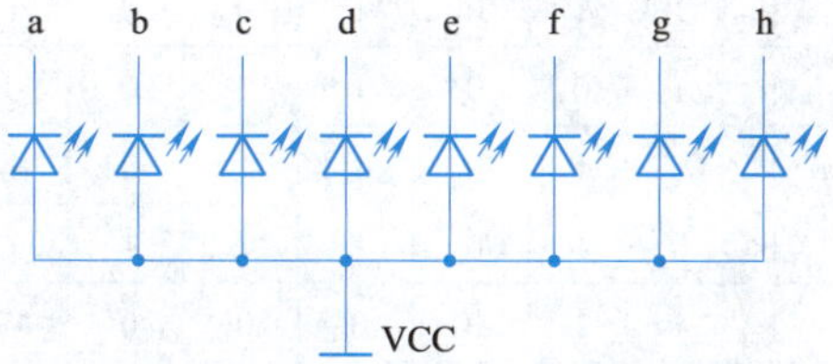

图 3-1-3　共阳极数码管内部结构图

共阴极数码管是指将所有发光二极管的阴极接到一起形成公共阴极(COM)的数码管。共阴极数码管在应用时应将公共极 COM 接到地线 GND 上,当某一字段发光二极管的阳极为高电平时，相应字段就点亮；当某一字段发光二极管的阳极为低电平时，相应字段就不亮。内部连接结构如图 3-1-4 所示。

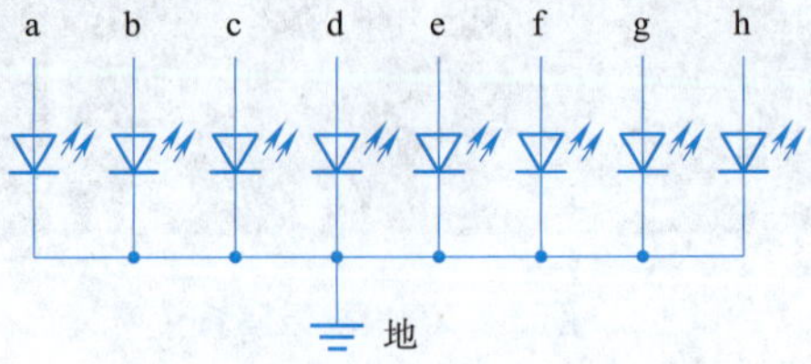

图 3-1-4　共阴极数码管内部结构图

2. 数码管的编码

下面以共阴极数码管为例，完成阿拉伯数字 0 ~ 9 的共阴极编码。

共阴极数码管公共端接地，阳极 a、b、c、d、e、f、g、h 如果接高电平，则点亮对应的发光二极管。参考图 3-1-2 可知：

将 a、b、c、d、e、f 端接入高电平，点亮对应二极管则显示 0；

将 b、c 端接入高电平，点亮对应二极管则显示 1；

将 a、b、g、e、d 端接入高电平，点亮对应二极管则显示 2；

将 a、b、c、d、g 端接入高电平，点亮对应二极管则显示 3；

将 b、c、f、g 端接入高电平，点亮对应二极管则显示 4；

将 a、f、g、c、d 端接入高电平，点亮对应二极管则显示 5；

将 a、c、d、e、f、g 端接入高电平，点亮对应二极管则显示 6；

将 a、b、c 端接入高电平，点亮对应二极管则显示 7；

将 a、b、c、d、e、f、g 端接入高电平，点亮对应二极管则显示 8；

将 a、b、c、d、f、g 端接入高电平，点亮对应二极管则显示 9；

如果将 P0.0、P0.1、P0.2、P0.3、P0.4、P0.5、P0.6、P0.7 分别接 a、b、c、d、e、f、g、h，则可以对 P0 口进行编码，见表 3-1-1。

表 3-1-1　共阴极数码管编码

数字	二极管								单片机端口 P0								十六进制
	h	g	f	e	d	c	b	a	P0.7	P0.6	P0.5	P0.4	P0.3	P0.2	P0.1	P0.0	
0	0	0	1	1	1	1	1	1	0	0	1	1	1	1	1	1	0x3F
1	0	0	0	0	0	1	1	0	0	0	0	0	0	1	1	0	0x06
2	0	1	0	1	1	0	1	1	0	1	0	1	1	0	1	1	0x5B
3	0	1	0	0	1	1	1	1	0	1	0	0	1	1	1	1	0x4F
4	0	1	1	0	0	1	1	0	0	1	1	0	0	1	1	0	0x66
5	0	1	1	0	1	1	0	1	0	1	1	0	1	1	0	1	0x6D
6	0	1	1	1	1	1	0	1	0	1	1	1	1	1	0	1	0x7D
7	0	0	0	0	0	1	1	1	0	0	0	0	0	1	1	1	0x07
8	0	1	1	1	1	1	1	1	0	1	1	1	1	1	1	1	0x7F
9	0	1	1	0	1	1	1	1	0	1	1	0	1	1	1	1	0x6F

如果是共阳极数码管，那么如何进行编码？你能完成表 3-1-2 吗？编完后，有没有发现共阳极数码管编码和共阴极数码管编码的关系呢？

表 3-1-2　共阳极数码管编码

数字	二极管								单片机端口 P0								十六进制
	h	g	f	e	d	c	b	a	P0.7	P0.6	P0.5	P0.4	P0.3	P0.2	P0.1	P0.0	
0																	
1																	
2																	
3																	
4																	
5																	
6																	
7																	
8																	
9																	

3. 数码管显示硬件设计

实验箱数码管动态显示电路如图 3-1-5 所示。

实验箱电路中，用到了芯片 74HC573。因为单片机本身的驱动能力很差，不足以驱动数码管，因此在设计电路时为了增加驱动能力，使用了八路驱动芯片 74HC573。U2 八路驱动段码（段锁存），U1 八路驱动位码（位锁存）。

锁存器就是把当前的状态锁存起来，使 CPU 送出的数据在接口电路的输出端保持一段时间锁存后状态不再发生变化，直到解除锁定。

74HC573 是拥有八路输出的透明锁存器，输出为三态门，是一种高性能硅栅 CMOS 器件。74HC573 包含八路 D 锁存器，每个锁存器具有独立的 D 型输入，以及适用于面向总线的三态输出。所有锁存器共用一个锁存使能（LE）端和一个输出使能（OE）端。由此得出 74HC573 芯片属于 8 位数码管驱动芯片。

当 LE 端为高时，数据从 Dn 输入到锁存器，在此条件下，锁存器进入透明模式，也就是说，锁存器的输出状态将会随着对应输入每次的变化而改变；当 LE 端为低时，锁存器将存储 D 输入上的信息一段就绪时间，直到 LE 端的下降沿来临。当 OE 端为低时，8 个锁存器的内容可被正常输出；当 OE 端为高时，输出进入高阻态。OE 端的操作不会影响锁存器的状态。

实验箱数码管动态显示接线如图 3-1-6 所示。

使用前必须把 J50 插针用短路块（跳帽）跳上。此跳帽用于数码管的整体供电，如果平时不需要使用共阴极数码管，把跳帽拔掉即可。用杜邦线连接单片机 I/O 和模块接口。实验箱数码管动态显示接线方法见表 3-1-3。

表 3-1-3　实验箱数码管动态显示接线方法

单片机 I/O 口	模块接口	杜邦线数量	功　能
P0	J3	8	共阴极数码管数据端
P2（位锁存）	J2（A）	8	位锁存

二、仿真实现

数码管静态显示仿真电路如图 3-1-7 所示。

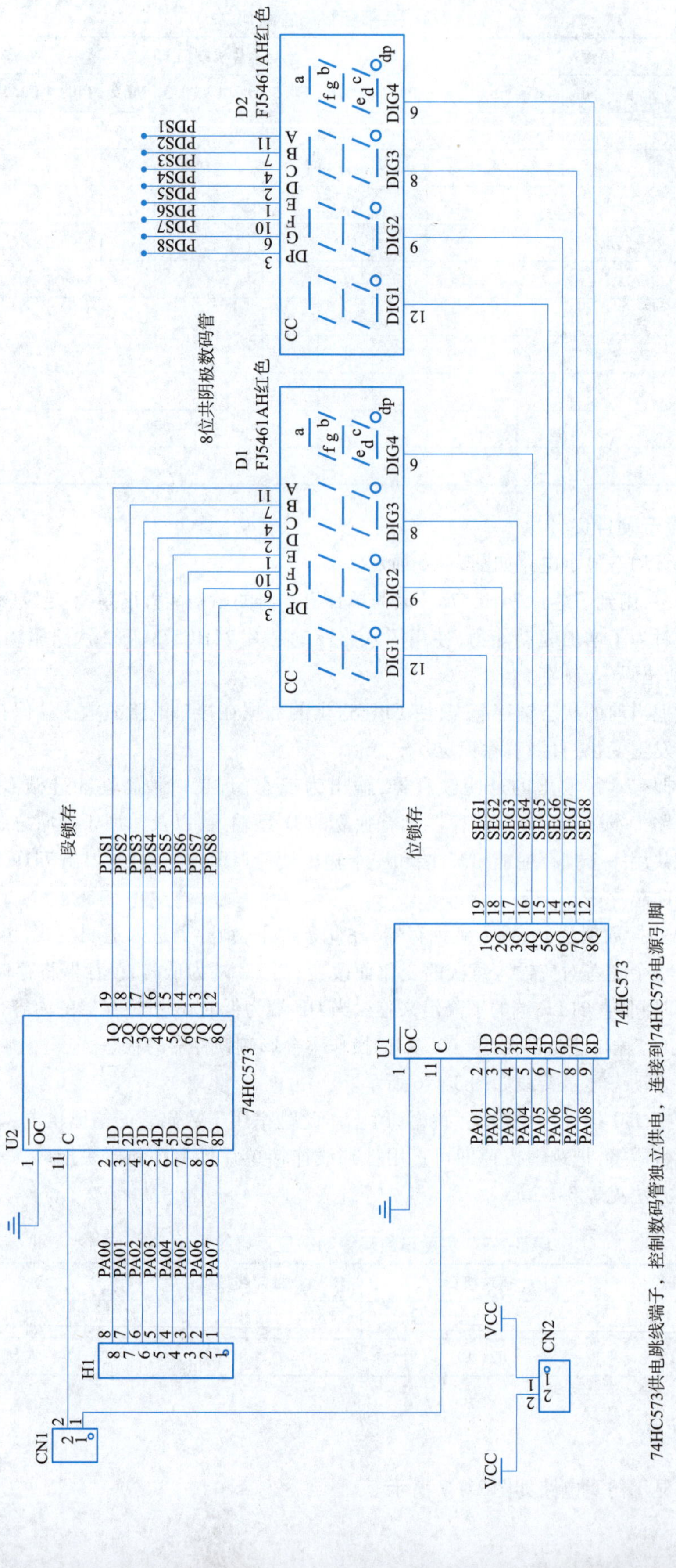

图 3-1-5 实验箱数码管动态显示电路

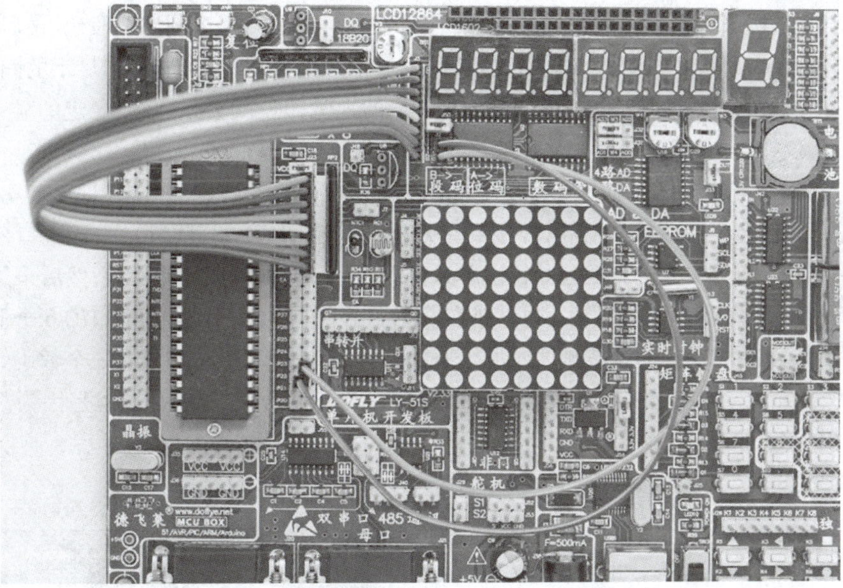

图 3-1-6　实验箱数码管动态显示接线

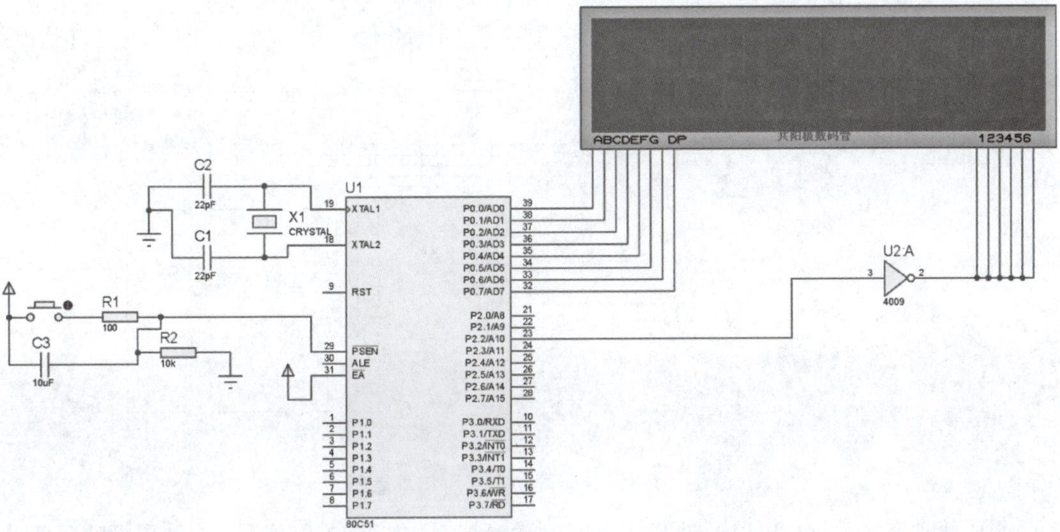

图 3-1-7　数码管静态显示仿真电路

静态显示是指在显示某个字符时，相应的字段（发光二极管）一直导通或截止，直到变换为其他字符。公共极接地（共阴）或接高电平（共阳）。数码管（即 a、b、c、d、e、f、g、h 引脚）与一个 8 位并行口相连，这样编程非常简单，只需要 8 个 I/O 口分别连接数码管的 a、b、c、d、e、f、g、h 引脚，然后赋予数码管编码即可显示相应数字。不足之处是需要引脚数多，1 位数码管显示需要 8 位，2 位数码管显示需要 16 位。

本任务将 P0.0 ~ P0.7 分别接到数码管的 a、b、c、d、e、f、g、h，同时用 P2.2 输出低电平经过反相器变为高电平，同时选通 6 个数码管。实际中，选通电路需要三极管，这里为了仿真方便，用了一个反相器代替。

动态扫描显示需要由两组信号来控制:一组输出字形码,用来控制显示的字形,称为段码;另一组输出控制信号,用来选择第几位数码管工作,称为位码。采用一个机制协调段码、位码输入,控制某字符在某位显示,其他各位熄灭,只要每位数码管显示—熄灭—显示,显示到显示的间隔足够短,由于数码管的余辉特性和人眼视觉暂留现象,给人眼的视觉印象就会是连续、稳定的显示。在流水灯实验中,把流水定时时间缩短到一定程度,会发现8盏灯其实看起来一直是灯亮状态。

视频

数码管动态显示

具体而言,动态显示方式是把多位数码管的各自8个引脚(即a、b、c、d、e、f、g、h引脚)相应并联在一起,并接到单片机的某个端口(如P0口),由该端口控制段码输出;而各位数码管的公共极由单片机的其他端口(如P2口)控制,然后采用扫描方法轮流点亮各位数码管。也就是在静态显示时的P2.2口改为P2口的6个I/O口分别控制6个数码管,按顺序轮流导通数码管,保证每一个时刻只有一个数码管使控制端处于导通状态,这样在段码输出时,虽然6个数码管都能收到,但是因为只有一个数码管的控制端处于导通状态,因此只有一个数码管显示了此时的数字。

数码管动态显示仿真电路如图3-1-8所示。

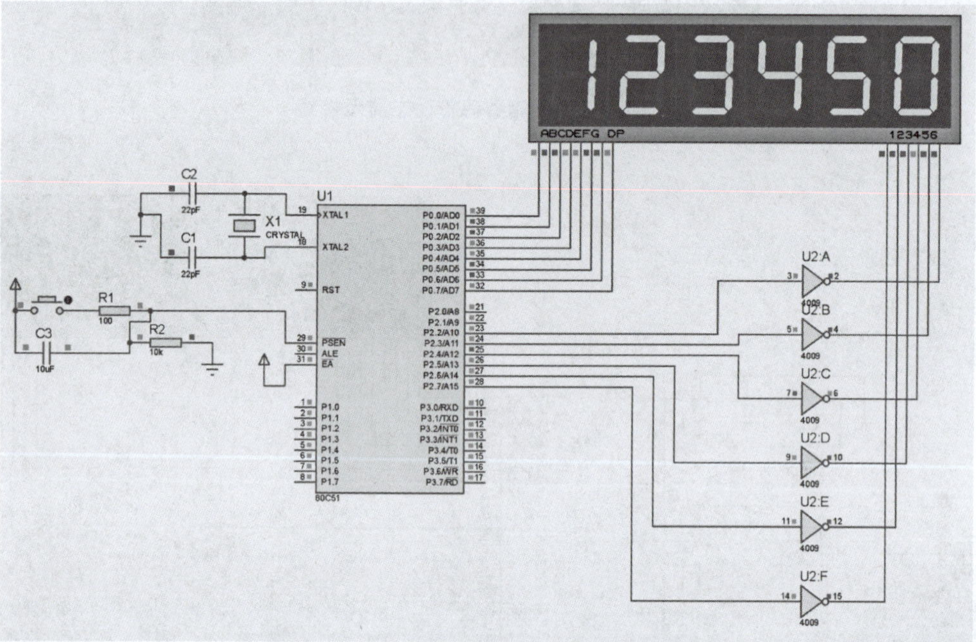

图3-1-8 数码管动态显示仿真电路

数码管动态显示仿真电路通过P2.7~P2.2轮流控制数码管导通,实现6个数码管动态显示。可以看到,显示6个数字,动态显示只需要14(8+6)个I/O口;而如果是静态显示6个数字,则需要48(8×6)个I/O口。

数码管动态显示和静态显示方式的对比:动态显示,需要的I/O口少,占用系统硬件资源少,但是软件编程较为复杂;静态显示,需要的I/O口多,占用系统硬件资源多,但是软件编程较为简单。在进行系统设计时,需要综合考虑系统硬件资源和软件资源。

三、程序详解

1. 数码管静态显示仿真

实验现象:下载程序后,可以看到连接在P1.0口的6个数码管同时显示同一个数字,0~9,一秒一个数字,依次循环。数码管静态显示仿真结果如图3-1-9所示。

图 3-1-9　数码管静态显示仿真结果

```
/* -----------------------------------------------------
主函数
------------------------------------------------------*/
#include <reg52.h>
#define uint unsigned int
#define uchar unsigned char
uint time_t;
sbit P2_2 = P2^2;
//将编码存入数组中,方便后面调用
uchar led[10] = { ~0x3F, ~0x06, ~0x5B, ~0x4F, ~0x66, ~0x6D, ~0x7D, ~0x07, ~0x7F, ~
0x6F};
void delay_1ms(uint x)              //延时时间 1 ms 函数,可以根据输入参数设定延时时间
{   TMOD = 0x01;
    TR0 = 1;
    while(x--)
    {   TH0 = 0xfc;
        TL0 = 0x18;
        while(! TF0);
        TF0 = 0;
        time_t ++;                  //1 ms 加 1
    }
    TR0 = 0;
}
void main()
{
    int i = 0;
    P2_2 = 0;                       //选通全部数码管
    while(1)
    {
        for(i = 0; i < 10; i ++)    //数字 0 ~ 9 依次显示
        {   P0 = led[i];
            delay_1ms(1000);        //延时时间 1 s
        }
    }
}
/* ------------------------------- 结束 ----------------------------*/
```

程序解析:

(1) 函数 delay_1ms()定义在 main()函数之前,所以 main()函数可以直接调用;如果定义在 main()函数之后,则需要在 main()函数前进行声明。

(2) 函数 delay_1ms()是有参函数,有一个入参 uint x,则函数定时 x * 1 ms 的时间。

(3) 函数 delay_1ms()实现代码 TMOD = 0x01;TH0 = 0xfc;TL0 = 0x18;说明本系统使用的是 51 单片机的定时器 0,工作方式 1。赋值语句 TH0 = 0xfc;TL0 = 0x20;可以计算出定时时间。计算如下:

$$初值 = 0xfc18 = 64\ 536$$

根据公式：初值 $=2^x-\dfrac{\text{定时时间}}{\text{机器周期}}$，$x=16$，则

$$\frac{\text{定时时间}}{\text{机器周期}}=2^x-\text{初值}=65\ 536-64\ 536=1\ 000$$

51 单片机系统默认晶振频率为 12 MHz，十二分频后，机器周期为 1 μs，所以

$$\text{定时时间}=1\ 000\times 1\ \mu s=1\ ms$$

(4)变量 time_t 是一个全局变量，定义在函数外部，所在工程内，所有函数可见可使用。time_t 每次 1 ms 定时时间到之后加 1，这样变量 time_t 本身就是时间。本程序对全局变量 time_t 的使用，还有些问题，请读者思考并进行仿真验证。

(5)数组 led[i]，依次存储了数字 0～9 的段码，这样在使用时更加方便。显示数字 8，则只需要把 led[8]赋值接到数码管段码的 I/O 口即可，例如 `P1 = led[i];`。

(6)sbit 这个关键字是 C51 中特有的，用于定义 SFR(特殊功能寄存器)的位变量。

```
sbit P2_2 = P2^2;
```

表示定义数码管选通的硬件端口，sbit 定义位变量，所以赋值结果只有 0 和 1。

2. 数码管动态显示仿真

实验现象：下载程序后，可以看到连接在 P0 口的 6 个数码管同时显示不同数字 1、2、3、4、5、0。这样可以每个数码管显示不同数字，在后面的时钟项目中可以灵活地显示日期、时间等信息。数码管动态显示仿真结果如图 3-1-10 所示。

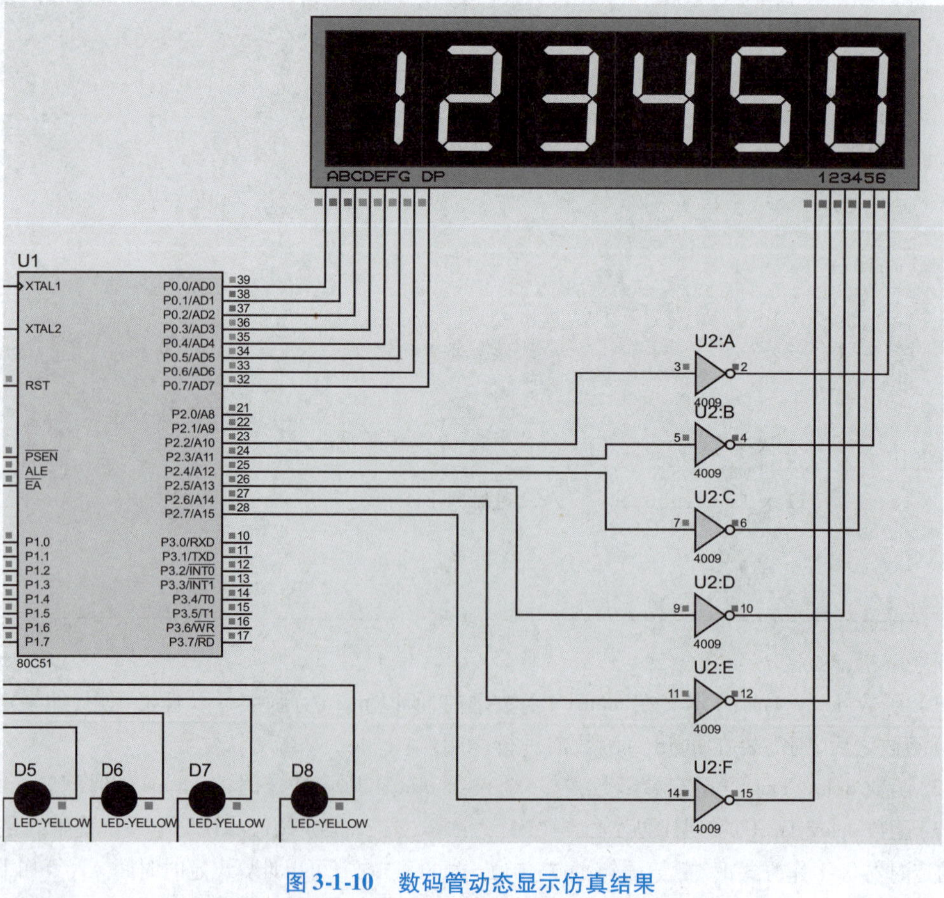

图 3-1-10　数码管动态显示仿真结果

```
/* ------------------------------------------------------------
主函数
------------------------------------------------------------*/
#include <reg52.h>
#define uint unsigned int
#define uchar unsigned char
uint time_t;
uchar hour,min,sec;
uchar led[10] = { ~0x3F, ~0x06, ~0x5B, ~0x4F, ~0x66, ~0x6D, ~0x7D, ~0x07, ~0x7F, ~
0x6F};
void delay_1ms(uint x)
{   TMOD = 0x01;
    TR0 = 1;
    while(x--)
    {   TH0 = 0xfc;
        TL0 = 0x20;
        while(! TF0);
        TF0 = 0;
        time_t++;                    //1 ms 加 1
    }
    TR0 = 0;
}
void main()
{
    uchar i = 0;
    uchar dis_w = 0x80;              //选通数码管初始化,选通 P2.7
    while(1)
    {
        dis_w = 0x80;
        for(i = 0;i < 6;i++)
        {
            P0 = led[i];
            delay_1ms(5);
            P2 = ~dis_w;
            dis_w = dis_w >> 1;      //每次选通一个数码管
        }
    }
}
/* ---------------------------------结束---------------------------------*/
```

程序解析:

(1)该程序和静态显示程序主框架一致,就是在选通数码管上利用变量 dis_w 进行移位运算。这样保证每一次只是选通的数码管显示数字,其余数码管处于熄灭状态。利用发光二极管余辉特性和人眼视觉暂留现象,看起来 6 个数字同时在显示。

(2)更改主循环中的延迟时间,可以看到数字一个一个流动(其实就是流水数字灯):

```
for(i=0;i < 6;i++)
{
    P0 = led[i];
    delay_1ms(1000);
    P2 = ~dis_w;
    dis_w=dis_w>>1;
}
```

有能力的读者,可以把程序延迟时间根据循环次数慢慢减小,会看到流水数字灯由慢到快,最后稳定显示。

选通数码管移位过程见表 3-1-4。

表 3-1-4　选通数码管移位过程

循环次数	第 1 次	第 2 次	第 3 次	第 4 次	第 5 次	第 6 次
端口	P2.7	P2.6	P2.5	P2.4	P2.3	P2.2
dis_w	0x80	0x40	0x20	0x10	0x08	0x04
选通管	数码管 1	数码管 2	数码管 3	数码管 4	数码管 5	数码管 6

3. 实验箱数码管动态显示

实验现象:下载程序后,可以看到连接在 P0 口的 8 个数码管同时显示不同数字 0、1、2、3、4、5、6、7。这样可以每个数码管显示不同数字,在后面的时钟项目中可以灵活地显示日期、时间等信息。实验箱数码管动态显示结果如图 3-1-11 所示。

图 3-1-11　实验箱数码管动态显示结果

```
/*-----------------------------------------------
主函数
-----------------------------------------------*/
#include<reg52.h>        //包含头文件
#define DataPort P0      //定义数据端口,程序中遇到 DataPort 则用 P0 替换
sbit LATCH1 = P2^2;      //定义锁存使能端口,段锁存
sbit LATCH2 = P2^3;      //位锁存
unsigned char code dofly_DuanMa[] = {0x3f,0x06,0x5b,0x4f,0x66,0x6d,0x7d,0x07,
0x7f,0x6f};
//显示段码值 01234567
unsigned char code dofly_WeiMa[] = {0xfe,0xfd,0xfb,0xf7,0xef,0xdf,0xbf,0x7f};
//分别对应相应的数码管点亮,即位码
void Delay(unsigned int t);                //函数声明
main()
{
```

```
    unsigned char i =0;
    while(1)
    {
        DataPort =dofly_WeiMa[i];        //取位码
        LATCH2 =1;                       //位锁存
        LATCH2 =0;
        DataPort =dofly_DuanMa[i];       //取显示数据,段码
        LATCH1 =1;                       //段锁存
        LATCH1 =0;
        Delay(60000);         //扫描间隙延时,时间太长会闪烁,太短会造成重影,
                              //这里故意延长时间,方便直观看出动态扫描原理
        i ++;
        if(8 ==i)             //检测 8 位扫描是否完全结束。如扫描完成,则从第一个
        i =0;                 //开始再次扫描 8 位
    }
}
/* ------------------------------------------------------------
延时函数,含有输入参数 unsigned int t,无返回值
unsigned int 是定义无符号整形变量,其值的范围是 0 ~65 535
-------------------------------------------------------------*/
void Delay(unsigned int t)
{
    while(--t);
}
/* ----------------------------------结束----------------------------------*/
```

程序解析:

(1)动态扫描。由于任一时刻只能显示一位数字,当需要多位数码管显示多位数字的时候就需要动态扫描。动态扫描实际上执行的是动态显示,由于动态显示速度很快,人眼分辨不出是在动态显示,所以看上去是静态显示,这种效果正是我们所需要的。

读者可以修改语句:`Delay(60000);` 里面的输入参数,可以发现延时时间太长会闪烁,太短会造成重影。

(2)`void Delay(unsigned int t); //`函数声明

因为该函数定义放在 main()函数之后,所以在 main()函数调用之前,需要进行函数声明。

`LATCH2 =1; LATCH1 =1;`是芯片 74HC573 位锁存和段锁存指令。锁存器进入透明模式,锁存器的输出状态将会随着对应输入每次的变化而改变,这样保证不会引起显示闪烁或者混乱。

四、C 语言知识

1. 宏定义

简单的宏定义格式:

[#define 指令(简单的宏)]　　#define　标识符替换列表

替换列表是一系列的 C 语言记号,包括标识符、关键字、数值、字符常量、字符串、运算符和标

点符号。当预处理器遇到一个宏定义时,会做一个“标识符”代表“替换列表”的记录。在文件后面的内容中,不管标识符在任何位置出现,预处理器都会用替换列表代替它。

在一个宏定义中,编译器可以检测到绝大多数由多余符号所导致的错误。但不幸的是,编译器会将每一处使用这个宏的地方标为错误,而不会直接找到错误的根源——宏定义本身,因为宏定义已经被预处理器删除了。使用宏,可以给数值、字符和字符串命名。例如:

```
#define   STE_LEN  0
#define   TRUE     1
#define   FALSE    0
#define   PI       3.14159
```

显然用“PI”来代替圆周率 3.14159,这样程序阅读者就能知道这个数字是代表圆周率,而且,如果精度不够需要到小数点后七位,那么只需要修改这个宏定义的 3.14159 为 3.1415926 即可,程序后面遇到 PI 会用 3.1415926 代替。这样避免修改的地方过多而引起错误。

使用#define 来为常量命名有许多显著的优点:

(1)程序会更易读。一个认真选择的名字可以帮助读者理解常量的意义;否则,程序将包含大量的“魔法数”,使读者难以理解。

(2)程序会更易于修改。仅需要改变一个宏定义,就可以改变整个程序中出现的所有该常量的值。硬编码的常量会更难于修改,特别是有时候当它们以不同的形式出现时。

(3)有助于避免前后不一致或键盘输入错误。假如数值常量 3.14159 在程序中大量出现,它可能会被意外地写成 3.1416 或 3.14195。

虽然简单的宏常用于定义常量名,但是它们还有其他应用。

(4)可以对 C 语言的语法做小的修改。实际上,可以通过定义宏的方式给 C 语言符号添加别名,从而改变 C 语言的语法。例如,对于习惯使用 Pascal 的 begin 和 end(而不是 C 语言的{})的程序员,可以定义下面的宏:

```
#define BEGIN  {
#define END    }
```

(5)对类型重命名。本任务仿真程序,通过重命名 unsigned int 创建了一个 uint 类型:

```
#define uint unsigned int
```

同样理解如下语句:

```
#define uchar unsigned char
```

(6)控制条件编译。如在本任务仿真程序中看到的 reg52.h 头文件那样,宏在控制条件编译中起重要的作用。例如,在程序中出现的宏定义可能表明需要将程序在“调试模式”下进行编译,来使用额外的语句输出调试信息:

```
#ifndef __REG52_H__
#define __REG52_H__
#endif
```

这里顺便提一下,如上面的例子所示,宏定义中的替换列表为空是合法的。

在 C 语言编程中,宏作为常量使用时,程序员通常会在其名称中仅使用大写字母。然而,对于用于其他目的的宏,并没有统一的命名规范。考虑到宏(尤其是带参数的宏)可能成为程序中的潜在错误源,部分程序员倾向于使用大写字母来突出这些宏,以引起注意。基于此,本书采用统一的命名约定,即所有宏定义均使用大写字母。

2. C 语言 if 语句

C 语言的 if 语句有三种基本形式，用于选择流程。

第一种形式为基本形式：

```
if(表达式) 语句;
```

其语义是：如果表达式的值为真，则执行其后的语句；否则，不执行该语句。其流程图如图 3-1-12 所示。

第二种形式为 if-else。格式如下：

```
if(表达式)
    语句 1;
else
    语句 2;
```

其语义是：如果表达式的值为真，则执行语句 1，否则执行语句 2。其中，语句 1，语句 2 可以是复合语句。其流程图如图 3-1-13 所示。

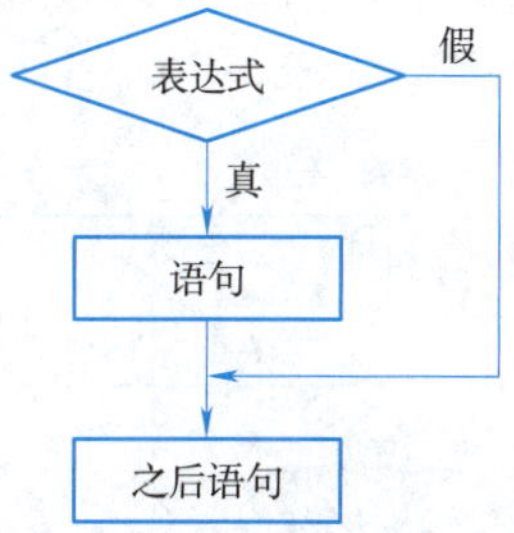

图 3-1-12　if 语句流程图

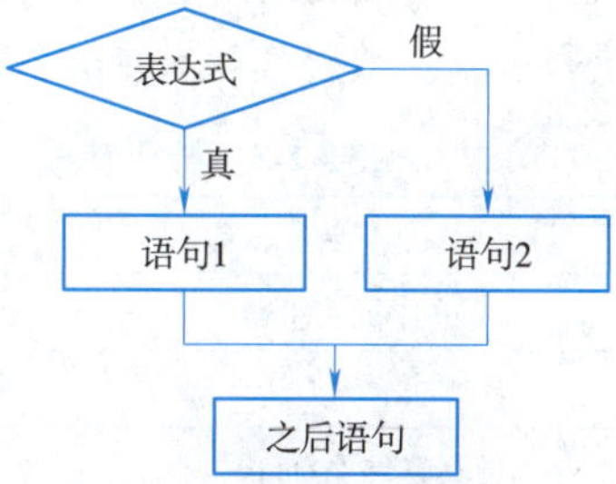

图 3-1-13　if-else 语句流程图

第三种形式为 if-else-if。前两种形式的 if 语句一般都用于两个分支的情况。当有多个分支选择时，可采用 if-else-if。

其一般格式如下：

```
if(表达式 1)
    语句 1;
else if(表达式 2)
    语句 2;
else if(表达式 3)
    语句 3;
……
else if(表达式 m)
    语句 m;
else
    语句 n;
```

其语义是：依次判断表达式的值，当出现某个值为真时，则执行其对应的语句。然后跳到整个 if 语句之外继续执行程序。如果所有的表达式均为假，则执行语句 n。然后继续执行后续程序。其流程图如图 3-1-14 所示。

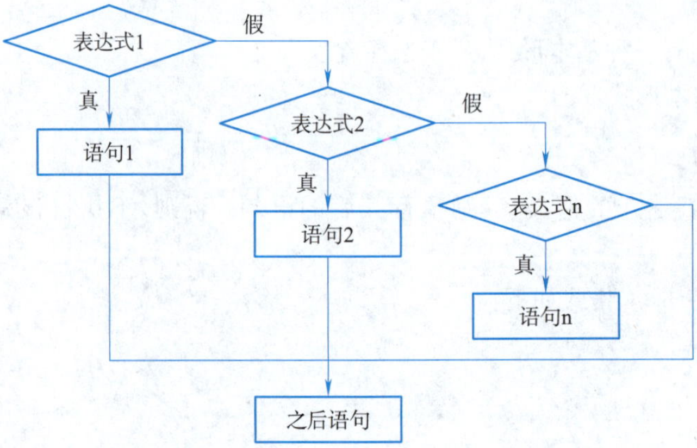

图 3-1-14　if-else-if 语句流程

任务实施

本书配套建设了实验箱，书中所有程序皆可在实验箱上进行验证。任务要求先进行仿真验证，再用实验箱进行验证。数码管显示阿拉伯数字实验材料清单见表 3-1-5。

表 3-1-5　数码管显示阿拉伯数字实验材料清单

序　号	名　称	规　格	数　量
1	51 单片机实验箱	本书配套	1
2	计算机	Win 10 系统	1
3	仿真软件 Proteus	Proteus 7 以上	1
4	Keil	μVision 4 以上	1
5	6 位 8 段数码管	共阳极或共阴极	1
6	杜邦线	公对公、公对母、母对母	若干

本任务仿真结果如图 3-1-15 所示。

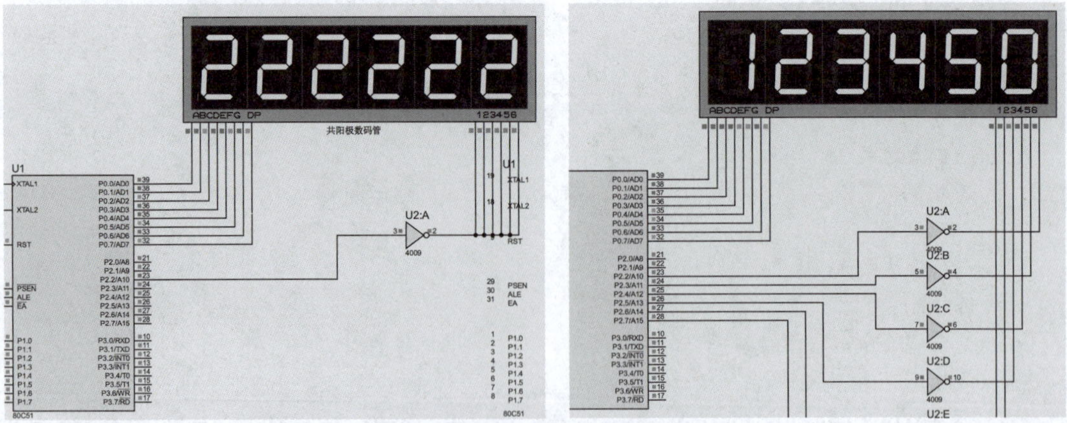

图 3-1-15　数码管静态显示和动态显示仿真结果图

请对照表 3-1-6 进行数码管动态显示阿拉伯数字实验操作，并记录关键步骤和关键代码。其中，附加功能是提高部分，供学有余力的学生进行能力提升。

表 3-1-6 数码管动态显示阿拉伯数字实验关键步骤

序号	关键步骤	具体实施（图片、文字）或对应关键代码
1	检查实验箱对应部件是否良好	
2	实验箱与计算机连接	
3	建立单片机工程，工程名为 numshow，单片机型号选择实验箱上对应的单片机型号	
4	编写程序，并编译通过，生成 numshow. hex 文件	
5	用仿真器成功下载代码到单片机	
6	运行单片机系统，进行功能测试	
7	功能：6 个数码管依次显示 1、2、3、4、5、6	
8	附加功能 1：动态显示 0、1、2、7、8、9	
9	附加功能 2：6 个数字由慢到快依次点亮，直至稳定显示	
10	整理实验台	

任务评价

任务评价表见表 3-1-7。

表 3-1-7 数码管动态显示阿拉伯数字任务评价表

小组成员		学生姓名		
目标	目标内容	学生自评	小组互评	导师总评
知识	了解单片机的 I/O 端口寄存器			
	理解 8 位寄存器整体赋值			
	了解数码管的结构			
	理解共阴极和共阳极数码管			
	理解数码管的段码和位码			
能力	设计数码管显示电路			
	能灵活使用 C 语言一维数组			
	能根据硬件原理图完成数码管的编码			
	能根据要求使用控制数码管显示阿拉伯数字			
素养	具有安全作业的操作意识			
	具有科技强国、服务社会的责任感			
	具有不断创新、精益求精的工匠精神			
	操作规范、团结协作、认真严谨等职业素养			

任务 2 简易车站时钟设计与应用

任务目标

知识目标：

（1）掌握单片机定时器相关寄存器位含义。

（2）理解时间函数的计时原理。

(3)理解复杂选择语句的语法规则。

能力目标：

(1)能根据项目要求在单片机最小系统基础上设计简易时钟电路。

(2)能根据硬件原理图完成简易时钟显示编码。

(3)能根据时钟要求使用控制数码管准确显示时间。

(4)能灵活使用C语言一维数组。

素养目标：

(1)具有规范作业的操作意识。

(2)具有精益求精的工匠精神。

(3)具有科技强国、服务社会的责任感。

(4)培养操作规范、团结协作、认真严谨等职业素养。

任务描述

视频

简易车站时钟设计与应用

地铁站台或者展厅都会有一个数码管时钟，提醒乘客当前时间，方便乘客更好地把控时间。本任务就是利用定时器以及数码管动态显示原理，制作一个简易时钟。时钟能准确地显示时、分、秒信息。简易车站时钟如图3-2-1所示。

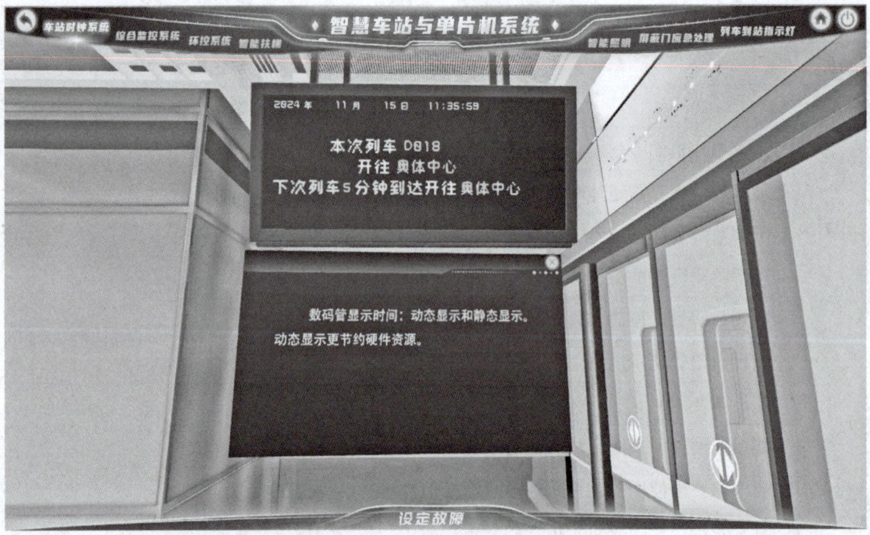

图3-2-1　简易车站时钟

知识链接

一、硬件知识

由上一任务知道，数码管的显示方式可以分为动态和静态。

动态显示又称扫描方式，是利用发光二极管的余辉效应和人眼的视觉暂留现象来实现的，只要在一定时间内数码管的笔段亮的频率够快，人眼就看不出闪烁，一般外围硬件较少，但是对单片机资源耗费巨大。

静态显示又称锁存方式，单片机送出数据后控制外围锁存器件锁存数据，这样数码管笔段里的电流不变，数码管稳定显示，这样单片机可以处理其他事情不用管数码管了。这种方案的优点是对单片机的端口资源和时间耗用很少，但是数码管的外围辅助电路复杂。单片机端口本身输出信号的驱动能力并不是很强，为了增加驱动能力，经常需要增加外围电路。下面介绍几种常见的外围电路。

1. 三极管驱动，扫描显示

三极管驱动数码管电路如图 3-2-2 所示。

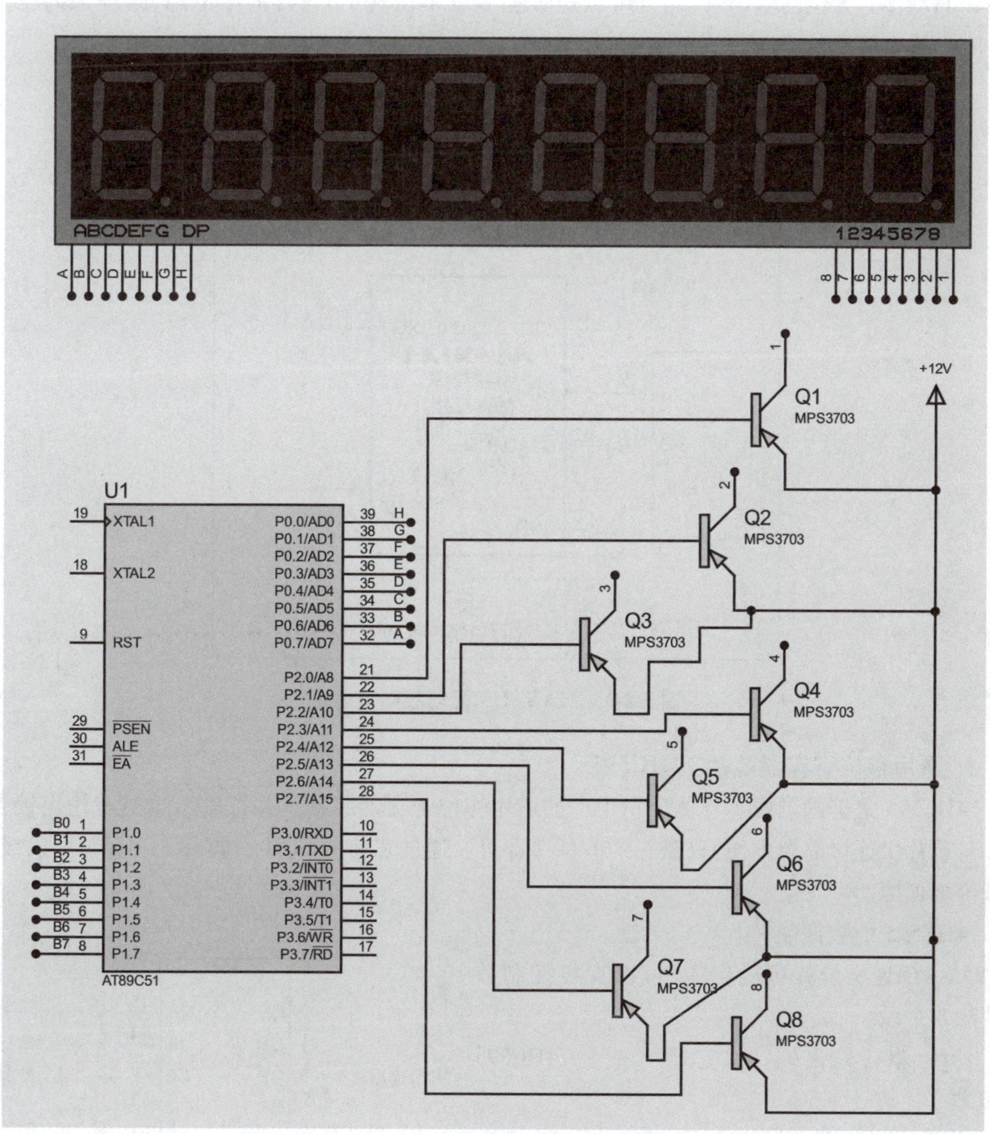

图 3-2-2　三极管驱动数码管电路

这种方式，a ~ g 和 dp 一共 8 根线分别占用单片机 8 个端口线，一般是整个端口，然后有几位数码管就另外需要几个控制线作为片选。对于 MCU 的时间占用几乎是全时的，如果没有其他的任务或者其他的任务耗用时间很少，可以考虑这种显示方式。比如时钟、温度计等。

2. 带锁存的串入并出芯片

74LS164 是带锁存的串入并出芯片，需要占用单片机的 2 根或 3 根线，MR 为输出状态清除，本身驱动电流不大。驱动 LED 需要另外加三极管或者驱动芯片。

如果需要多位驱动，一般使用 74HC138 这样的译码器进行快速线选，一样实现扫描显示，对单片机端口的耗用比较少。因为是扫描方式，所以对单片机时间耗用还是全时的。当然也可以直接用实验箱的并行锁存芯片 74HC573。

3. 串行驱动芯片 MAX7219

从典型应用电路（见图 3-2-3）上看，外围元件极少，直接驱动，使用了串行接口，只要三根线就可以驱动多达 8 位的数码管，而且可以送数据后就不用管了，自行消零消隐，是理想的驱动芯片。唯一缺点就是价格高。

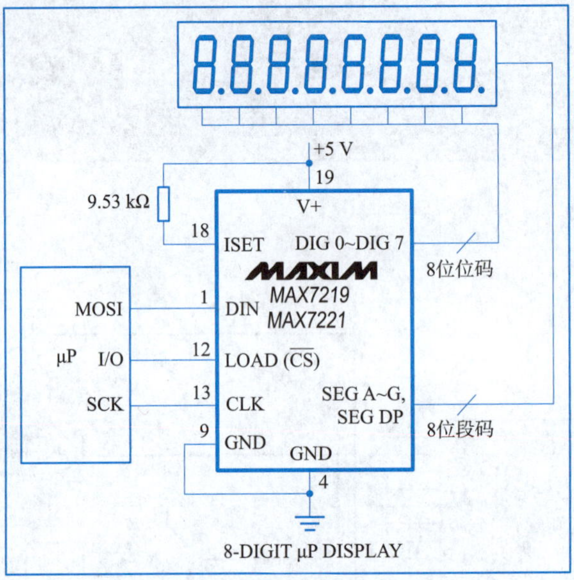

图 3-2-3 MAX7219 驱动数码管电路

4. 通用移位寄存器芯片 74HC595

74HC595 是美国国家半导体公司生产的通用移位寄存器芯片。并行输出端具有输出锁存功能。与单片机连接简单方便，只需三个 I/O 口即可。通过芯片的 SQH 引脚和 SI 引脚，可以级联，而且价格低廉。

74HC595 的数据端：

QA ~ QH：8 位并行输出端，可以直接控制数码管的 8 个段。

SQH：串行输出端。将它接下一个 74HC595 的 SI 端。

SI：串行输入端。

74HC595 的控制端：

SCLR（10 引脚）：低电平时将移位寄存器的数据清零。

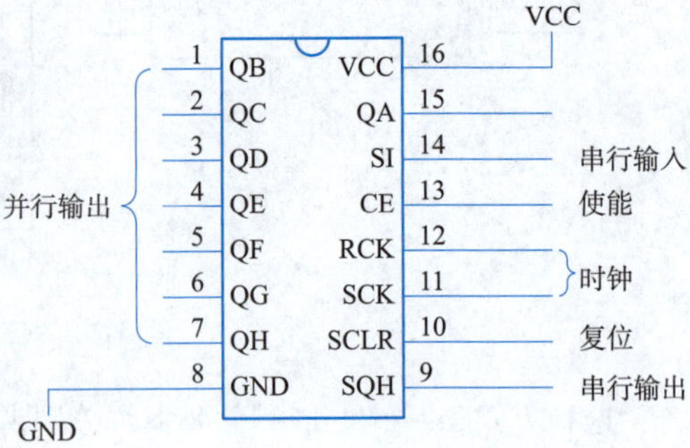

图 3-2-4 74HC595 驱动芯片引脚图

SCK（11 引脚）：上升沿时数据寄存器的数据移位；下降沿时移位寄存器数据不变。

RCK（12 引脚）：上升沿时移位寄存器的数据进入数据存储寄存器，下降沿时存储寄存器数据不变。通常将 RCK 置为低电平，当移位结束后，在 RCK 端产生一个正脉冲（5 V 时，大于几十纳秒即可），更新显示数据。

CE(13 引脚)：高电平时禁止输出(高阻态)。如果单片机的引脚不紧张,用一个引脚控制它,可以方便地产生闪烁和熄灭效果。比通过数据端移位控制要省时省力。

74HC164 和 74HC595 功能相仿,都是 8 位串行输入转并行输出移位寄存器。74HC164 的驱动电流(25 mA)比 74HC595(35 mA)的要小,14 引脚封装,体积也小一些。74HC595 的主要优点是具有数据存储寄存器,在移位的过程中,输出端的数据可以保持不变。这在串行速度慢的场合很有用处,数码管没有闪烁感。与 74HC164 只有数据清零端相比,74HC595 还有输出端使能/禁止控制端,可以使输出为高阻态。

二、仿真实现

因为项目要求的时钟显示“:”在数码管中不方便展示,改为“-”来分隔时分秒。段码连接单片机 P0 口,选通的位码则通过 P2 口控制。为了简单起见,这里把三极管换成了反相器,P2 相应端口输出低电平时选通对应的数码管。硬件连接如图 3-2-5 所示。

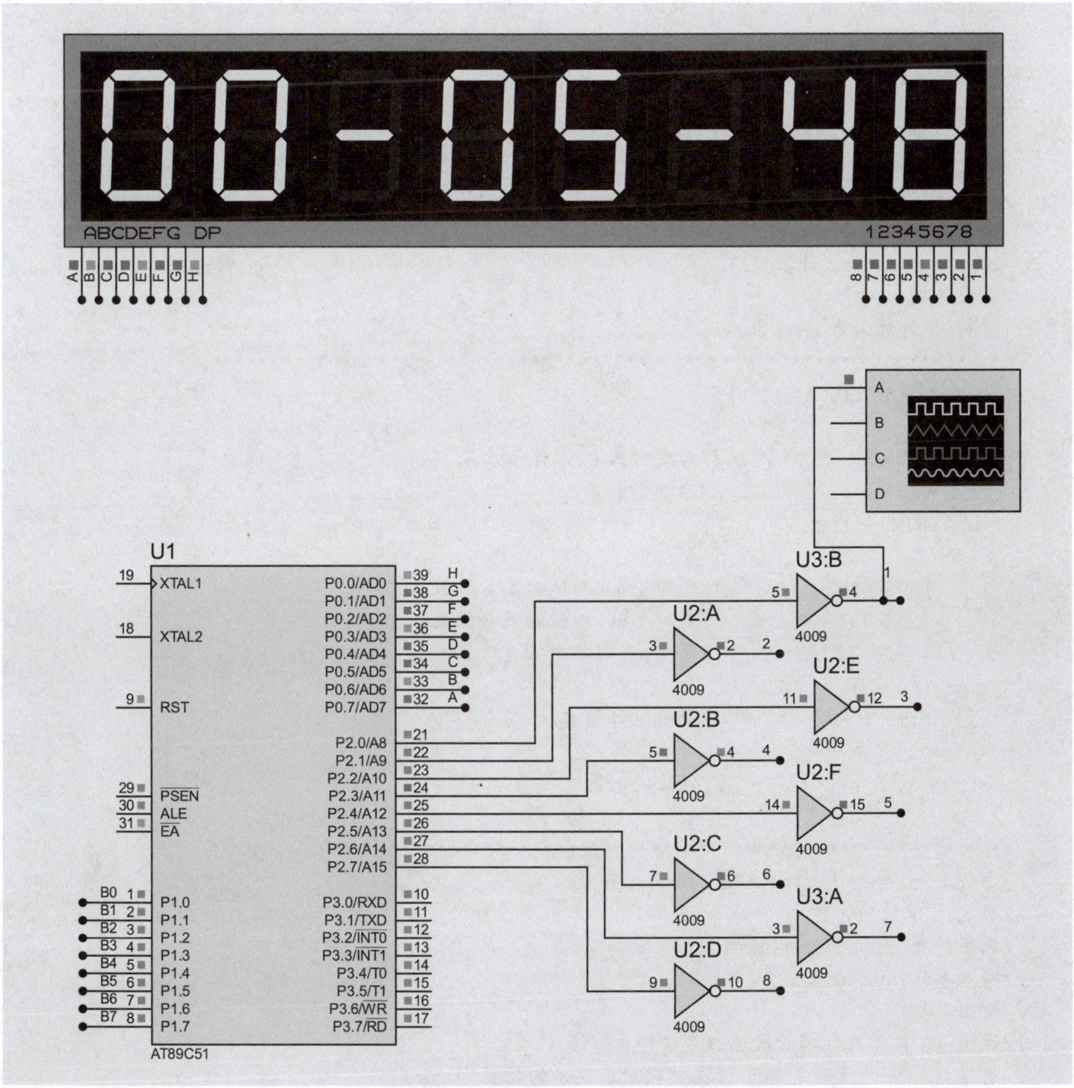

图 3-2-5　简易车站时钟硬件连接

仿真结果:系统从23-59-56秒开始按秒跳动,到了23-59-59之后,变为00-00-00,也就是一天24 h后归零。

三、程序详解

```
/***********************************************************/
//简易车站时钟设计仿真程序开始
/***********************************************************/
#include <at89x51.h>
#define uint unsigned int
#define uchar unsigned char
uint time_t;                            //毫秒统计值
uchar hour_now,min_now,sec_now,         //实时时间
    hour_a1,min_a1,sec_a1,              //闹钟时间
    key,key_num;                        //键盘扫描值,键盘键值
uchar code led[10] = {0xfc,0x60,0xda,0xf2,0x66,0xb6,0xbe,0xe0,0xfe,0xf6};
                                        //数码管显示0~9
sbit beep = P3^7;                       //定义P3.7口为蜂鸣器控制口
sbit clock = P3^0;                      //定义P3.0口为蜂鸣器控制口
/********************************************************************/
//函数名:delay_1ms(uint x)
//功能:利用定时器0精确定时1 ms; 自加time_t的值为后面时间调整函数服务
//调用函数:
//输入参数:x,1 ms计数
//输出参数:
//说明:延时时间为1 ms乘以x
/********************************************************************/
void delay_1ms(uint x)
{
    TMOD = 0X01;            //开定时器0,工作于方式1
    TR0 = 1;                //启动定时器0
    while(x--)
    {
        TH0 = 0Xfc;         //定时1 ms初值的高8位装入TH0
        TL0 = 0X18;         //定时1 ms初值的低8位装入TL0
        while(! TF0);       //等待,直到TF0为1
        TF0 = 0;
        time_t++;           //毫秒统计值自加1
    }
    TR0 = 0;                //停止定时器0
}
/***********************************************************/
//函数名:display_num(uchar num,dis_w)
//功能:2位数码管显示
//调用函数:delay_1ms(uint x)
//输入参数:num,dis_w
//输出参数:
//说明:P0口作为数码管段选,P2口作为位选
//通过dis_w的值确定num值在数码管上显示的位置
/***********************************************************/
void display_num(uchar num,dis_w)
{
```

```
    uchar j;
    for(j=0;j < 2;j++)
    {
        P0=0xff;//段选口置高,消影
        P2= ~dis_w;//装入位选值
        if(j > 0)
            P0= ~led[num/10];  //显示 num 个位
        else
            P0= ~led[num% 10]; //显示 num 十位
        dis_w=dis_w<<1;
        delay_1ms(5);             //延时 5 ms
    }
}
/*******************************************************/
//函数名:display_char()
//功能:显示时间分隔符"-"
//调用函数:delay_1ms(uint x)
//输入参数:
//输出参数:
//说明:
/*******************************************************/
void display_char()
{
    P0=0xff;          //段选口置高,消影
    P2= ~0x24;
    P0= ~0x02;        //显示字符"-"
    delay_1ms(5);     //延时 5 ms
}
/*******************************************************/
//函数名:display(uchar sec,min,hour)
//功能:8 位数码管显示
//调用函数:display_num(uchar num,dis_w),display_char()
//输入参数:sec,min,hour
//输出参数:
//说明:数码管显示完整的时间
/*******************************************************/
void display(uchar sec,min,hour)
{
    display_num(sec,0x01);  //显示秒
    display_num(min,0x08);  //显示分
    display_num(hour,0x40); //显示时
    display_char();         //显示分隔符"-"
}
/*******************************************************/
//函数名:time_take()
//功能:时间调整
//调用函数:
//输入参数:无
//输出参数:无
//说明:通过 time_t 的值调整个时间单位,24 h 制,定时报警
/*******************************************************/
void time_take()
{
```

```
    if(hour_now == hour_a1 & min_now == min_a1 & sec_now < 6)//判断是否到定时值
        beep = 0;                       //到定时值,启动蜂鸣器
    else
        beep = 1;                       //未到定时值,关蜂鸣器
    if(time_t >= 1000)                  //当总延时数为 1s 时
    {
        time_t = 0;                     //time_t 清 0
        sec_now ++;                     //秒加 1
        if(sec_now >= 60)               //当秒值等于 60 时
        {
            sec_now = 0;                //秒值清 0
            min_now ++;                 //分值加 1
            if(min_now >= 60)           //当分值等于 60 时
            {
                min_now = 0;            //分值清 0
                hour_now ++;            //小时加 1
                if(hour_now >= 24)      //当小时等于 24 时
                hour_now = 0;           //小时清 0
            }
        }
    }
}
/**********************************************************/
//主函数
/**********************************************************/
void main()
{
    sec_now = 56;
    min_now = 59;
    hour_now = 23;
    sec_a1 = 0;
    min_a1 = 0;
    hour_a1 = 0;                                    //各时间初始化
    while(1)
    {
        display(sec_now, min_now, hour_now);        //显示实时时间
        time_take();                                //调用时间调整程序
    }
}
/**********************************************************/
//程序结束
/**********************************************************/
```

程序解析:

(1)本程序包含多个函数:delay_1ms(uint x)、display_num(uchar num,dis_w);如果函数定义在 main()函数之前,则可以直接调用;如果函数定义在 main()函数之后,则需要在 main()函数之前进行声明。

(2)time_take()函数,利用定时器定时 1 ms,计算 1 000 ms 则进行秒数加 1,当秒数加到 60 时,则进位分数,同时秒数清 0;当分数加到 60 时,则进位时数,同时分数清 0;当时数加到 24 时,则时、分、秒数都清 0,24 h 刚好,需要重新计时。流程图如图 3-2-6 所示。

(3)uchar code led[10] = {0xfc,0x60,0xda,0xf2,0x66,0xb6,0xbe,0xe0,0xfe,0xf6};该语句把

段码提前编码，存入数组 led 中，led[0]代表数字 0，led[1]代表数字 1，led[2]代表数字 2，依次类推。这样可以很方便地进行赋值显示。

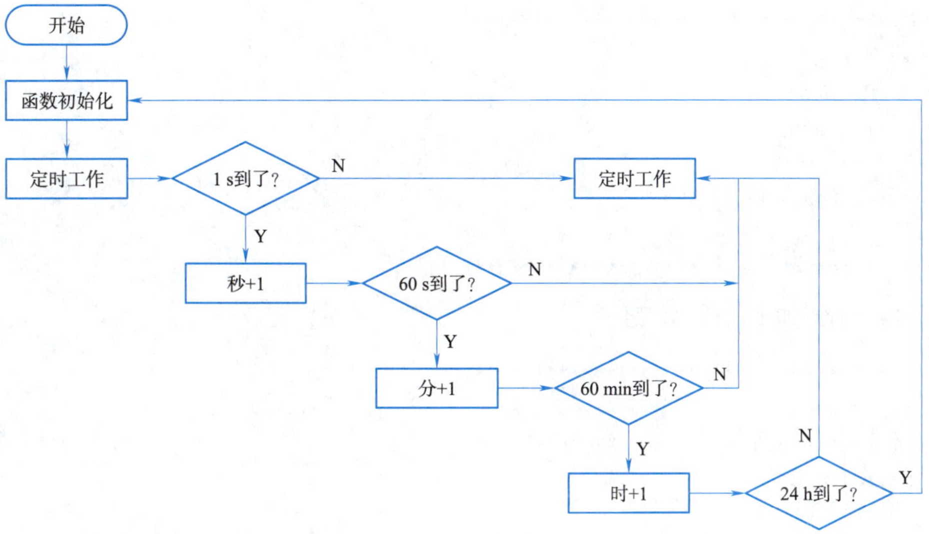

图 3-2-6　time_take( )函数流程图

(4) display_num( )函数中，P0 = 0xff 语句是消影作用。P0 口连接数码管的段选信号，P2 口连接位选信号。这样，通过 P2 口上移位来进行选择导通哪个数码管。函数中对两位数的拆分用了整除和求余运算，读者可以用具体数值进行验证。

四、C 语言知识

头文件是扩展名为 . h 的文件，包含了 C 函数声明和宏定义，被多个源文件引用共享。有两种类型的头文件：程序员编写的头文件和编译器自带的头文件。

在程序中要使用头文件，需要使用 C 预处理指令 #include 来引用它。前面已经看过 #include <at89x51. h> 头文件，它是编译器自带的头文件。

引用头文件相当于复制头文件的内容，但是不需要直接在源文件中复制头文件的内容，因为这么做很容易出错，特别在程序是由多个源文件组成的时候。

在程序中，建议把所有的常量、宏、系统全局变量和函数原型写在头文件中，在需要的时候随时引用这些头文件。

1. 头文件的引用

使用预处理指令 #include 可以引用用户和系统头文件。它的形式有以下两种：

第一种：#include <file. h>

这种形式用于引用系统头文件。它在系统目录的标准列表中搜索名为 file 的文件。

第二种：#include "file"

这种形式用于引用用户头文件。它在包含当前文件的目录中搜索名为 file 的文件。在编译源代码时，可以通过 l 选项把目录前置在该列表前。

2. 头文件的操作

#include 指令会指示 C 预处理器浏览指定的文件作为输入。预处理器的输出包含了已经生成的输出、被引用文件生成的输出以及 #include 指令之后的文本输出。

例如，如果有一个头文件 header. h 如下：

```
char * mytest (void);
```

和一个使用了头文件的主程序 test. c 如下：

```
/**********************************************/
int x;
#include "header.h"
int main (void)
{
    puts (test ());
}
/**********************************************/
```

编译器会看到如下的代码信息：

```
/**********************************************/
int x;
char * test (void);
int main (void)
{
    puts (test ());
}
/**********************************************/
```

3. 引用头文件常见错误

只能引用一次头文件。如果一个头文件被引用两次，编译器会处理两次头文件的内容，这将产生错误。为了防止这种情况，标准的做法是把文件的整个内容放在条件编译语句中，代码如下：

```
/**********************************************/
#ifndef HEADER_FILE
#define HEADER_FILE
char * mytest (void);
#endif
/**********************************************/
```

这种结构就是通常所说的包装器 #ifndef。当再次引用头文件时，条件为假，因为 HEADER_FILE 已定义。此时，预处理器会跳过文件的整个内容，编译器会忽略它，不会重复引用。

4. 有条件引用

有时需要从多个不同的头文件中选择一个引用到程序中。例如，需要指定在不同的操作系统上使用配置参数。可以通过一系列条件来实现这点，代码如下：

```
/**********************************************/
#if SYSTEM_1
#include "system_1.h"
#elseif SYSTEM_2
#include "system_2.h"
#elseif SYSTEM_3
…
#endif
/**********************************************/
```

任务实施

本书配套建设了实验箱,书中所有程序皆可在实验箱上进行验证。任务要求先进行仿真验证,再用实验箱进行验证。简易车站时钟实验材料清单见表3-2-1。

表3-2-1　简易车站时钟实验材料清单

序　号	名　称	规　格	数　量
1	51单片机实验箱	本书配套	1
2	计算机	Win 10系统	1
3	仿真软件Proteus	Proteus 7以上	1
4	Keil	μVision 4以上	1
5	8位8段数码管	共阳极或共阴极	1
6	杜邦线	公对公、公对母、母对母	若干

本任务仿真结果如图3-2-7所示。

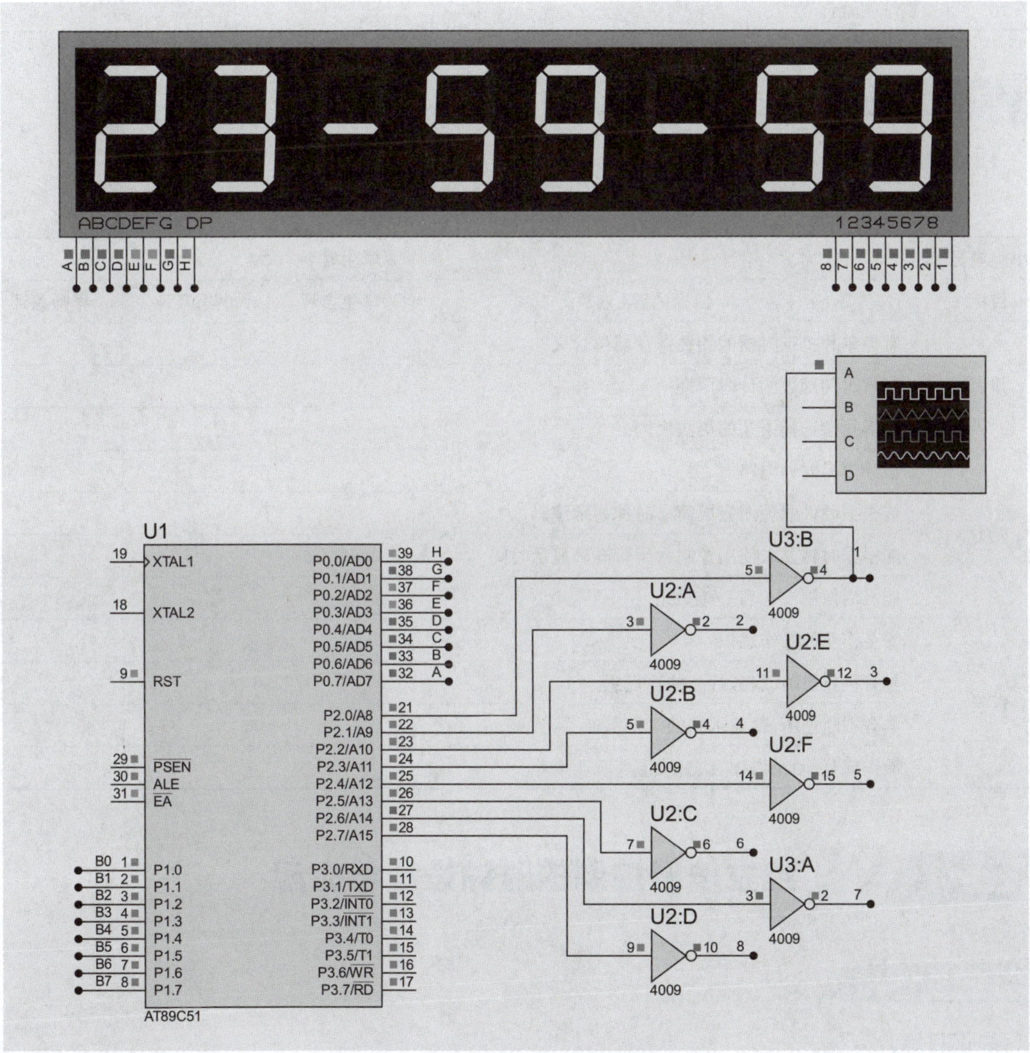

图3-2-7　简易车站时钟仿真结果图

请对照表 3-2-2 进行简易车站时钟实验操作，并记录关键步骤和关键代码。其中，附加功能是提高部分，供学有余力的学生进行能力提升。

表 3-2-2　简易车站时钟实验关键步骤

序号	关键步骤	具体实施（图片、文字）或对应关键代码
1	检查实验箱对应部件是否良好	
2	实验箱与计算机连接	
3	建立单片机工程，工程名为 easytime，单片机型号选择实验箱上对应的单片机型号	
4	编写程序，并编译通过，生成 easytime. hex 文件	
5	用仿真器成功下载代码到单片机	
6	运行单片机系统，进行功能测试	
7	功能：简易时钟能准确按秒计时	
8	附加功能 1：初始化时间改为 14:32:56	
9	附加功能 2：简易时钟改为 12 h 计时方式	
10	整理实验台	

任务评价

任务评价表见表 3-2-3。

表 3-2-3　简易车站时钟任务评价表

小组成员		学生姓名		
目标	目标内容	学生自评	小组互评	导师总评
知识	掌握单片机定时器的相关寄存器位含义			
	理解时间函数的计时原理			
	理解复杂选择语句的语法规则			
能力	设计简易时钟电路			
	能根据硬件原理图完成简易时钟显示编码			
	能根据时钟要求使用控制数码管准确显示时间			
	能灵活使用 C 语言一维数组			
素养	安全作业的操作意识			
	具有科技强国、服务社会的责任感			
	具有不断创新、精益求精的工匠精神			
	操作规范、团结协作、认真严谨等职业素养			

任务 3　独立按键控制的时钟设计与应用

任务目标

知识目标：

（1）熟悉单片机定时器的寄存器初始化原理。

(2)理解时间函数的计时原理。

(3)理解 C 语言标志位的应用原理。

(4)理解独立按键的基本原理。

(5)理解按键消抖的基本原理。

能力目标：

(1)能根据要求在单片机最小系统基础上设计独立按键时钟电路。

(2)能根据硬件原理图完成数码管显示编码。

(3)能根据要求编写消抖的独立按键程序。

(4)能根据要求使用独立按键修改时钟时间。

素养目标：

(1)具有规范作业的操作意识。

(2)具有科技创新、精益求精的工匠精神。

(3)具有科技强国的责任感。

(4)操作规范、团结协作、认真严谨等职业素养。

任务描述

本任务是在任务 2 的基础上，增加四个独立按键。

按键 1 是调整功能。按下按键 1 后，数码管显示停止，系统进入调整模式。

按键 2 是确定功能。按下按键 2 后，表示系统调整完毕，时钟继续显示运行。

按键 3 是加秒功能，当系统进入调整模式时，按下按键 3，则增加 1 s；

按键 4 是减秒功能，当系统进入调整模式时，按下按键 4，则减小 1 s；

整个任务完成基本的时钟调整功能。

知识链接

视频

独立按键的简单时钟系统

一、硬件知识

常用的按键大多都是机械的。机械开关就会出现机械振动，这个由物理学或者实验可以推出来，抖动会在单片机上面出现重复扫描次数，次数多少与单片机的时钟晶振频率有关，时钟晶振频率越高，单片机执行速度越快，重复次数就越多，如图 3-3-1 所示。

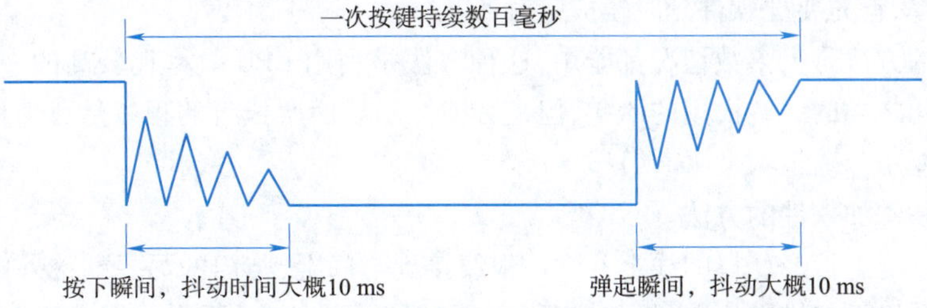

图 3-3-1　按键按下一次电平变化图

由图 3-3-1 可以看出，按键按下去瞬间会出现抖动，弹起来也会出现抖动，明显是个阻尼振动，按键扫描程序是按顺序执行的。

首先提出 5 个问题请读者思考一下：

(1)为什么要消除抖动？

(2)如何消抖?

(3)是不是按键都要消抖? 如果不是,哪些需要消抖,哪些不需要消抖?

(4)消抖的时间是不是必须 10 ms?

(5)如何消抖更节省 CPU 且更简单?

按键如果不消除抖动,那么单片机检测到的低电平的次数就不止一次,那按键按下一次,单片机会检测到多次,比如把按某个按键设置按一次,某个变量加 1,结果按一次就加了很多次,这样就不能精确地通过按键来调整想要的参数,所以消除抖动的目的就是要实现按一次按键让单片机读出一次按键操作。

消抖分硬件消抖和软件消抖。

硬件消抖有模拟电子技术中提到的用三态门实现,还有 7920(管理数码管和按键的芯片),还有很多硬件电路以及一些按键有自带消抖电路,但是如果要做产品硬件消抖肯定会增加成本,一般都会考虑软件消抖。

软件消抖原理如图 3-3-2 所示。

图 3-3-2　软件消抖原理

程序:

```
if(key1 ==0)                    //首次判断按键是否按下
{
   delay_1ms (5);               //延迟消抖
   if (key1 ==0)                //确认按键按下
   Numtkey =1;                  //执行按键按下的逻辑代码
}
```

这个消抖里面有延时函数 delay_1ms(5),如果时序处理不好就要出问题,原因就是用了软件延时(软件延时会占用 CPU 资源)。

要提高效率,首先要把软件延时换成定时器。

软件延时的方法是大多数情况都能用,这种方法是利用 CPU 效率比较高的一种。因为 CPU 没有执行空语句之类的一些没用的语句,但是必须控制后面所执行的程序是百毫秒级的,所以不是每个程序都能用。

还有一种硬件加软件的方法。

在所有的按键上接 I/O 口的线上并联一根线接到与门上,与门的另一端接外中断输入口,然后在外中断函数里面扫描键值,当然效率还行,不过加了硬件,还要用软件成本上升了不说软件上还要外中断,按键少的时候可以没问题,多了就麻烦了,特别是独立按键,不经济也不好用。

不是所有的按键都要消抖,比如设置按键是按了按键实现电机转动,没有其他功能了,不管抖动几次,只要开启了就不会关闭。或者设置成按键按一次后关闭,就算抖动,电机关闭了一次就已经关闭了。

从上面的例子可以看出:按键只要设置一些单一的功能就算出现抖动也不会影响设置的功

能;假如设置的按键一次实现数码管显示的数字加 1,那没有加消抖的话,单片机会读到好几次按键,那按一次出现的结果就可能是不确定的某个未知数 X 了;另一个例子是 LED 控制按键,按键功能是按一次实现 LED 灯打开,再按一次实现 LED 灯关闭,这是一个按键两个功能了,假设现在状态是 LED 开启的,想关闭它,没有消抖,单片机读出来的按键次数是个未知数 X,X 是 3、5、7 之类的奇数还好能关闭,如果 X 是偶数,那我们不管按多少次那个 LED 灯是不是都开启,由上面两个例子可以看出:按键设置的如果是重复操作或者一个按键有两个以上的功能就必须消抖了。

从物理上可以知道,既然是阻尼振动,必定振动到某个时候肯定是和稳定状态一致的,所以肯定不是必须 10 ms 延时的,比如按下去假设 10 ms 振动后机械才稳定,但是电平上当触点靠得很近振动的时候就算触点不是挨着的,还是显示低电平。

硬件消抖肯定对 CPU 占用最少,软件消抖当然就是尽量不要用些没用的语句,分配好时序。

接下来讨论时间按键。时间按键就是通过按键的时间长短来执行不同的功能,比如手机关机键,大概在按键按住 3 s 后就会提示或直接关机,按一下就直接是关闭背光,再比如要设置一个参数,本来按一下只加 1,如果要设置上百次或者上千次怎么办?可以按住按键时间比较长以后直接快速加或者快速减,时间按键是首选,当然还可以加一个位选键直接设置对应的位。

在说按键消抖的时候,上面的例程里面有一个等待按键释放,用的是 while 语句,等待的时候用的是空语句;即按下去一直执行空语句,放开之后才返回键值,是不是可以直接在检测到按键按下去以后直接执行要执行的语句然后做一段时间内不检测键值或者延时来控制按键的执行速度?时间按键原理如图 3-3-3 所示。

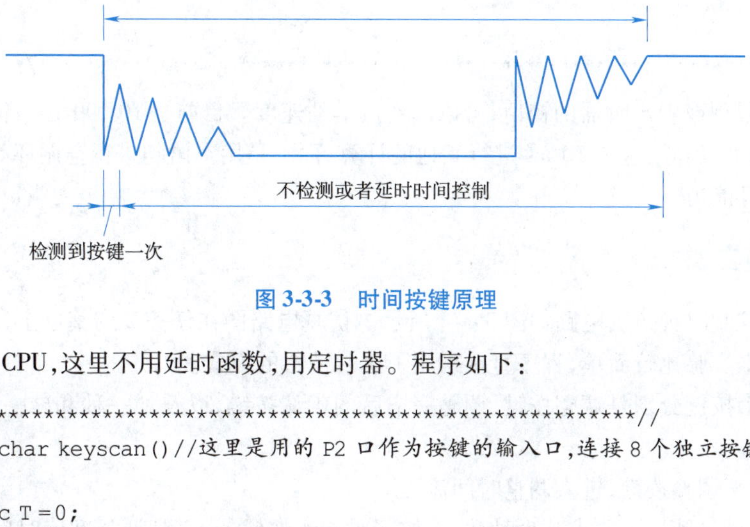

图 3-3-3　时间按键原理

为了节省 CPU,这里不用延时函数,用定时器。程序如下:

```
//**********************************************************//
unsigned char keyscan()//这里是用的 P2 口作为按键的输入口,连接 8 个独立按键
{
    static T=0;
    unsigned char key;//定义按键的键值变量
    if(P2! =0xff)
    {
        key=P2;
        while(P2!=0xff)
        {
            if(TR0=0)
            TR0=1;
            if(T>100)
            {
                TR0=0;
                T=0;
            }
```

```
            if(TR0 =1&&T<100)
            continue;//在定时器里面设置初值,让定时器中断,一次 1 ms 并且 T 自加 1
            switch(key)
            {                              //返回键值
                case 0xfe:return 1;break;
                case 0xfd:return 2;break;
                case 0xfb:return 3;break;
                case 0xf7:return 4;break;
                case 0xef:return 5;break;
                case 0xdf:return 6;break;
                case 0xbf:return 7;break;
                case 0x7f:return 8;break;
                default:return 0;break;
            }
        }
    }
}

void timer0 ()interrupt 1
{
    TH0 = (65636 -10000)/256;     //对应 12 MHz 晶振是 1 μs
    TL0 = (65636 -10000)% 256;
    T ++;
}
//*************************************************************************//
```

改变 T 的限制或者定时器的初值,可以改变按键的速度。目前是 10 000 μs,即 10 ms 执行一次。这样,系统可以利用这个 10 ms 进行其他的计算,而不是用空语句进行空循环等待,可以大大提高系统的运算能力。

二、仿真实现

独立按键控制时钟仿真电路如图 3-3-4 所示。仿真电路图在任务 2 的基础上,增加了四个独立按键。因为本实验比较简单,程序直接采用了延时消抖的方式。

增加的四个按键分别是调整按键、调整完毕后的确认按键,以及加一秒和减一秒按键。调整过程如下:

第一步:按下调整按键,进入调整时间流程。

第二步:如果时钟快了要求减少秒数,则按下减一秒按键,一直到调整准确时间为止;如果时钟慢了要求增加秒数,则按下加一秒按键,一直到调整准确时间为止。

第三步:调整结束后,按下确认按键,时钟按照新设定的时间重新开始工作。

三、程序详解

```
/*************************************************************/
//简易车站时钟设计仿真程序开始
/*************************************************************/
#include <at89x51.h>
#define uint unsigned int
#define uchar unsigned char
```

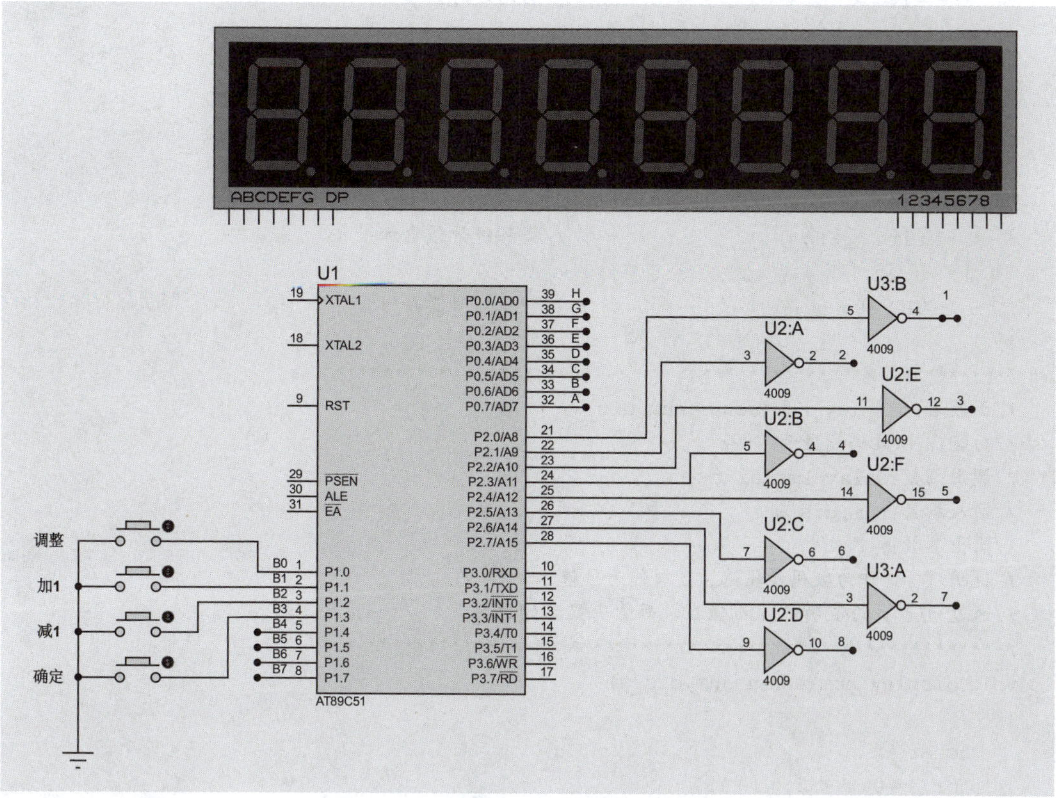

图 3-3-4　独立按键控制时钟仿真电路

```
uint time_t;                              //毫秒统计值
ucharhour_now,min_now,sec_now,            //实时时间
    hour_a1,min_a1,sec_a1,                //闹钟时间
    key,key_num,numtkey;                  //键盘扫描值,键盘键值
uchar code led[10] = {0xfc,0x60,0xda,0xf2,
0x66,0xb6,0xbe,0xe0,0xfe,0xf6};           //数码管显示 0~9
sbit  beep = P3^7;                        //定义 P3.7 口为蜂鸣器控制口
sbit  clock = P3^0;                       //定义 P3.0 口为蜂鸣器控制口
sbit  key1 = P1^0;
sbit  key2 = P1^1;
sbit  key3 = P1^2;
sbit  key4 = P1^3;
/*********************************************************************/
//函数名:delay_1ms(uint x)
//功能:利用定时器 0 精确定时 1 ms;自加 time_t 的值为后面时间调整函数服务
//调用函数:
//输入参数:x,1 ms 计数
//输出参数:
//说明:延时时间为 1 ms 乘以 x
/*********************************************************************/
void delay_1ms(uint x)
{
    TMOD = 0X01;                          //开定时器 0,工作于方式 1
```

```
    TR0 =1;                          //启动定时器 0
    while(x --)
    {
        TH0 =0Xfc;                   //定时 1 ms 初值的高 8 位装入 TH0
        TL0 =0X18;                   //定时 1 ms 初值的低 8 位装入 TL0
        while(! TF0);                //等待,直到 TF0 为 1
        TF0 =0;
        time_t ++;                   //毫秒统计值自加 1
    }
        TR0 =0;                      //停止定时器 0
}
/*************************************************************/
//函数名:display_num(uchar num,dis_w)
//功能:2 位数码管显示
//调用函数:delay_1ms(uint x)
//输入参数:num,dis_w
//输出参数:
//说明:P0 口作为数码管段选,P2 口作为位选
//通过 dis_w 的值确定 num 值在数码管上显示的位置
/*************************************************************/
void display_num(uchar num,dis_w)
{
    uchar j;
    for(j =0;j < 2;j ++)
    {
        P0 =0xff;                    //段选口置高,消影
        P2 = ~dis_w;                 //装入位选值
        if(j > 0)
            P0 = ~led[num/10];       //显示 num 个位
        else
            P0 = ~led[num% 10];      //显示 num 十位
        dis_w=dis_w<<1;
        delay_1ms(5);                //延时 5 ms
    }
}
/*************************************************************/
//函数名:display_char()
//功能:显示时间分隔符"-"
//调用函数:delay_1ms(uint x)
//输入参数:
//输出参数:
//说明:
/*************************************************************/
void display_char()
{
    P0 =0xff;          //段选口置高,消影
    P2 = ~0x24;
    P0 = ~0x02;        //显示字符"-"
    delay_1ms(5);      //延时 5 ms
}
```

```
/*********************************************************/
//函数名:display(uchar sec,min,hour)
//功能:8 位数码管显示
//调用函数:display_num(uchar num,dis_w),display_char()
//输入参数:sec,min,hour
//输出参数:
//说明:数码管显示完整的时间
/*********************************************************/
void display(uchar sec,min,hour)
{
    display_num(sec,0x01);              //显示秒
    display_num(min,0x08);              //显示分
    display_num(hour,0x40);             //显示时
    display_char();                     //显示分隔符"-"
}
/*********************************************************/
//函数名:time_take()
//功能:时间调整
//调用函数:
//输入参数:
//输出参数:
//说明:通过 time_t 的值调整时间单位,24 h 制,定时报警
/*********************************************************/
void time_take()
{
    if(hour_now==hour_a1 & min_now==min_a1 & sec_now<6)//判断是否到定时值
        beep=0;                         //到定时值,启动蜂鸣器
    else
        beep=1;                         //未到定时值,关蜂鸣器
    if(time_t >=1000)                   //当总延时数为 1 s 时
    {
        time_t=0;                       //time_t 清 0
        sec_now++;                      //秒值加 1
        if(sec_now >=60)                //当秒值等于 60 时
        {
            sec_now=0;                  //秒值清 0
            min_now++;                  //分值加 1
            if(min_now >=60)            //当分值等于 60 时
            {
                min_now=0;              //分值清 0
                hour_now++;             //小时加 1
                if(hour_now >=24)       //当小时等于 24 时
                hour_now=0;             //小时清 0
            }
        }
    }
}
/*********************************************************/
//函数名:display_char()
//功能:显示时间分隔符"-"
```

```
//调用函数:delay_1ms(uint x)
//输入参数:
//输出参数:
//说明:
/*****************************************************************/
void keyplay()
{
    if(key1 ==0)                //进入调整模式
    {
        delay_1ms(5);           //消抖
        if(key1 ==0)
            numtkey =1;         //开关值置 1,进入调整模式
    }
    if(key4 ==0)                //调整结束
    {
        delay_1ms(5);           //消抖
        if(key4 ==0)
            numtkey =0;         //开关值清 0,退出限定值设定模式
    }
    if(numtkey ==1)             //在限定值设定模式下
    {
        if(key2 ==0)
        {
            sec_now ++;
            if(sec_now >59)
                sec_now =0;     //数值十位在 0 ~60 之间累加
        }
        while(key2! =1)         //松手检测
            display(sec_now);
        if(key3 ==0)
        {
            sec_now --;
            if(sec_now <0)
                sec_now =0;     //数值十位在 0 ~60 之间累加
        }
        while(key3! =1)         //松手检测
            display(sec_now);
            }
}
/*****************************************************************/
//主函数
/*****************************************************************/
void main()
{
    sec_now =56;
    min_now =59;
    hour_now =23;
    sec_al =0;
    min_al =0;
    hour_al =0;//各时间初始化
```

```
    while(1){
        display(sec_now, min_now, hour_now);//显示实时时间
        time_take();//调用时间调整程序
        keyplay();
    }
}
/*************************************************************/
//程序结束
/*************************************************************/
```

程序解析：

(1)本程序在任务 2 的基础上增加了独立按键。程序中有松手检测：

```
while(key3! =1)
    display(sec_now);
```

只要按键 3 没有松开，则程序一直执行显示秒的操作：display(sec_now);这样一次按键只会被记录一次，不会出现一次按键系统认为多次按键的情况。

(2)按键抖动。本程序的按键抖动使用了简单延迟。在简单任务中，这种延迟基本满足使用要求。

四、C 语言知识

下面介绍几种单片机程序常用的循环语句。

(1)for(;;){};该语句使用 for 循环完成单片机常用的死循环功能及开机后永远不停地执行程序，直到断电关机。

(2)while(1){ };该语句使用 while 循环完成单片机常用的死循环功能。在本书中，用这种写法比较多。for 循环更多用于限定次数的循环。

任务实施

本书配套建设了实验箱，书中所有程序皆可在实验箱上进行验证。任务要求先进行仿真验证，再用实验箱进行验证。独立按键控制的时钟实验材料清单见表 3-3-1。

表 3-3-1　独立按键控制的时钟实验材料清单

序　号	名　称	规　格	数　量
1	51 单片机实验箱	本书配套	1
2	计算机	Win 10 系统	1
3	仿真软件 Proteus	Proteus 7 以上	1
4	Keil	μVision 4 以上	1
5	8 位 8 段数码管	共阳极或共阴极	1
6	独立按键	机械式	4
7	杜邦线	公对公、公对母、母对母	若干

本任务仿真结果，如图 3-3-5 所示。

请对照表 3-3-2 进行独立按键控制的时钟实验操作，并记录关键步骤和关键代码。其中，附加功能是提高部分，供学有余力的学生进行能力提升。

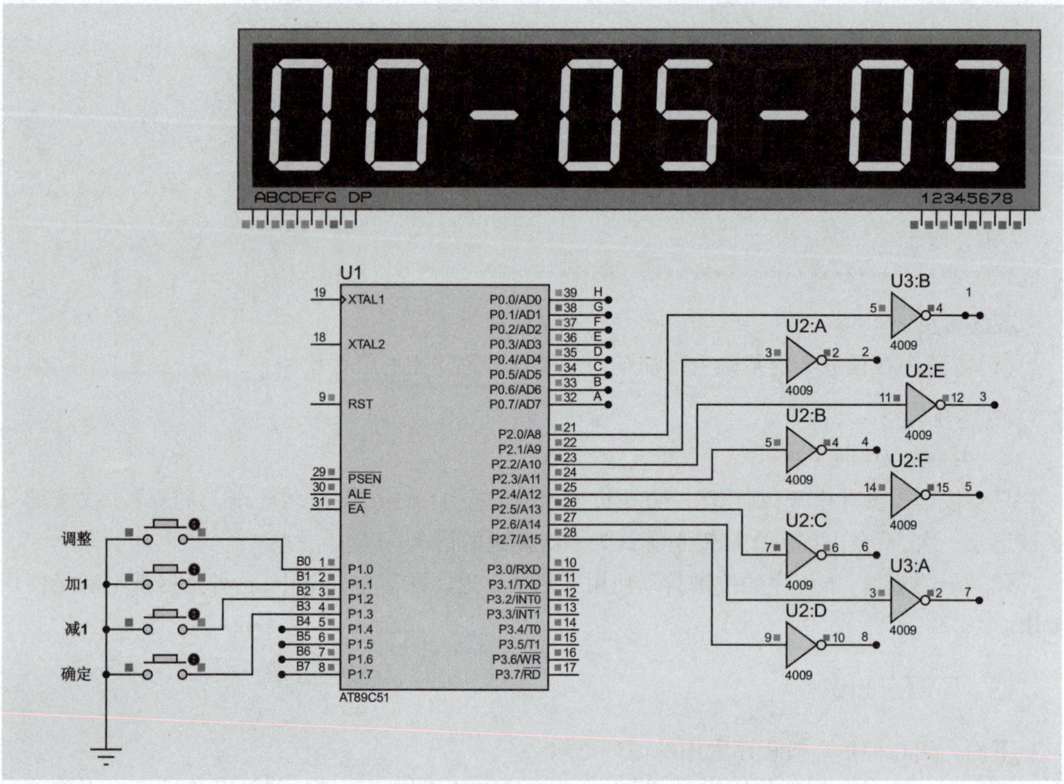

图 3-3-5　独立按键控制的时钟仿真结果图

表 3-3-2　独立按键控制的时钟实验关键步骤

序号	关键步骤	具体实施(图片、文字)或对应关键代码
1	检查实验箱对应部件是否良好	
2	实验箱与计算机连接	
3	建立单片机工程,工程名为 key4time,单片机型号选择实验箱上对应的单片机型号	
4	编写程序,并编译通过,生成 key4time. hex 文件	
5	用仿真器成功下载代码到单片机	
6	运行单片机系统,进行功能测试	
7	功能 1:能准确识别 4 个独立按键	
8	功能 2:能通过 4 个按键调整时钟秒的时间	
9	附加功能 1:能通过 4 个按键调整时钟秒的时间步长为 5 s	
10	附加功能 2:4 个按键调整时钟分的时间	
11	整理实验台	

任务评价

任务评价表见表 3-3-3。

表 3-3-3　独立按键控制的时钟任务评价表

小组成员		学生姓名		
目标	目标内容	学生自评	小组互评	导师总评
知识	熟悉单片机定时器的寄存器初始化原理			
	理解时间函数的计时原理			
	理解 C 语言标志位的应用原理			
	理解独立按键的基本原理			
	理解按键消抖的基本原理			
能力	设计独立按键时钟电路			
	能根据硬件原理图完成数码管显示编码			
	能根据要求编写消抖的独立按键程序			
	能根据要求使用独立按键修改时钟时间			
素养	安全作业的操作意识			
	具有科技强国、服务社会的责任感			
	具有不断创新、精益求精的工匠精神			
	具有操作规范、团结协作、认真严谨等职业素养			

任务 4　车站时钟设计与应用

任务目标

知识目标：

(1)深入理解 C 语言的与或非运算。

(2)理解矩阵键盘的基本原理。

(3)理解行扫描和列扫描的原理。

能力目标：

(1)能根据要求在单片机最小系统基础上设计带矩阵键盘的时钟电路。

(2)能根据硬件原理图完成数码管显示编码。

(3)能根据要求编写消抖的矩阵键盘程序。

(4)能根据要求使用矩阵键盘修改时钟时间。

素养目标：

(1)具有安全作业的操作意识，车站时钟系统巡检安全的责任意识。

(2)具有科技创新、精益求精的工匠精神。

(3)具有科技强国、服务社会的责任感。

(4)操作规范、团结协作、认真严谨等职业素养。

视频

矩阵按键的车站时钟系统

任务描述

在单片机应用系统中，通过按键实现数据输入及功能控制是非常普遍的，通常在所需按键数量不多时，系统常采用独立式按键。需要按键数量比较多时，为了减少 I/O 口的占用，通常将按键排列成矩阵。

本任务是在任务 2 的基础上,增加矩阵键盘,实现输入控制和调整时钟。整个任务则完成车站时钟调整功能。图 3-4-1(a)所示为实验室的矩阵键盘电路,图 3-4-1(b)所示为实际矩阵键盘。

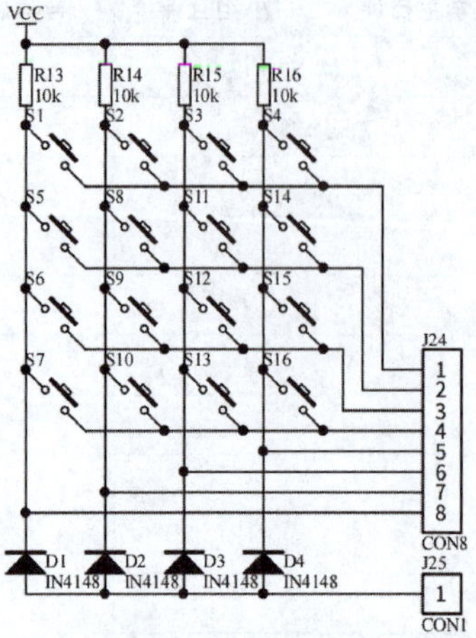

(a) 实验室的矩阵键盘电路

(b) 实际矩阵键盘

图 3-4-1　矩阵键盘

本任务需要通过键盘来输入控制指令,完成相应的功能:

(1) 调整车站时钟时间;

(2) 车站定点播报提示语音,提示列车即将到达,乘客注意安全。

其中,第二功能请读者在理解第一个基本功能基础上自己实现。

知识链接

一、硬件知识

本任务难点在于矩阵键盘的识别和使用。下面详细介绍矩阵键盘扫描原理和矩阵键盘的识别方法。

1. 矩阵键盘的结构与工作原理

在键盘中按键数量较多时,为了减少 I/O 口的占用,通常将按键排列成矩阵形式,如图 3-4-2 所示。在矩阵键盘中,每条水平线和垂直线在交叉处不直接连通,而是通过一个按键加以连接。这样,一个端口(如 P1 口)就可以构成 4×4=16 个按键,比直接将端口线用于键盘多出了一倍,而且线数越多,区别越明显。再多加一条线就可以构成 20 键的键盘,而直接用端口线则只能多出一键(9 键)。由此可见,在需要的键数比较多时,采用矩阵键盘是合理的。

矩阵结构的键盘显然比独立按键要复杂一些,识别也要复杂一些。图 3-4-2 中,列线通过电阻接正电源,并将行线所接的单片机的 I/O 口作为输出端,而列线所接的 I/O 口则作为输入端。这样,当按键没有按下时,所有的输出端都是高电平,代表无键按下,行线输出是低电平;一旦有键按下,则输入线就会被拉低,这样,通过读入输入线的状态就可得知是否有键按下。

2. 矩阵键盘的按键识别方法

确定矩阵键盘上何键被按下的一种方法是“行扫描法”。

行扫描法又称逐行(或列)扫描查询法,是一种最常用的按键识别方法,过程如下:

具体识别首先判断键盘中有无键按下:将全部行线 B0 ~ B3 置低电平,然后检测列线的状态。只要有一列的电平为低,则表示键盘中有键被按下,而且闭合的键位于低电平线与四根行线相交叉的四个按键之中。若所有列线均为高电平,则键盘中无键按下。

然后判断闭合键所在的位置:在确认有键按下后,即可进入确定具体闭合键的过程。其方法是:依次将行线置为低电平,即在置某根行线为低电平时,其他线为高电平。在确定某根行线位置为低电平后,再逐行检测各列线的电平状态;若某列线为低电平,则该列线与置为低电平的行线交叉处的按键就是闭合的按键。

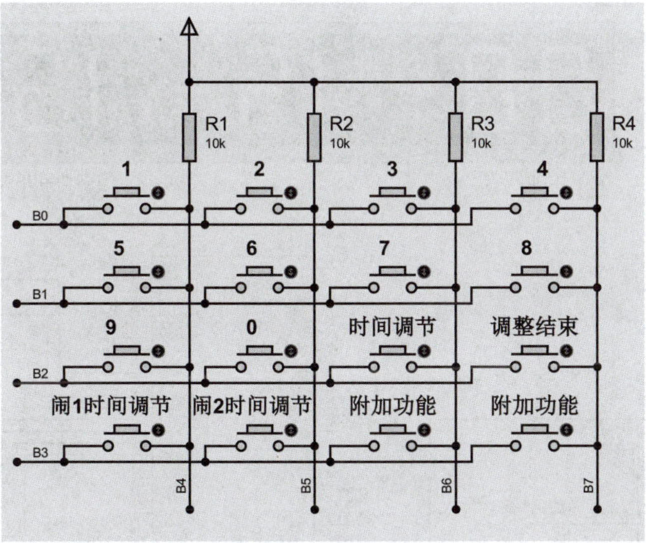

图 3-4-2　矩阵键盘

具体举例如下:8051 单片机的 P1 口用作键盘 I/O 口,键盘的列线接到 P1 口的高 4 位,键盘的行线接到 P1 口的低 4 位。列线 P1.4 ~ P1.7(B4 ~ B7)分别接有 4 个上拉电阻到正电源 +5 V,并把行线 P1.0 ~ P1.3(B0 ~ B3)设置为输入线,列线 P1.4 ~ P1.7(B4 ~ B7)设置为输出线。4 根行线和 4 根列线形成 16 个相交点。

(1)检测当前是否有键被按下。检测的方法是 P1.0 ~ P1.3 输出全“0”,读取 P1.4 ~ P1.7 的状态,若 P1.4 ~ P1.7 为全“1”,则无键被按下,否则有键被按下。

(2)去除键抖动。当检测到有键按下后,延时一段时间再做下一步的检测判断。

(3)若有键被按下,应识别出是哪一个键被按下。方法是对键盘的行线进行扫描。P1.0 ~ P1.3 按下述四种组合依次输出,见表 3-4-1。

表 3-4-1　行扫描电平变化列表

端口	赋值电平 1	赋值电平 2	赋值电平 3	赋值电平 4
P1.3	1	1	1	0
P1.2	1	1	0	1
P1.1	1	0	1	1
P1.0	0	1	1	1

在每组行输出时读取 P1.4 ~ P1.7,若全为“1”,则表示为“0”这一行没有键被按下,否则有键被按下。由此得到闭合键的行值和列值,然后可采用计算法或查表法将闭合键的行值和列值转换成所定义的键值。

为了保证键每闭合一次 CPU 仅做一次处理,必须去除键释放时的抖动。软件上采取的措施是:在检测到有按键按下时,执行一个 10 ms 左右(具体时间应视所使用的按键进行调整)的延时程序后，再确认该键电平是否仍保持闭合状态电平，若仍保持闭合状态电平，则确认该键处于闭合状态；同理，在检测到该键释放后，也应采用相同的步骤进行确认，从而可消除抖动的影响。

二、仿真实现

车站时钟设计仿真电路如图 3-4-3 所示。

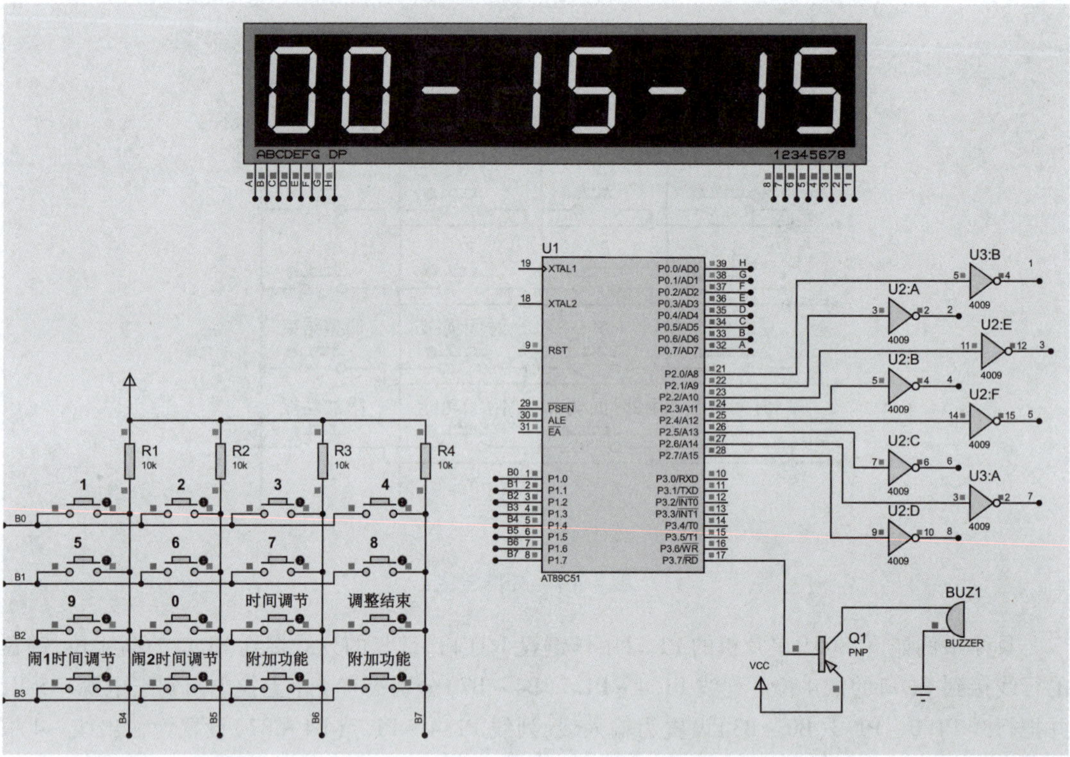

图 3-4-3 车站时钟设计仿真电路

这里利用 4×4 的矩阵键盘控制车站时钟系统。车站时钟系统可以根据以下步骤调整时间。键盘上的数字按键 0~9 可以输入两位数字，如果输入时分秒超过 60，系统自动认为输入错误并清零。如果输入 6 个数字调整完毕后，系统自动退出调整功能，正常显示时间。如果输入不到 6 个数字就调整完毕，则按下调整结束按键就能退出调整功能。

同时保留了 4 个按键进行功能扩展。比如，进行车站提示语音播报、闹钟告警功能等，可以进行一些更加友好的提示，提升乘客满意度。

利用本任务的仿真程序和任务 2 的实验箱程序，可以完成实际硬件电路单片机系统程序。这个留给读者自行完成。

三、程序详解

```
/*********************************************************************/
//程序开始
/*********************************************************************/
#include <at89x51.h>
#define uint unsigned int
#define uchar unsigned char
```

```
uint time_t;//毫秒统计值
    uchar hour_now,min_now,sec_now,  //实时时间
    hour_a1,min_a1,sec_a1,           //闹钟时间
    key,key_num;                     //键盘扫描值,键盘键值
uchar code led[10] = {0xfc,0x60,0xda,0xf2,0x66,0xb6,0xbe,0xe0,0xfe,0xf6};//数码管
显示 0~9
sbit beep = P3^7;//定义 P3.7 口为喇叭控制口
/*******************************************************************/
//函数名:delay_1ms(uint x)
//功能:利用定时器 0 精确定时 1 ms; 自加 time_t 的值为后面时间调整函数服务
//调用函数:
//输入参数:x,1 ms 计数
//输出参数:
//说明:延时时间为 1 ms 乘以 x
/*******************************************************************/
void delay_1ms(uint x)
{
    TMOD = 0X01;         //开定时器 0,工作于方式 1
    TR0 = 1;//启动定时器 0
    while(x--)
    {
        TH0 = 0Xfc;      //定时 1 ms 初值的高 8 位装入 TH0
        TL0 = 0X18;      //定时 1 ms 初值的低 8 位装入 TL0
        while(! TF0);    //等待,直到 TF0 为 1
        TF0 = 0;
        time_t++;        //毫秒统计值自加 1
    }
    TR0 = 0;             //停止定时器 0
}
/*********************************************************/
//函数名:display_num(uchar num,dis_w)
//功能:2 位数码管显示
//调用函数:delay_1ms(uint x)
//输入参数:num,dis_w
//输出参数:
//说明:P0 口作为数码管段选,P2 口作为位选
//通过 dis_w 的值确定 num 值在数码管上显示的位置
/*********************************************************/
void display_num(uchar num,dis_w)
{
    uchar j;
    for(j = 0;j < 2;j++)
    {
        P0 = 0xff;                  //段选口置高,消影
        P2 = ~dis_w;                //装入位选值
        if(j > 0)
        P0 = ~led[num/10];          //显示 num 个位
        else
        P0 = ~led[num% 10];         //显示 num 十位
        dis_w = dis_w << 1;
```

```
        delay_1ms(5);                   //延时 5 ms
    }
}
/*******************************************************/
//函数名:display_char()
//功能:显示时间分隔符“-”
//调用函数:delay_1ms(uint x)
//输入参数:
//输出参数:
//说明:
/*******************************************************/
void display_char()
{
    P0 =0xff;                           //段选口置高,消影
    P2 = ~0x24;
    P0 = ~0x02;                         //显示字符“-”
    delay_1ms(5);                       //延时 5 ms
}
/*******************************************************/
//函数名:display(uchar sec,min,hour)
//功能:8 位数码管显示
//调用函数:display_num(uchar num,dis_w),display_char()
//输入参数:sec,min,hour
//输出参数:
//说明:数码管显示完整的时间
/*******************************************************/
void display(uchar sec,min,hour)
{
        display_num(sec,0x01);          //显示秒
        display_num(min,0x08);          //显示分
        display_num(hour,0x40);         //显示时
        display_char();//显示分隔符“-”
}
/*******************************************************/
//函数名:time_take()
//功能:时间调整
//调用函数:
//输入参数:
//输出参数:
//说明:通过 time_t 的值调整个时间单位,24 小时制,定时报警
/*******************************************************/
void time_take()
{
    if(time_t >=1000)                   //当总延时数为 1 s 时
    {
        time_t =0;                      //time_t 清 0
        sec_now ++;                     //秒值加 1
        if(sec_now >=60)                //当秒值等于 60 时
        {
            sec_now =0;                 //秒值清 0
```

```
            min_now++;                  //分值加1
            if(min_now>=60)             //当分值等于60时
            {
                min_now=0;              //分值清0
                hour_now++;             //小时加1
                if(hour_now>=24)        //当小时等于24时
                hour_now=0;             //小时清0
            }
        }
    }
}
/**********************************************************/
//函数名:keyscan()
//功能:得出4×4键盘的行列扫描值
//调用函数:delay_1ms(uint x)
//输入参数:
//输出参数:
//说明:通过P1口的扫描得出扫描值key。无键按下,key为0
/**********************************************************/
uchar keyscan()
{
    uchar code_h;                                   //行编码
    uchar code_l;                                   //列编码
    P1=0XF0;
    if((P1&0xF0)!=0XF0)                             //首次判断是否有按键按下
    {
        delay_1ms(5);                               //调用定时函数,软件消抖
        if((P1&0xF0)!=0XF0)                         //确认是否有按键按下
        {
            code_h=0xfe;
            while((code_h&0x10)!=0x00)              //判断行扫描是否结束
            {
                P1=code_h;
                if((P1&0xF0)!=0XF0)                 //判断是否有按键按下,返回按键行列值
                {
                    code_l=(P1&0xF0|0x0F);
                    return((~code_h)+(~code_l));
                }
                    else                            //判断是否有按键按下,无则继续扫描下一行
                    code_h=(code_h<<1)|0x01;
            }
        }
    }
    return(0);                                      //无键按下返回0
}
/**********************************************************/
//函数名:keynum()
//功能:得出4×4按键的键值
//调用函数:keyscan()
//输入参数:
```

```
//输出参数:
//说明:通过 key 的值确定按键键值
/*******************************************************/
void keynum()
{
    uchar i,j;
    uchar code tab[4][4] = {{1,2,3,4},{5,6,7,8},{9,0,11,12},{13,14,15,16}};
    //4×4 键盘各键值标注
        key = 0;
        key = keyscan();                            //引入 key 值
        if((key&0x01)! =0) i =0;
        if((key&0x02)! =0) i =1;
        if((key&0x04)! =0) i =2;
        if((key&0x08)! =0) i =3;
        if((key&0x10)! =0) j =0;
        if((key&0x20)! =0) j =1;
        if((key&0x40)! =0) j =2;
        if((key&0x80)! =0) j =3;
        if(key! =0) key_num = tab[i][j];            //通过比较得出 4×4 键盘的键值
}
/*******************************************************/
//函数名:keyplay(uchar sec,min,hour,tkey)
//功能:时间调整,包括定时时间
//调用函数:display(uchar sec,min,hour);keynum()
//输入参数:
//输出参数:
//说明:tkey 的值确定调整的时间类型,带除错功能
/*******************************************************/
void keyplay(uchar sec,min,hour,tkey)
{
    uchar data timenum[] = {0,0,0,0,0,0};           //建立时间各单位数组
    uchar i =0,take_key;
    keynum();                                       //调用键值程序
    if(key_num == tkey)                             //判断调整键是否按下
    {
        take_key =1;                                //循环开关值设 1
        timenum[0] = hour/10;
        timenum[1] = hour% 10;
        timenum[2] = min/10;
        timenum[3] = min% 10;                       //将原时间引入修改模式
        while(take_key)                             //判断是否在设定模式中
        {
            keynum();
            while(key! =0)                          //键盘松手检测
            keynum();
            if(key_num <10)                         //判断键值是否为 0~9 数字键
                {
                    i ++;
                    if(i >5) i =0;
                    timenum[i -1] = key_num;        //键值赋值于数组
```

```
                key_num=17;                    //键值清空
            }
            if(key_num==12)                    //判断有无按下确定键
                take_key=0;                    //开关值清0,跳出循环
            hour=timenum[0]* 10+timenum[1];
            min=timenum[2]* 10+timenum[3];
            sec=timenum[4]* 10+timenum[5];//调整值赋值于调整时间
            display(sec,min,hour);
        }
        if(sec>59)
            sec=0;                             //时间溢出排错
        if(min>59)
            min=0;                             //时间溢出排错
        if(hour>23)
            hour=0;                            //时间溢出排错
        if(tkey==11)                           //调整键11为实时时间调整
        {
            sec_now=sec;
            min_now=min;
            hour_now=hour;
        }
        if(tkey==13)                           //调整键13为车站播报时间定时值调整
        {
            sec_al=sec;
            min_al=min;
            hour_al=hour;
        }
    }
}
/************************************************************/
/************************************************************/
void main()
{
    sec_now=56;
    min_now=59;
    hour_now=23;
    sec_al=0;
    min_al=0;
    hour_al=22;                                //各时间初始化
    while(1)
    {
        display(sec_now,min_now,hour_now);     //显示实时时间
        time_take();                           //调用时间调整程序
        keyplay(sec_now,min_now,hour_now,11);  //调整的时间为实时时间
        keyplay(sec_al,min_al,hour_al,13);     //调整的时间为车站播报定时值
        if(sec_al==sec_now && min_al==min_now && hour_al==hour_now)
        {
            beep=0 ;
            delay_1ms(500);
            beep=1 ;
```

```
            }

        }
    }
/**********************************************************************/
//程序结束
/**********************************************************************/
```

程序解析:

(1)本任务最难理解的是键盘扫描程序。

程序编写思路完全参考矩阵键盘的按键识别方法进行。

(2)本任务使用了二维数组进行矩阵键盘的赋值和初始化。二维数组描述平面的矩阵键盘非常合适。

四、C 语言知识

二维数组常称为矩阵(matrix)。把二维数组写成行(row)和列(column)的形式,有助于形象化地理解二维数组的逻辑结构。

定义二维数组:

```
类型说明符  数组名[常量表达式][常量表达式]
```

例如:`float a[3][4], b[5][10];`

```
//定义 a 为 3×4(3 行 4 列)的数组,b 为 5×10(5 行 10 列)的数组
```

C 语言中,二维数组元素排列的顺序是按行存放的。用矩阵形式(如 3 行 4 列形式)表示二维数组,是逻辑上的概念,能形象地表示出行列关系。而在内存中,各元素是连续存放的,不是二维的,是线性的。

引用二维数组元素:

```
数组名[下标][下标];
```

“下标”可以是整型常量或整型表达式。

数组元素可以出现在表达式中,也可以被赋值。例如:`b[1][2]=a[2][3]/2;`

在引用数组元素时,下标值应在已定义的数组大小的范围内。

定义数组时用的 a[3][4]和引用元素时的 a[3][4]的区别:前者用 a[3][4]来定义数组的维数和各维的大小,后者 a[3][4]中的 3 和 4 是数组元素的下标值,a[3][4]代表行序号为 3、列序号为 4 的元素(行序号和列序号均从 0 起算)。

(1)分行给二维数组赋初值(最清楚直观)。

```
int a[3][4]={{1,2,3,4},{5,6,7,8},{9,10,11,12}};
```

(2)可以将所有数据写在一个花括号内,按数组元素在内存中的排列顺序对各元素赋初值。

```
int a[3][4]={1,2,3,4,5,6,7,8,9,10,11,12};
```

(3)可以对部分元素赋初值,这样没有赋值的自动赋值为 0。

```
int a[3][4]={{1},{5},{9}};
    int a[3][4]={{1},{0,6},{0,0,11}};
int a[3][4]={{1},{5,6}};
int a[3][4]={{1},{},{9}};
```

(4)如果对全部元素都赋初值(即提供全部初始数据),则定义数组时对第1维的长度可以不指定,但第2维的长度不能省。

```
int a[][4] = {1,2,3,4,5,6,7,8,9,10,11,12};
```

在定义时,也可以只对部分元素赋初值而省略第1维的长度,但应分行赋初值。

```
int a[][4] = {{0,0,3},{},{0,10}};
```

任务实施

本书配套建设了实验箱,书中所有程序皆可在实验箱中进行验证。任务要求先进行仿真验证,再用实验箱进行验证。车站时钟实验材料清单见表3-4-2。

表3-4-2　车站时钟实验材料清单

序　号	名　称	规　格	数　量
1	51单片机实验箱	本书配套	1
2	计算机	Win 10系统	1
3	仿真软件Proteus	Proteus 7以上	1
4	Keil	μVision 4以上	1
5	8位8段数码管	共阳极或共阴极	1
6	矩阵键盘	机械式	1
7	蜂鸣器	5 V	1
8	杜邦线	公对公、公对母、母对母	若干

本任务仿真结果如图3-4-4所示。

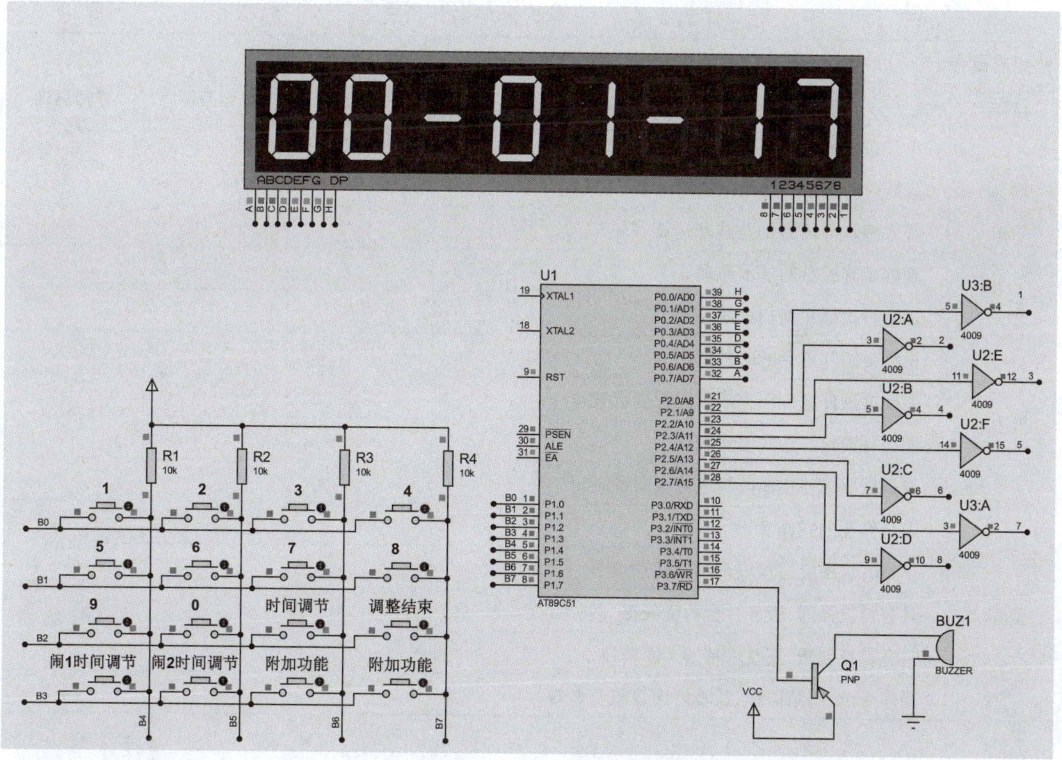

图3-4-4　车站时钟仿真结果图

请对照表3-4-3进行车站时钟实验操作,并记录关键步骤和关键代码。其中,附加功能是提高部分,供学有余力的学生进行能力提升。

表3-4-3　车站时钟实验关键步骤

序号	关键步骤	具体实施(图片、文字)或对应关键代码
1	检查实验箱对应部件是否良好	
2	实验箱与计算机连接	
3	建立单片机工程,工程名为key16time,单片机型号选择实验箱上对应的单片机型号	
4	编写程序,并编译通过,生成key16time. hex文件	
5	用仿真器成功下载代码到单片机	
6	运行单片机系统,进行功能测试	
7	功能1:能准确识别矩阵键盘按键	
8	功能2:能通过键盘调整时钟时间	
9	附加功能1:能通过附加按键增加闹钟功能	
10	附加功能2:能通过附加按键增加花样闹钟	
11	整理实验台	

任务评价

任务评价表见表3-4-4。

表3-4-4　车站时钟任务评价表

小组成员		学生姓名		
目标	目标内容	学生自评	小组互评	导师总评
知识	单片机的定时器寄存器			
	理解时间函数的计时原理			
	深入理解C语言的与或非运算			
	理解矩阵键盘的基本原理			
	理解行扫描和列扫描的原理			
能力	设计带矩阵键盘的时钟电路			
	能根据硬件原理图完成数码管显示编码			
	能编写消抖的矩阵键盘程序			
	能根据要求使用矩阵键盘修改时钟时间			
素养	安全作业的操作意识			
	车站时钟系统巡检安全的责任意识			
	具有科技强国、服务社会的责任感			
	具有科技创新、精益求精的工匠精神			
	操作规范、团结协作、认真严谨等职业素养			

巩固练习

一、单选题

1. 7 段共阴极数码管，需要 a 段笔画亮，需施加(　　)信号。

A. "公共端"高，"a 端口"低　　B. "公共端"高，"a 端口"高

C. "公共端"低，"a 端口"低　　D. "公共端"低，"a 端口"高

2. 7 段共阳极数码管，需要 a 段笔画亮，需施加(　　)信号。

A. "公共端"高，"a 端口"低　　B. "公共端"高，"a 端口"高

C. "公共端"低，"a 端口"低　　D. "公共端"低，"a 端口"高

3. 单片机是通过其端口检测按键端的(　　)信号获得按键状态的。

A. 电压　　B. 电流　　C. 上升沿　　D. 下降沿

4. 相同数量按键条件下，独立按键与矩阵按键相比具有(　　)的特点。

A. 程序简单、占用单片机资源少　　B. 程序简单、占用单片机资源多

C. 程序复杂、占用单片机资源少　　D. 程序复杂、占用单片机资源多

5. 使用硬件定时器 T0 延时，需设置特殊功能寄存器(　　)。

A. TMOD　　B. TH0、TL0　　C. TCON　　D. 以上全部

6. 在多位数码管动态扫描过程中，数字显示需要提供(　　)。

A. 字形段码　　B. 位码　　C. 字形段码和位码　　D. 转换码

7. 使用硬件定时器 1 ms 延时函数获取时间基准，获得的时间精度最高为(　　)。

A. 1 s　　B. 0.1 s　　C. 0.01 s　　D. 0.001 s

8. 应用 C51 语言编程时，特殊功能寄存器应使用(　　)。

A. 大写字母　　B. 小写字母　　C. 首字母大写　　D. 任意

9. P1 驱动 7 段共阴极数码管(P1.0 接数码管 a，P1.1 接数码管 b，…)，P1 = 0x66，数码管显示(　　)。

A. 1　　B. 5　　C. 4　　D. 3

10. P1 驱动 7 段共阳极数码管(P1.0 接数码管 a，P1.1 接数码管 b，…)，P1 = 0x92，数码管显示(　　)。

A. 5　　B. 4　　C. 5　　D. 7

二、填空题

1. 7 段数码管按发光二极管的连接方式分为________、________。

2. 7 段数码管的驱动电路中，与各段端口串联的电阻起________作用。

3. 机械按键运行开关动作时会产生________，C51 程序可通过________消除抖动。

4. C51 编写独立按键程序包含________、________、________、________四个步骤。

5. 多位数码管动态扫描显示时，数码管是________工作，而人眼的视觉印象就是连续稳定显示，这是利用了________特性和________现象。

6. 74HC573 是拥有________路输出的透明锁存器，输出为________门，每路输出端灌电流为________ mA，拉电流为________ mA。

7. C51 语言编写程序需使用函数时，必须先________或________才可调用。

8. C51 语言编写程序，要求调用时间获取函数可获取时、分、秒结果，据此判断时间获取函数

为________函数,时、分、秒为________变量。

9. 下载到单片机的目标程序的文件格式是________。

10. 程序运行过程中,定时器 0 的 TF0 为________,当定时器 0 计数产生溢出时,TF0 为________。

三、编程题

1. 单片机晶振频率为 12 MHz,使用硬件定时器延时,编写程序在 P1.0 口产生周期为 20 ms 的方波。

2. 已知当前时间为 12:33:59。编写程序,获得时、分、秒的位值并将其存放于一维数组中。

3. 已知某运算结果为 1.237,编写程序在 1~4 位数码管上显示。

4. 已知一组数据为 0~100,编写程序,将这组数据中的奇数取出放入数组 ODD[ ]中,偶数取出放入数组 EVEN[ ]中。

5. 编写程序分别计算共阴极、共阳极 7 段数码管显示 0~9 的段码值。

四、简答题

1. 简述 74HC573 芯片在数码管显示电路中的作用。

2. AT89C51 单片机 P0~P4 每个端口的最大输入灌电流和四口的总灌入电流是多少?

3. 假设 7 段数码管的每段显示时的电流恒定,请说明限流电阻串联在公共端好还是各段端口好?并说明原因。

项目四

智能扶梯控制系统设计与应用

任务1 行人进入电梯检测器设计与应用

任务目标

视频

智能扶梯控制系统虚拟车站导学

知识目标：

(1)了解单片机的中断类型。

(2)理解单片机的外部中断原理。

(3)掌握单片机的外部中断寄存器 TCON、SCON、IE。

(4)掌握单片机的外部中断源与中断号。

(5)掌握单片机的外部中断函数的基本格式。

(6)理解红外传感器的硬件原理。

能力目标：

(1)能根据要求在单片机最小系统基础上设计简单入侵电路。

(2)能根据硬件电路初始化外部中断。

(3)能根据中断源编写简单的中断函数。

(4)能根据硬件驱动控制蜂鸣器、发光二极管报警。

素养目标：

(1)具有安全作业的操作意识、城轨电梯系统生产安全的责任意识。

(2)具有精益求精的工匠精神。

(3)具有科技强国的责任感。

(4)培养操作规范、团结协作、认真严谨等职业素养。

(5)具有绿色交通的环保意识。

任务描述

在地铁车站的出入口处，一般配置一部自动扶梯，正常运行状态下，扶梯为上行，出站乘客首选扶梯；楼梯为下行，进站乘客选择步行楼梯。如果是特殊站和一级站出入口，则配备两部自动扶梯。正常运行状态下，自动扶梯分为上行和下行，进、出站乘客首选扶梯，当自动扶梯不能满足疏散要求时，进、出站乘客选择步行楼梯，如图4-1-1所示。

在大站还会有多个出口，电梯作为长时间运行的负载。在越来越注重运营成本，实行开源节流，降本增效的地铁行业，如何让电梯更有效运行是一个课题。本任务实现电梯实时检测是否有行人进入电梯，如果有行人进入电梯则电梯正常运行；如果没有人进入，电梯则节能运行。本设计用按键模拟行人进入电梯，用红外传感器作为检测传感器，单片机采集传感器信号并分析输出电梯节能运行模式信号。

图 4-1-1　地铁自动扶梯

知识链接

一、硬件知识

行人进入电梯检测器电路设计如图 4-1-2 所示。

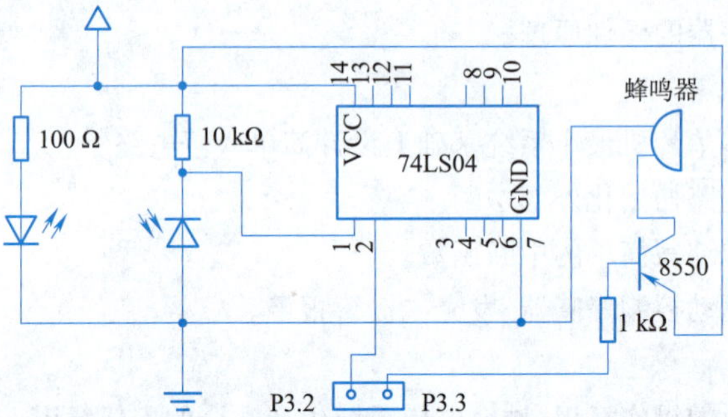

图 4-1-2　行人进入电梯检测器电路设计

电路设计用一对红外接收发送管作为检测行人传感器，当有行人通过电梯入口时，遮挡住了红外发射管，此时红外接收管接收不到红外线，变为高阻值，端口 1 输出高电平；无遮挡时，红外接收管接收发射管的红外线，为低阻值，端口 1 输出低电平。端口 1 信号经过 74LS04 反相器从端口 2 输出反相电平接入单片机的 P3.2 口。单片机通过 P3.2 口的信号，判断是否有行人进入电梯，从而在 P3.3 口输出驱动信号。三极管 8550 作为放大驱动信号用。

由前述可知，P3.2 口是 51 单片机的外部中断引脚。下面详细介绍 51 单片机中断的知识。

1. 中断概念

中断是指单片机在执行程序的过程中，当出现异常情况或特殊请求时，单片机停止现行程序的运行，转向对这些异常情况或特殊请求进行处理，处理结束后再返回现行程序的间断处，继续执行原程序。中断是单片机实时处理内部或外部事件的一种内部机制。当某种内部或外部事件发生时,单片机的中断系统将迫使 CPU 暂停正在执行的程序,转而进行中断事件的处理,中断处理完毕后,又返回被中断的程序处,继续执行下去,如图 4-1-3 所示。

举一个日常例子:主程序是你在食堂吃饭,你的辅导员打来电话(断点),你出来接听电话。那么此时你会把桌子上的饭菜放好(保存主程序的程序现场),物品收拾好,然后出去接听电话(中断响应),回答辅导员的问题(中断服务程序),回答完毕后返回食堂座位(中断返回)继续吃饭(继续执行主程序)。

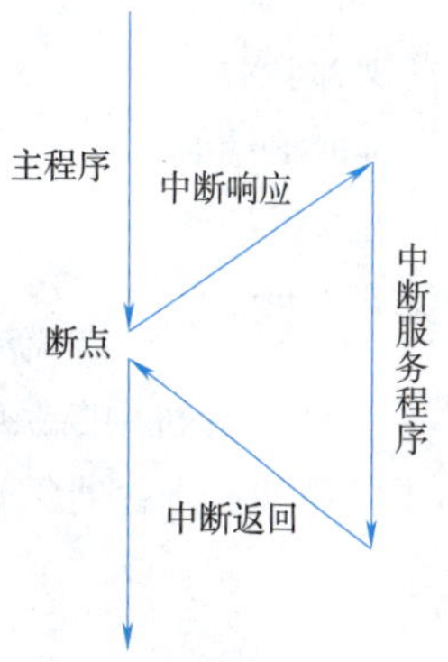

图 4-1-3　中断原理

中断的处理过程如下:

(1)中断当前程序,保护断点。

(2)转入中断服务入口。

(3)保护现场。

(4)执行中断服务程序。

(5)恢复现场。

(6)中断返回。

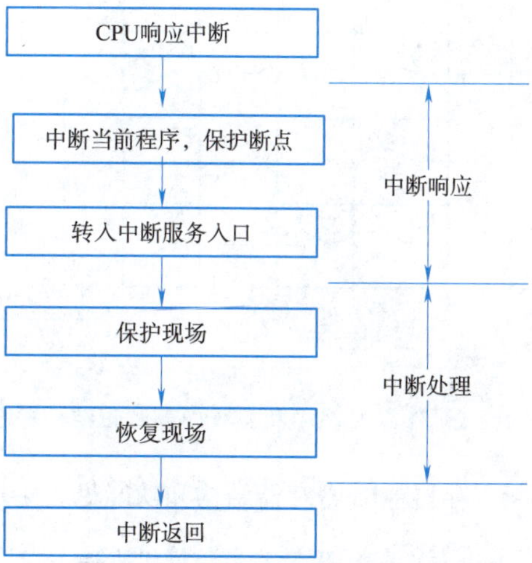

图 4-1-4　中断处理流程

本任务为什么要用到中断呢？直接用普通引脚不行吗？中断有什么好处呢？

(1)中断提高了 CPU 的效率。CPU 是计算机的指挥中心,它与外围设备(如按键、显示器等)通信的方法有查询和中断两种。查询的方法是无论外围 I/O 是否需要服务,CPU 每隔一段时间都要依次查询一遍,这种方法 CPU 需要花费一些时间做查询服务工作。而中断则是在外围设备需要通信服务时主动告诉 CPU,CPU 停下当前工作去处理中断程序,从而提高了 CPU 效率。

(2)中断可以实现实时处理。外设任何时刻都可能发出请求中断信号,CPU 接到请求后及时处理,以满足实时系统的需要。

(3)中断可以及时处理故障。计算机系统运行过程中难免会出现故障,有许多事情是无法预料的,如电源掉电、存储器出错、外围设备工作不正常等,这时可以通过中断系统向中断源 CPU 发送中断请求,由 CPU 及时转到相应的出错处理程序,从而提高计算机的可靠性。

2. 51 单片机中断寄存器

80C51 单片机含有 3 类 5 个中断源,分别是 2 个外部中断,2 个定时器中断和 1 个串口中断,见表 4-1-1。

表 4-1-1　中断源与中断号对应表

中断名称	中断源	中断号
外部中断 0	外部事件由 P3.2 提供	0
外部中断 1	外部中断由 P3.3 提供	2
定时器 0 中断	由片内定时/计数器 0 提供	1
定时器 1 中断	由片内定时/计数器 1 提供	3
串口中断	由片内串口提供	4

51 单片机中断系统内部逻辑结构框图如图 4-1-5 所示，由图 4-1-5 可见，中断控制实际是对 4 个特殊功能寄存器 TCON、SCON、IE 和 IP 进行管理和控制。

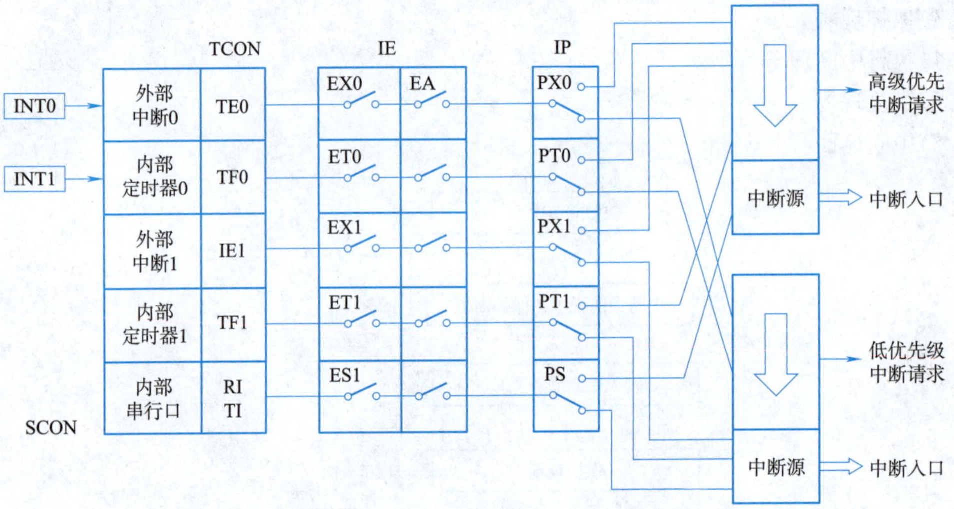

图 4-1-5　51 单片机中断系统内部逻辑结构框图

下面分别介绍这几个中断寄存器。IE 寄存器结构和功能见表 4-1-2。

表 4-1-2　IE 寄存器结构和功能

IE 位	D7	D6	D5	D4	D3	D2	D1	D0
位名称	EA	—	—	ES	ET1	EX1	ET0	EX0
功能	中断总开关			串行口中断控制位	T1 中断控制位	INT1 中断控制位	T0 中断控制位	INT0 中断控制位

EA(IE.7)：EA = 0 时，所有中断禁止（即不产生中断）；EA = 1 时，各中断的产生由个别的允许位决定。

—(IE.6)：保留。

—(IE.5)：保留。

ES(IE.4)：串行口中断控制位（ES = 1 允许；ES = 0 禁止）。

ET1(IE.3)：T1 中断控制位。

EX1(IE.2)：INT1 中断控制位。

ET0(IE.1)：T0 中断控制位。

EX0(IE.0)：INT0 中断控制位。

TCON 寄存器结构和功能见表 4-1-3。

表 4-1-3　TCON 寄存器结构和功能

TCON 位	D7	D6	D5	D4	D3	D2	D1	D0
位名称	TF1	TR1	TF0	TR0	IE1	IT1	IE0	IT0
功能	T1 中断标志	T1 启动控制	T0 中断标志	T0 启动控制	INT1 请求标志位	INT1 触发方式选择位	INT0 请求标志位	INT0 触发方式选择位

TF1:T1 中断标志位。当 T1 计满溢出时,由硬件使 TF1 置 1,并且申请中断。进入中断服务程序后,由硬件自动清 0,在查询方式下用软件清 0。

TR1:T1 启动控制位。由软件清 0 关闭 T1。当 GATE = 1 且 INT1 为高电平时,TR1 置 1 启动 T1;当 GATE = 0,TR1 置 1 启动 T1。

TF0:T0 中断标志位。其功能及操作情况同 TF1。

TR0:T0 启动控制位。其功能及操作情况同 TR1。

IE1:INT1 请求标志位。

IT1:INT1 触发方式选择位。IT1 = 1,表示下降沿触发;IT1 = 0,表示低电平触发。

IE0:INT0 请求标志位。

IT0:INT0 触发方式选择位。IT0 = 1,表示下降沿触发;IT0 = 0,表示低电平触发。

SCON 寄存器结构和功能见表 4-1-4。

表 4-1-4　SCON 寄存器结构和功能

SCON 位	D7	D6	D5	D4	D3	D2	D1	D0
位名称	SM0	SM1	SM2	REN	TB8	RB8	TI	RI
功能	串行口工作方式选择位		多机通信控制位	串行接收允许位	待发送的第 9 位数据位	接收到的第 9 位数据位	串行口发送中断标志位	串行口接收中断标志位

SM0、SM1:串行口工作方式选择位。赋值与工作方式选择见表 4-1-5。

表 4-1-5　赋值与工作方式选择

SM0　SM1	工作方式
0　0	方式 0
0　1	方式 1
1　0	方式 2
1　1	方式 3

SM2:多机通信控制位。多机通信是工作于方式 2 和方式 3。接收状态,当串行口工作于方式 2 或方式 3,以及 SM2 = 1 时,只有当接收到第 9 位数据(RB8)为 1 时,才把接收到的前 8 位数据送入 SBUF,且置位 RI 发出中断申请;否则,会将接收到的数据放弃。当 SM2 = 0 时,不管第 9 位数据是 0 还是 1,接收到数据 RI 就置位,并发出中断申请。工作于方式 0 时,SM2 必须为 0。

REN:串行接收允许位。REN 用于控制数据接收的允许和禁止。REN = 1 时,允许接收;REN = 0 时,禁止接收。

TB8:待发送的第 9 位数据位。在方式 2 和方式 3 中,TB8 是要发送的,即第 9 位数据位。在多机通信中同样要传输这一位,并且它代表传输的地址或数据,TB8 = 0 时为数据,TB8 = 1 时为地址。

RB8:接收到的第9位数据位。在方式2和方式3中,RB8存放接收到的第9位数据,用以识别接收到的数据特征。

TI:串行口发送中断标志位。可寻址标志位。方式0时,发送完第8位数据后,该位由硬件置位,其他工作方式下,在发送或停止位之前由硬件置位,因此,TI=1表示帧发送结束,TI可由软件清0。

RI:串行口接收中断标志位。可寻址标志位。接收完第8位数据后,该位由硬件置位,RI=1表示帧接收完成。在串口中断处理时,TI、RI都需要软件清0,硬件置位后不可能自动清0,此外,在进行缓冲区操作时,需要ES=0,以防止中断出现。

3. 红外对管

红外线接收管是在LED行业中命名的,是专门用来接收和感应红外线发射管发出的红外线光线的。一般情况下都是与红外线发射管成套运用在产品设备当中的。红外对管是红外线发射管与光敏接收管,或者红外线接收管,或者红外线接收头配合在一起使用时候的总称。红外对管实物图如图4-1-6所示。

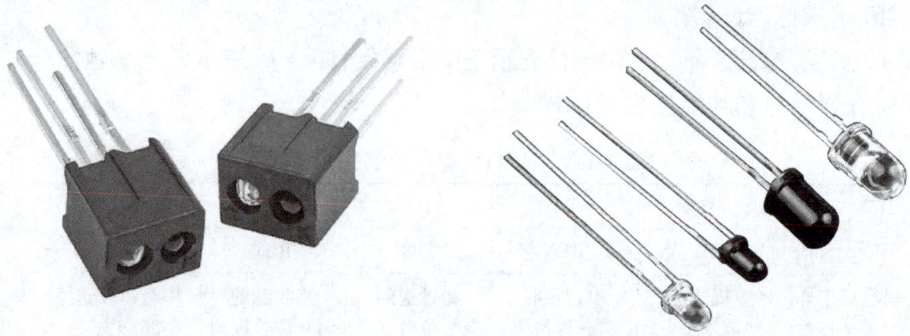

图 4-1-6 红外对管实物图

(1)特征与原理:红外线接收管是将红外线光信号变成电信号的半导体器件,它的核心部件是一个特殊材料的PN结。和普通二极管相比,在结构上采取了大的改变,红外线接收管为了更多、更大面积地接收入射光线,PN结面积尽量做得比较大,电极面积尽量减小,而且PN结的结深很浅,一般小于1 μm。红外线接收管是在反向电压作用之下工作的。没有光照时,反向电流很小(一般小于0.1 μA),称为暗电流。当有红外线光照时,携带能量的红外线光子进入PN结后,把能量传给共价键上的束缚电子,使部分电子挣脱共价键,从而产生电子-空穴对(又称光生载流子)。它们在反向电压作用下参加漂移运动,使反向电流明显变大。光照强度越大,反向电流也越大,这种特性称为光电导。红外线接收管在一般照度的光线照射下,所产生的电流称为光电流。如果在外电路接上负载,负载上就获得了电信号,而且这个电信号随着光强度的变化而相应变化。

(2)分类:红外线接收管有两种,一种是光电二极管,另一种是光电三极管。光电二极管就是将光信号转化为电信号,光电三极管在将光信号转化为电信号的同时,把电流放大。光电三极管也分为两种,分别是NPN型和PNP型。

(3)作用:红外线接收管的作用是进行光电转换,在光控、红外线遥控、光探测、光纤通信、光电耦合等方面有广泛的应用。

二、仿真实现

图4-1-7是行人进入电梯检测器的仿真电路图,因为计算机仿真无法实现红外线发射和接收,故用一个按键来表示遮挡触发中断。单片机利用端口P3.2,随时接收外设任何时刻都可能发

出的中断请求信号,接到中断请求后及时处理,发出行人进入电梯信号,电梯进入正常运行状态;没有行人进入时,处于低负载运行状态,节能运行。

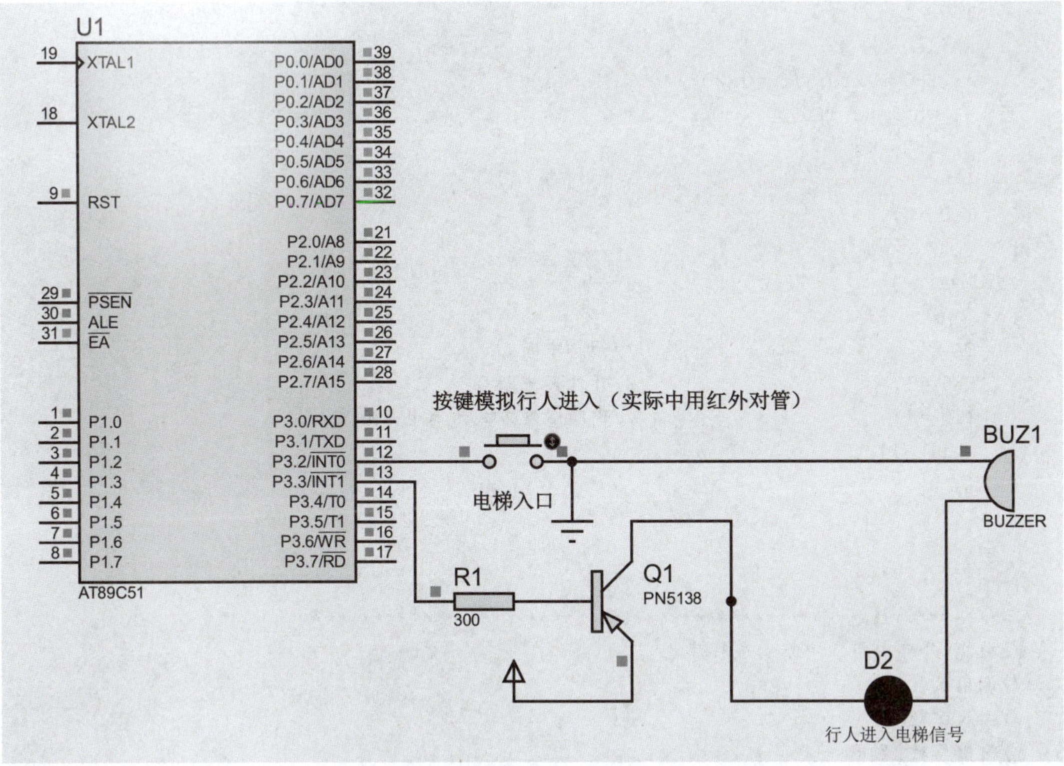

图 4-1-7　行人进入电梯检测器的仿真电路图

(1)按下电梯入口按键,发出单片机中断。

(2)单片机收到外部中断信号进行处理,并从端口 P3.3 输出低电平触发声光报警。

(3)P3.3 的信号可以作为电梯启动信号,如果灯亮,则表示有行人进入;灯灭表示无行人进入。

三、程序详解

1. 仿真程序详解

该程序利用前面的仿真电路,实现行人进入电梯检测器的模拟仿真。

```
/************************ 主程序开始****************************/
#include <at89x51.h>
#define uint unsigned int
#define uchar unsigned char
sbit beep = P3^3;//将 P3.3 定义为报警灯控制口
uchar x = 0;
/*********************************************************/
//功能:延时函数
//调用函数:无
//输入参数:延时毫秒数
//输出参数:无
//说明:延时函数
```

```
/*********************************************************/
void delay_1ms(uint x)
{TMOD=0x01;
   TR0=1;
   while(x--)
   {  TH0=0xfc;TL0=0x20;
      while(! TF0);
      TF0=0;
   }
   TR0=0;
}
void main()
{
   EA=1;                         //开总中断
   EX0=1;                        //开外部中断 0
   IT0=1;                        //中断触发方式为低电平触发
   while(1)
   {

   }
}
/*********************************************************/
//功能:外部中断 0 中断响应程序
//调用函数:无
//输入参数:无
//输出参数:无
//说明:当 P3.2 口为低电平时进入响应程序
/*********************************************************/
void int0rupt() interrupt 0      //当 P3.2 口为低电平时
{
   x++;
   if(x>0){
   x=0;
   beep=0;                       //开报警灯
   delay_1ms(1000);
   while(P3_2! =1);              //当 P3.2 口置高检测
   beep=1;}                      //关报警灯
}
/****************** 主程序结束**************************/
```

程序解析:

(1)main()函数中,对中断进行了初始化,语句分别是:

```
EA=1;                            //开总中断
EX0=1;                           //开外部中断 0
IT0=1;                           //中断触发方式为低电平触发
```

可以看到中断初始化的步骤:第一,打开总中断;第二,打开子中断;第三,配置中断触发方式。

(2)中断函数。中断函数定义的格式为

```
函数类型 函数名()  interrupt  n  using  n
```

其中，interrupt 是关键字，表示中断，不能有任何变化；interrupt 后面的 n 是中断号，根据实际的中断类型填写，见表 4-1-1。关键字 using 后的 n 是所选择的寄存器组，取值范围是 0～3，通常可以省略，编译器会自动分配。

本任务中断函数类型是 void，根据函数实际需要设定；函数名是 int0rupt( )，根据个人编程习惯进行命名，建议用英文简写表示函数的基本内容；interrupt 是中断函数的关键字，不能有任何变化；interrupt 后面的 0，表示是中断类型是外部中断 0。

当外部信号触发单片机外部中断 0 时，程序进入该中断函数，执行中断处理过程的语句，赋值 beep = 0，进行信号输出。

2. 实验箱程序详解

实验箱程序与仿真程序基本一致，报警灯直接用实验箱自带的 8 个 LED 进行报警。实验箱接线见表 4-1-6。

表 4-1-6　实验箱接线

单片机 I/O 口	模块接口	杜邦线数量	功　能
P1	J9	8	LED 显示
P3.2	J26	1	按键中断信号

程序如下：

```
/* ----------------主程序开始------------------------
名称:外部中断 0 电平触发。
内容:通过中断接口 P3.2 连接的独立按键测试。按一次 P1 口的 LED 灯反向,这里使用电平触发,所以一直按键不松开和一次按键效果不相同,按下会看到灯全部亮,说明中断一直在作用,用示波器看则是高频方波。
-----------------------------------------------------*/
#include <reg52.h>
main()
{
    P1 = 0x55;          //P1 口初始值
    EA = 1;             //开总中断
    EX0 = 1;            //开外部中断 0
    IT0 = 0;            //电平触发
    while(1)
    {
                        //在此添加其他程序
    }
}
/* ----------------------------------------------------
        外部中断程序
-----------------------------------------------------*/
void ISR_Key(void) interrupt 0 using 1
{
    P1 = ~P1;           //进入中断程序执行程序
}
/* ----------------程序结束-----------------------------*/
```

任务实施

本书配套建设了实验箱，书中所有程序皆可在实验箱中进行验证。任务要求先进行仿真验证，再用实验箱进行验证。行人进入电梯检测器实验材料清单见表 4-1-7。

表 4-1-7 行人进入电梯检测器实验材料清单

序号	名称	规格	数量
1	51 单片机实验箱	本书配套	1
2	计算机	Win 10 系统	1
3	仿真软件 Proteus	Proteus 7 以上	1
4	Keil	μVision 4 以上	1
5	蜂鸣器	5 V	1
6	独立按键(代替红外触发)	机械式	1
7	杜邦线	公对公、公对母、母对母	若干

本任务仿真结果如图 4-1-8 所示。

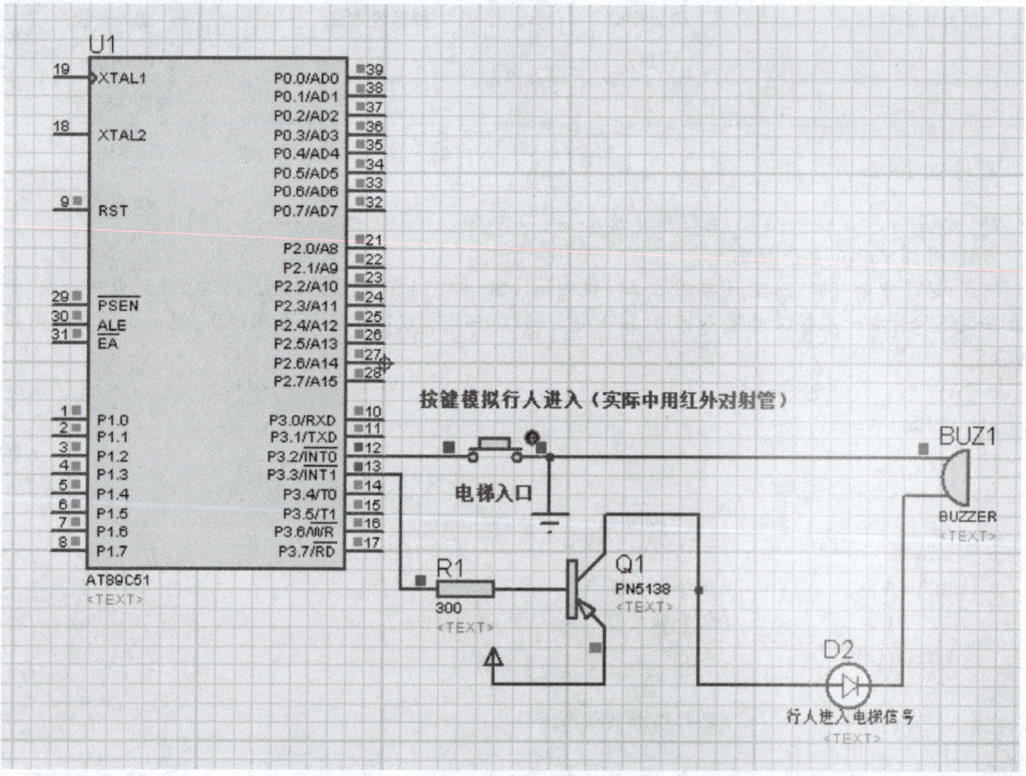

图 4-1-8 行人进入电梯检测器仿真结果图

请对照表 4-1-8 进行行人进入电梯检测器实验操作，并记录关键步骤和关键代码。其中，附加功能是提高部分，供学有余力的学生进行能力提升。

表 4-1-8 行人进入电梯检测器实验关键步骤

序号	关键步骤	具体实施（图片、文字）或对应关键代码
1	检查实验箱对应部件是否良好	
2	实验箱与计算机连接	
3	建立单片机工程，工程名为 entertest，单片机型号选择实验箱上对应的单片机型号	

续表

序号	关键步骤	具体实施(图片、文字)或对应关键代码
4	编写程序,并编译通过,生成 entertest. hex 文件	
5	用仿真器成功下载代码到单片机	
6	运行单片机系统,进行功能测试	
7	功能 1:红外传感器触发后,蜂鸣器报警	
8	功能 2:红外传感器触发后,发光二极管亮灯报警	
9	附加功能 1:红外传感器触发三次后,蜂鸣器才报警	
10	附加功能 2:红外传感器触发两次后,发光二极管才亮灯报警	
11	整理实验台	

任务评价

任务评价表见表 4-1-9。

表 4-1-9　行人进入电梯检测器设计与应用任务评价表

小组成员		学生姓名		
目标	目标内容	学生自评	小组互评	导师总评
知识	了解单片机的中断类型			
	理解单片机的外部中断原理			
	掌握单片机的外部中断寄存器 TCON、SCON、IE			
	掌握单片机的外部中断源与中断号			
	掌握单片机的外部中断函数的基本格式			
	理解红外传感器的硬件原理			
能力	设计简单入侵电路			
	能初始化外部中断			
	能编写简单的中断函数			
	能驱动控制蜂鸣器、发光二极管报警			
素养	具有安全作业的操作意识			
	具有城轨电梯系统生产安全的责任意识			
	具有科技强国的责任感			
	操作规范、团结协作、认真严谨等职业素养			

任务 2　智能电梯异物入侵检测器模拟设计与应用

任务目标

知识目标:

(1)理解单片机的外部中断理论。

(2)初步理解控制算法的鲁棒性。

(3)掌握单片机的外部中断源与中断号。

(4)掌握单片机的外部中断函数。

(5)理解数码管的段码编码规则。

能力目标：

(1)能根据要求在单片机最小系统基础上设计智能电梯异物入侵检测器电路。

(2)能根据硬件电路初始化外部中断。

(3)能根据中断源编写入侵检测中断函数。

(4)能根据硬件进行数码管段码编码和按键编码。

素养目标：

(1)具有安全作业的操作意识、城轨电梯系统生产安全的责任意识。

(2)具有精益求精的工匠精神。

(3)具有科技强国的责任感。

(4)操作规范、团结协作、认真严谨等职业素养。

任务描述

在地铁车站的出入口处、站台与站厅层往往会有多部电梯运行，这样可以大大方便乘客乘坐地铁，特别是方便行动不便的老人、手提重物的乘客等。地铁电梯常见的故障之一就是挡板脱落，乘客掉入电梯井，这时候很容易使电梯里面的电机传送装置卷伤或者压伤，后果非常严重。本任务尝试使用红外传感器来检测异物入侵电梯系统，进一步保障电梯运行安全。图 4-2-1 是增加红外传感的异物入侵电梯示意图。

图 4-2-1 增加红外传感的异物入侵电梯示意图

本任务要求：在电扶梯入口和出口电梯井内的适当位置，安装红外对管，一旦有异物掉入电梯井内，系统则通过数据计算来判断是否应该自动关闭电梯，以免进一步造成伤害。为了适应不同的应用场景和减少误判，红外对管被遮挡的次数判断可以用键盘输入和修改，并用数码管显示输入的数据。

知识链接

一、硬件知识

1. 电路设计原理

(1)输入模块:这里用了4个独立按键,分别接入单片机的P3.3～P3.6端口,同时接入上拉电阻。这样当按键按下则端口显示低电平;按键弹起则端口显示高电平。通过这4个按键,可以调整异物入侵几次后报警。

(2)输出模块:输出模块用了两个数码管显示,可以显示0～99次中断次数。P3.0、P3.1作为位选信号,轮流选通数码管,实现数码管动态显示;P0的8个端口接段码信号,控制数码管显示具体数字。

注意: 实际项目中单片机本身不足以驱动数码管,需要用三极管或者专门驱动芯片例如74LS245等进行数码管驱动。

(3)传感器模块:利用按键模拟红外对管的工作原理。接收端连接单片机的外部中断0端口,使外部物品入侵系统遮挡后,系统能实时进行处理和反馈。

(4)报警模块:这里使用了声光报警。声音用8 Ω扬声器和一个发光二极管进行报警,用三极管进行驱动。

电路原理图如图4-2-2所示。

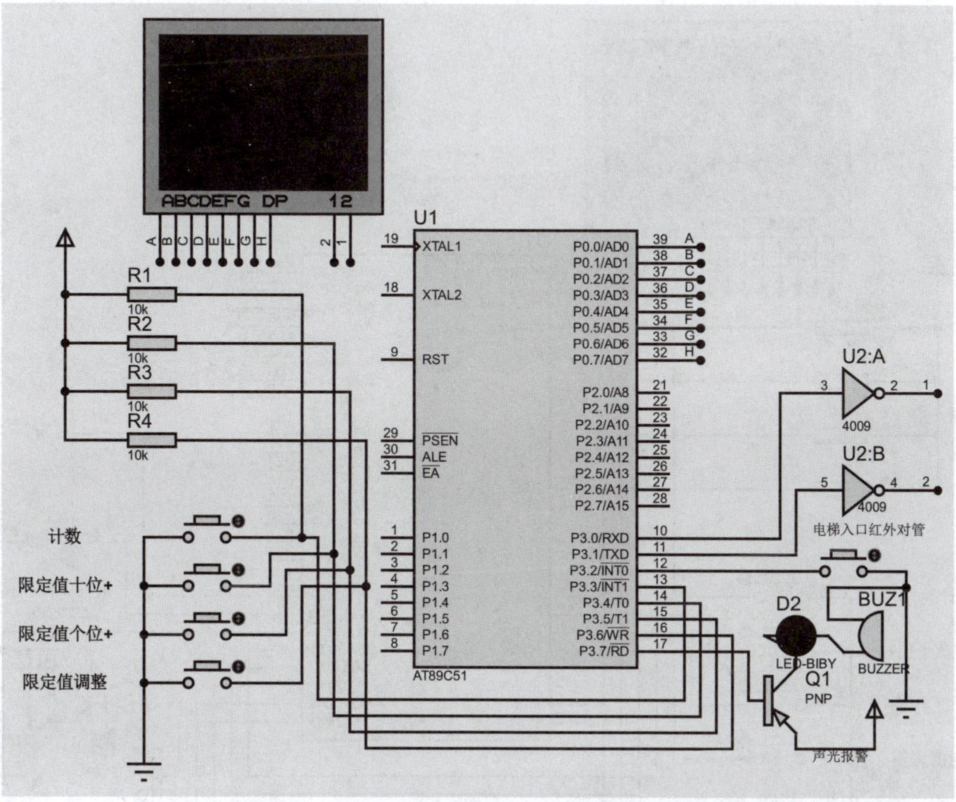

图4-2-2 智能电梯异物入侵检测器电路原理图

2. 单片机常见触发方式

由前述介绍可知,IT1表示外部中断1触发方式选择位,IT0表示外部中断0触发方式选择位。单片机常见的触发方式有:高电平触发、低电平触发、上升沿触发和下降沿触发,如图4-2-3所示。

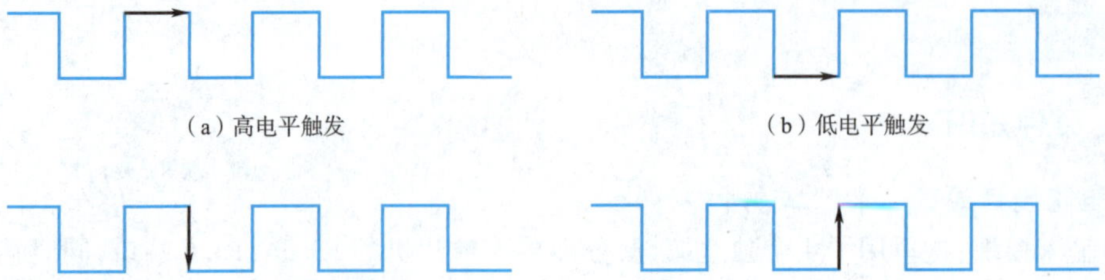

（a）高电平触发　（b）低电平触发

（c）下降沿触发　（d）上升沿触发

图 4-2-3　单片机常见的触发方式

高电平触发即端口一旦收到持续一段时间的高电平，则认为中断到来；低电平触发则相反。下升沿触发即当电平从高电平变为低电平那一刻，系统认为中断到来；上升沿触发则相反，是低电平变为高电平那一刻，系统认为中断到来。很显然，下降沿、上升沿触发更准确一些。

在 51 单片机中，只有下降沿触发和低电平触发。

二、仿真实现

仿真结果如图 4-2-4 所示。

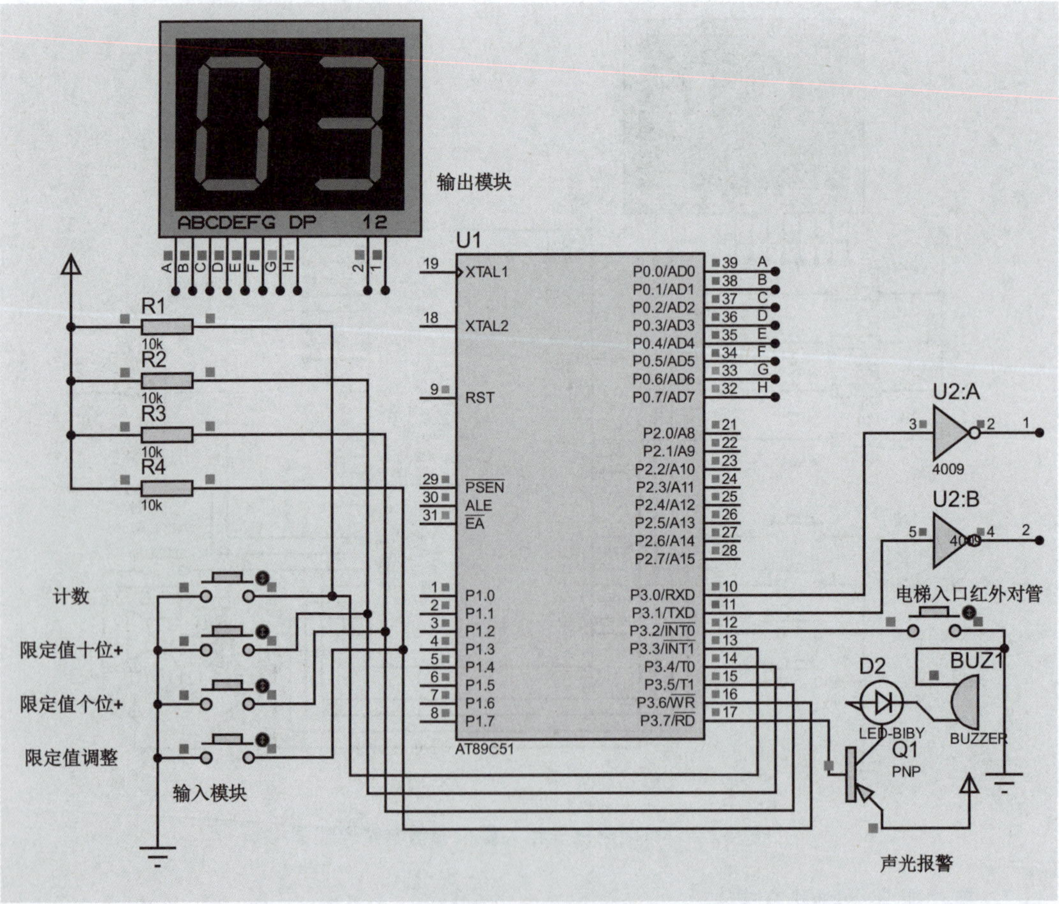

图 4-2-4　智能电梯异物入侵检测器仿真结果

(1)在输入模块,按下限定值调整开关,系统进入设定模式,通过调整十位数、个位数的设定按键,设定异物入侵门限值,即红外对管几次被遮挡则系统判定有异物入侵。按下计数按键后,系统进入检测判定工作状态。

(2)一旦连续的异物入侵三次以上(仿真时按键三次),则系统发出声光报警信息,停止电梯运行。

(3)异物入侵时系统会计数显示,当发出声光报警后,自动归零。

三、程序详解

该程序利用前面的仿真电路,实现智能电梯异物入侵检测器的模拟仿真。

```
/******************** 程序开始****************** /
#include < at89x51.h >
#define uint unsigned int
#define uchar unsigned char
uchar num_re,numtkey,beep;          //检测值,限定值,调节开关值,蜂鸣器开关变量
uchar num_co;
uchar code led[10] = {0x3f,0x06,0x5b,0x4f,
0x66,0x6d,0x7d,0x07,0x7f,0x6f};     //数码管显示 0 ~ 9
/***************************************** /
//函数名:delay(uint x)
//功能:延时程序
//调用函数:无
//输入参数:x
//输出参数:无
//说明:程序的延时时间为 x 乘以 0.5 ms
/***************************************** /
void delay(uint x)
{
  uchar y,z;
  for(y = x;y > 0;y -- )
  for(z = 250;z > 0;z -- );          //该步运行时间约为 0.5 ms
}
/***************************************** /
//函数名:display(uchar num)
//功能:2 位数码管显示
//调用函数:delay_1ms(uint x)
//输入参数:num
//输出参数:无
//说明:P0 口作为数码管段选,P3 口作为位选
/***************************************** /
void display(uchar num)
{
    uchar j,dis_w = 0x01;
    for(j = 0;j < 2;j ++)
    {
      P0 = 0xff;                     //段选口置高,消影
      P3 = ~dis_w&beep;              //位选值
      if(j > 0)
      P0 = ~led[num/10];             //显示 num 十位
```

```
    else
    P0 = ~led[num% 10];                    //显示num个位
    dis_w=dis_w<<1;
    delay(10);                             //延时5 ms
    }
}
/****************************************** /
//函数名:keyplay()
//功能:4键独立键盘程序
//调用函数:无
//输入参数:无
//输出参数:无
//说明:4功能键的工作设定
/****************************************** /
void keyplay()
{
    if(P3_3==0)
    {
      delay(6);                            //消抖
      if(P3_3==0)
      numtkey=0;                           //开关值置0,进入检测模式
    }
    if(P3_6==0)
    {
      delay(6);                            //消抖
      if(P3_6==0)
      numtkey=1;                           //开关值置1,进入限定值设定模式
    }
if(numtkey==1)                             //在限定值设定模式下
{
      if(P3_4==0)
      {
          num_co=num_co+10;
          if(num_co>99)
          num_co=num_co-100;               //数值十位在0~9之间累加
      }
      while(P3_4!=1)                       //松手检测
      display(num_co);
      if(P3_5==0)
      {
          if(num_co% 10==9)
          num_co=num_co-9;
          else
          num_co++;                        //数值个位在0~9之间累加
      }
          while(P3_5!=1)                   //松手检测
          display(num_co);
  }

}
void main()
```

```
{
    num_re =0;
    num_co =99;
    numtkey =0;
    beep =0xff;                          //初始化
    EA =1;                               //开总中断
    EX0 =1;                              //开外部中断 0
    IT0 =0;                              //中断触发方式为边沿触发
    while(1)
    {
      if(numtkey ==0)
          display(num_re);
      else
          display(num_co);
      keyplay();
    }
}
/*******************************************/
//函数名:int0rupt() interrupt 0
//功能:外部中断 0 响应程序
//调用函数:display(uchar num)
//输入参数:无
//输出参数:无
//说明:测定值累加,判断是否超过限定值并响应
/*******************************************/
void int0rupt() interrupt 0              //低电平触发,红外检测中断函数
{
    uint i;
    while(P3_2!=1)                       //防检测误差
    display(num_re);                     //显示消抖
    num_re =num_re +1;
    if(num_re > =num_co)
    {
        beep =0x7f;                      //开报警器
        for(i =1000;i >0;i --)
        display(num_re);                 //延时
        beep =0xff;                      //关报警器
        num_re =0;                       //检测值清 0
    }
}
/****************** 程序开始****************** /
```

程序解析:

(1)独立按键。独立按键注意消抖和松手检测,例如:

```
if(P3_5 ==0)
{
    if(num_co% 10 ==9)
    num_co =num_co-9;
    else
```

```
        num_co++;                    //数值个位在0~9之间累加
    }
    while(P3_5!=1)                   //松手检测
        display(num_co);
```

该代码片段是设定2位数(99以内)的按键代码。只有当 numtkey = 1 时才能进入该代码片段。while(P3_5!=1) display(num_co);保证如果按键没有松开,即 P3_5 = 0,则 while 里面的条件永远满足,则不会认为按下多次按键。

(2)中断函数如下:

```
void int0rupt() interrupt 0          //低电平触发,红外检测中断函数
{
    uint i;
    while(P3_2!=1)                   //防检测误差
    display(num_re);                 //显示消抖
    num_re=num_re+1;
    if(num_re>=num_co)
    {
        beep=0x7f;                   //开报警器
        for(i=1000;i>0;i--)
        display(num_re);             //延时
        beep=0xff;                   //关报警器
        num_re=0;                    //检测值清0
    }
}
```

中断函数名为 int0rupt(),interrupt 是关键字,其后面的0表示系统外部中断0。中断每次触发后,num_re 加1。如果数值 num_re 大于设定值 num_co,则开报警器,并把前面的统计次数清0。

(3)在 main()函数中,IT0 = 0 表示低电平触发,这样信号捕获更加准确。边沿捕获常常用来测量信号频率等。

任务实施

本书配套建设了实验箱,书中所有程序皆可在实验箱中进行验证。任务要求先进行仿真验证,再用实验箱进行验证。智能电梯异物入侵检测器实验材料清单见表4-2-1。

表4-2-1 智能电梯异物入侵检测器实验材料清单

序号	名称	规格	数量
1	51单片机实验箱	本书配套	1
2	计算机	Win 10 系统	1
3	仿真软件 Proteus	Proteus 7 以上	1
4	Keil	μVision 4 以上	1
5	蜂鸣器	5 V	1
6	独立按键(代替红外触发)	机械式	1
7	独立按键(输入设定)	机械式	4
8	数码管	共阴极	2

续表

序　号	名　称	规　格	数　量
9	报警发光二极管	红色	1
10	杜邦线	公对公、公对母、母对母	若干

本任务仿真结果如图 4-2-5 所示。

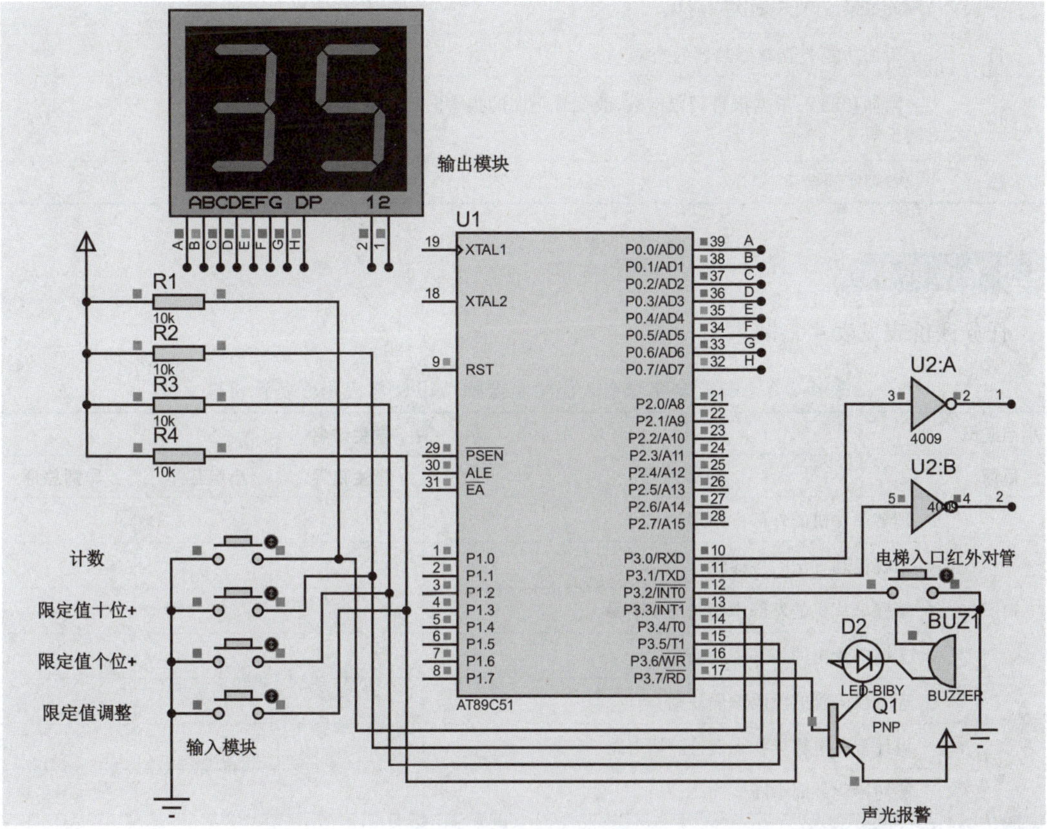

图 4-2-5　智能电梯异物入侵检测器仿真结果图

请对照表 4-2-2 进行智能电梯异物入侵检测器实验操作，并记录关键步骤和关键代码。其中，附加功能是提高部分，供学有余力的学生进行能力提升。

表 4-2-2　智能电梯异物入侵检测器实验关键步骤

序号	关键步骤	具体实施（图片、文字）或对应关键代码
1	检查实验箱对应部件是否良好	
2	实验箱与计算机连接	
3	建立单片机工程，工程名为 liftenter，单片机型号选择实验箱上对应的单片机型号	
4	编写程序，并编译通过，生成 liftenter. hex 文件	
5	用仿真器成功下载代码到单片机	
6	运行单片机系统，进行功能测试	

续表

序号	关键步骤	具体实施(图片、文字)或对应关键代码
7	功能1:独立按键正常,可以设置报警次数门限值	
8	功能2:正常捕获红外中断	
9	功能3:红外中断次数能准确显示	
10	功能4:设定门限值后,红外中断次数大于门限值,系统声光报警,并把中断次数清0	
11	附加功能1:调整蜂鸣器的频率	
12	附加功能2:根据报警门限次数,改变蜂鸣器的报警时间长短	
13	整理实验台	

任务评价

任务评价表见表4-2-3。

表4-2-3 智能电梯异物入侵检测器模拟设计与应用任务评价表

小组成员		学生姓名		
目标	目标内容	学生自评	小组互评	导师总评
知识	理解单片机的外部中断理论			
	理解控制算法的鲁棒性			
	掌握单片机的外部中断源与中断号			
	掌握单片机的外部中断函数			
	理解数码管的段码编码规则			
能力	设计智能电梯异物入侵检测器电路			
	能初始化外部中断			
	编写入侵检测中断函数			
	根据硬件进行数码管段码编码			
素养	具有安全作业的操作意识			
	具有城轨电梯系统生产安全的责任意识			
	具有科技强国的责任感			
	操作规范、团结协作、认真严谨等职业素养			

任务3 扩展训练——数字方波信号发生器设计与调试

任务目标

知识目标:

(1)理解单片机的定时器中断理论。

(2)掌握定时器中断寄存器初始化。

(3)掌握数字方波信号发生器定时周期的计算方法。

(4)掌握单片机的定时器中断源与中断号。

(5)掌握单片机的定时器中断函数。

能力目标:

(1)能根据要求在单片机最小系统基础上设计数字方波信号发生器电路。

(2)能根据硬件电路初始化定时器中断。

(3)能根据定时器中断源编写方波发生器的中断函数。

(4)能根据硬件进行数码管段码编码和按键编码。

素养目标:

(1)具有安全作业的操作意识、轨道数字化升级的意识。

(2)具有精益求精的工匠精神。

(3)具有科技强国的责任感。

(4)操作规范、团结协作、认真严谨等职业素养。

视频

数字方波信号发生器设计与调试

任务描述

在进行单片机系统设计与调试时,常常会用到信号发生器、示波器、电源等设备。其中,信号发生器是一种能提供各种频率、波形和输出电平电信号的设备。在测量各种电信系统或电信设备的振幅特性、频率特性、传输特性及其他电参数时,以及测量元器件的特性与参数时,用作测试的信号源或激励源。信号发生器常常用电子电路来实现,本任务利用单片机来实现一个纯虚拟的数字方波信号发生器,可以产生 1 ~ 99 Hz 的方波,方波频率可以通过按键进行设置,同时在数码管上显示目前信号的频率值。

知识链接

一、硬件知识

(1)输入模块:这里用了 4 个独立按键,分别接入单片机的 P3.3 ~ P3.6 端口,同时接入上拉电阻。这样当按键按下则端口显示低电平;按键弹起则端口显示高电平。通过这 4 个按键可以调整频率值。

(2)输出模块:输出模块用了两个数码管显示,可以显示 0 ~ 99 Hz。P3.0、P3.1 作为位选信号,轮流选通数码管,实现数码管动态显示;P0 的 8 个端口接段码信号,控制数码管显示具体数字。

(3)信号输出端口:信号输出端连接单片机的 P2.0 端口,输出设定方波。

电路原理图如图 4-3-1 所示。

二、仿真实现

仿真结果如图 4-3-2 所示。

(1)在输入模块,按下频率调整按键开关,系统进入调整模式,通过调整十位数、个位数的设定按键,调整方波信号输出频率。按下确认按键后,系统进入输出工作状态;再按其他按键不起作用了,起到保护当前工作状态的作用。

(2)通过按键调整方波频率时,示波器能实时观察到方波输出的变化。同时在输出模块可以输出当前方波频率数值。

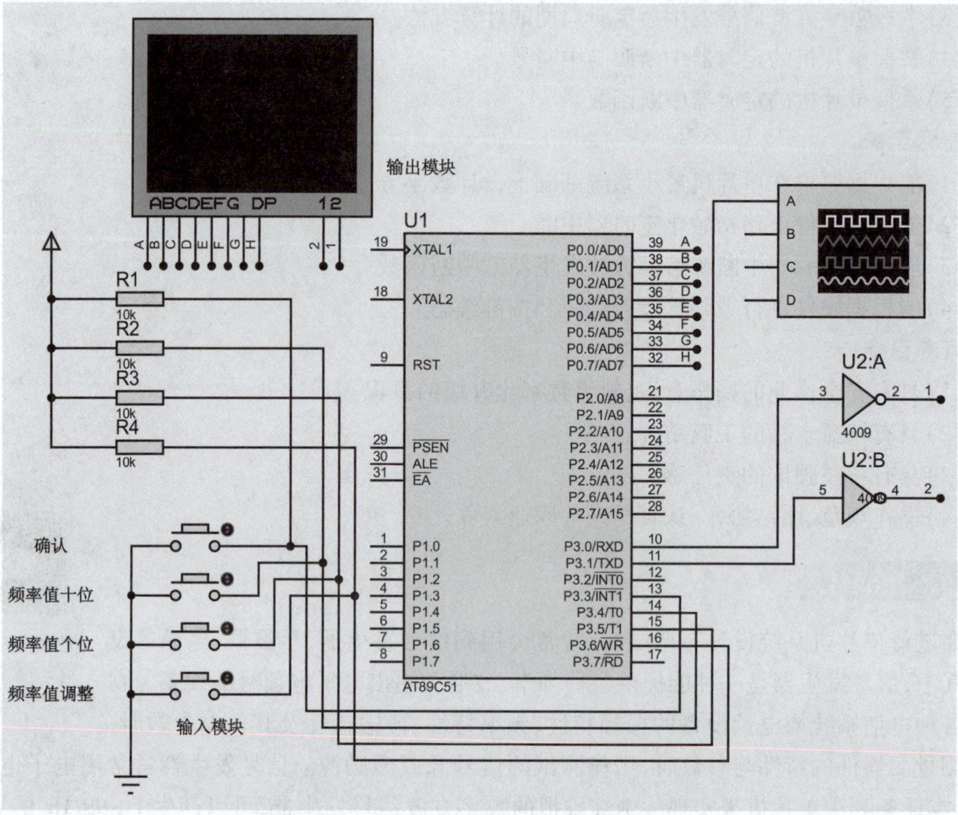

图 4-3-1 数字方波信号发生器电路原理图

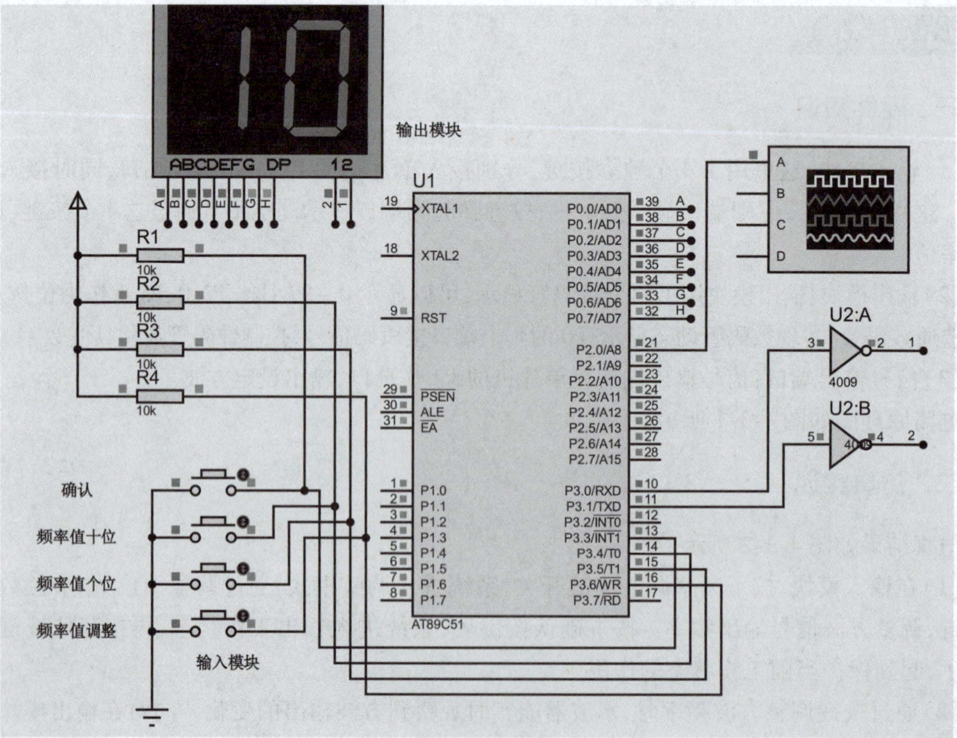

（a）仿真电路

图 4-3-2 数字方波信号发生器仿真产生 10 Hz 方波

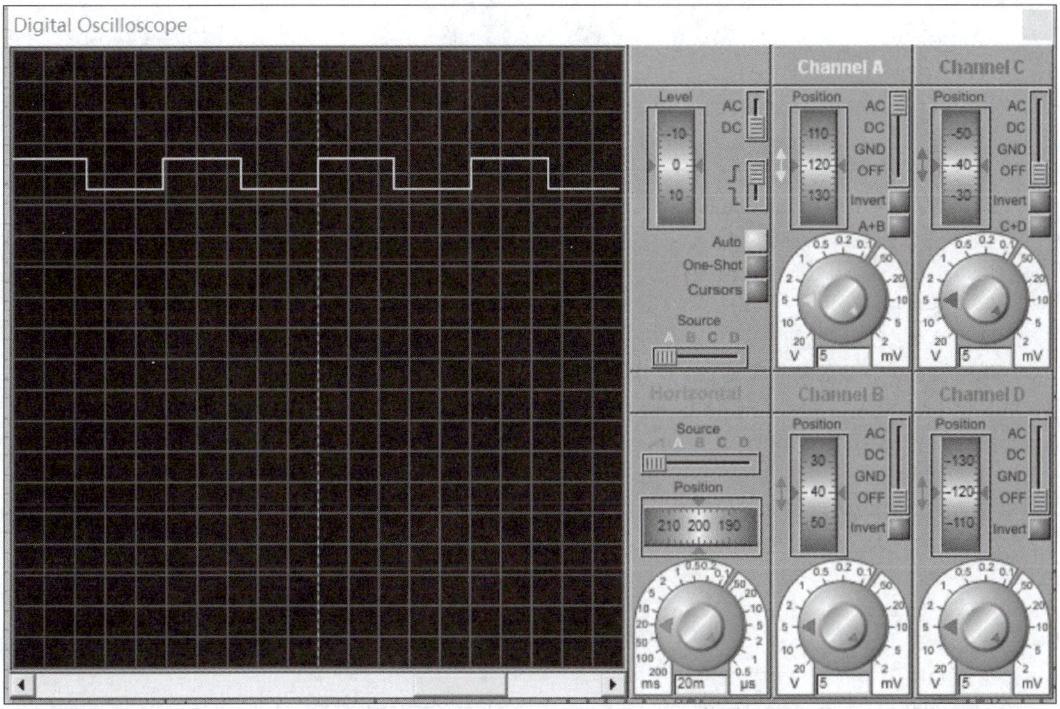

（b）示波器显示

图 4-3-2 数字方波信号发生器仿真产生 10 Hz 方波(续)

三、程序详解

该程序利用前面的仿真电路,实现数字方波信号发生器的模拟仿真。

```
/******************** 程序开始****************** /
#include < at89x51.h >
#define uint unsigned int
#define uchar unsigned char
uchar num_re,numtkey;  //检测值,限定值,调节开关值,蜂鸣器开关变量
uchar freq = 50;       //单位 Hz,方波频率,定时器频率是方波频率的 2 倍,方波周期为 20 ms,
                       //定时器定时时间为 10 ms
uchar code led[10] = {0x3f,0x06,0x5b,0x4f,
0x66,0x6d,0x7d,0x07,0x7f,0x6f};          //数码管显示 0 ~ 9

float f;                                  //定时器定时频率
float time_T;                             //定时器定时周期(ms)

/****************************************** /
//函数名:delay(uint x)
//功能:延时程序
//调用函数:无
//输入参数:x
//输出参数:无
//说明:程序的延时时间为 x 乘以 0.5 ms
/****************************************** /
void delay(uint x)
```

```
{
    uchar y,z;
    for(y=x;y>0;y--)
        for(z=250;z>0;z--);                   //该步运行时间约为0.5 ms
}
/*****************************************/
//函数名:display(uchar num)
//功能:2位数码管显示
//调用函数:delay_1ms(uint x)
//输入参数:num
//输出参数:无
//说明:P0口作为数码管段选,P3口作为位选
/*****************************************/
void display(uchar num)
{
    uchar j,dis_w=0x01;
    for(j=0;j<2;j++)
{
    P0=0xff;                                  //段选口置高,消影
    P3= ~dis_w;                               //位选值
    if(j>0)
        P0= ~led[num/10];                     //显示num十位
    else
        P0= ~led[num%10];                     //显示num个位
    dis_w=dis_w<<1;
    delay(10);                                //延时5 ms
    }
}
/*****************************************/
//函数名:keyplay()
//功能:4键独立键盘程序
//调用函数:无
//输入参数:无
//输出参数:无
//说明:4功能键的工作设定
/*****************************************/
void keyplay()
{
    if(P3_3==0)
    {
        delay(6);                             //消抖
        if(P3_3==0)
        {
          numtkey=0;                          //开关值清0,进入检测模式
          while(P3_3!=1);                     //松手检测
        }
    }

    if(P3_6==0)
    {
        delay(6);                             //消抖
```

```
        if(P3_6==0)
        {
            numtkey=1;                          //开关值置1,进入限定值设定模式
            while(P3_6!=1);                     //松手检测
        }
    }

    if(numtkey==1)                              //在限定值设定模式下
    {
    if(P3_4==0)
    {
        freq=freq+10;
        if(freq>99)
        freq=freq-99;                           //数值十位在0~9之间累加
        while(P3_4!=1);                         //松手检测
    }

    //display(freq);
    if(P3_5==0)
    {
        if(freq%10==9)
        freq=freq-9;
        else
        {
            freq++;                             //数值个位在0~9之间累加
            while(P3_5!=1);                     //松手检测
        }
    }

    display(freq);
    }

}
void main()
{
    TMOD=0x10;                                  //配置定时器工作方式
    EA=1;                                       //开启单片机总中断
    ET1=1;                                      //开启定时器1中断
    f=2* freq;                                  //定时器频率与方波频率关系
    time_T = 1/f * 1000;
    TH1=(65536-(uint)(time_T*1000))/256;        //赋值定时计数高8位
    TL1=(65536-(uint)(time_T*1000))%256;        //赋值定时计数低8位
    TR1=1;                                      //启动定时器1
    while(1)
    {
        keyplay();
        display(freq);
        f=2.0* freq;
        time_T = 1/f * 1000;
    }
}
```

```
/******************************************* /
//函数名:T1_interupt() interrupt 3
//功能:定时器1中断响应程序
//输入参数:无
//输出参数:无
//说明:P2.0按定时间隔取反
/******************************************* /

void T1_interupt()  interrupt 3
{
   P2_0 = ~P2_0;
   TH1 = (65536-(uint)(time_T*1000))/256;
   TL1 = (65536-(uint)(time_T*1000))%256;
}
/******************** 程序开始****************** /
```

程序解析:

(1)中断函数 void T1_interupt( ) interrupt 3。其中,T1_interupt 是中断函数的函数名,从函数名可知,该函数是 T1 的中断函数;interrupt 是单片机中断函数的关键字,其后面的数字 3 是 T1 的中断号。

中断函数内,完成了端口 P2.0 的取反。也就是说,每当定时器定时时间到了,P2.0 的状态就取反,产生规则的方波。方波的周期是定时器定时周期的 2 倍。

在 main( )函数中,初始化 TMOD = 0x10;可以知道 T1 工作在方式 1,没有自动重载的能力,因此每次定时结束进入中断后,需要重新赋值 TH1、TL1 这两个寄存器,以便下一次继续定时中断。

(2)频率计算。从程序可知,定时器定时时间是 freq×5000,freq 初始化值是 10,则初始定时时间为 50 000 μs,即 50 ms。方波周期是定时时间的 2 倍,那么

方波周期 = 50×2 ms = 100 ms = 0.1 s。

方波频率 = 1/0.1 Hz = 10 Hz。

用输入按键改变变量 freq,就能改变输出方波的频率。完成任务主要功能。

任务实施

本书配套建设了实验箱,书中所有程序皆可在实验箱中进行验证。任务要求先进行仿真验证,再用实验箱进行验证。数字方波信号发生器实验的材料清单见表 4-3-1。

表 4-3-1　数字方波信号发生器实验材料清单

序　号	名　称	规　格	数　量
1	51 单片机实验箱	本书配套	1
2	计算机	Win 10 系统	1
3	仿真软件 Proteus	Proteus 7 以上	1
4	Keil	μVision 4 以上	1
5	蜂鸣器	5 V	1
6	独立按键(代替红外触发)	机械式	1
7	独立按键(输入设定)	机械式	4
8	数码管	共阴极	2

续表

序　号	名　称	规　格	数　量
9	报警发光二极管	红色	1
10	杜邦线	公对公、公对母、母对母	若干

本任务仿真结果如图 4-3-3 所示。

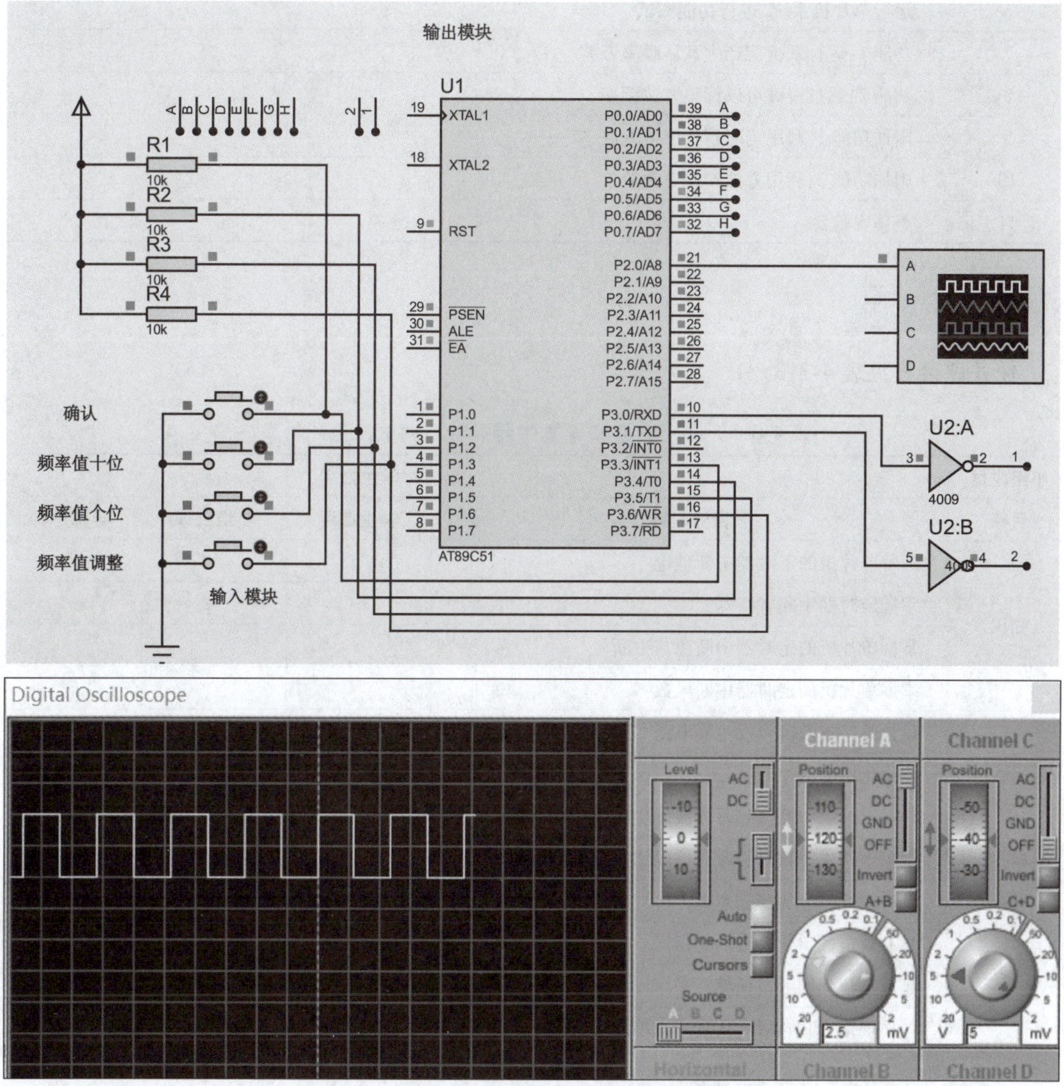

图 4-3-3　数字方波信号发生器仿真结果图

请对照表 4-3-2 进行数字方波信号发生器实验操作，并记录关键步骤和关键代码。其中，附加功能是提高部分，供学有余力的学生进行能力提升。

表 4-3-2　数字方波信号发生器实验关键步骤

序号	关键步骤	具体实施（图片、文字）或对应关键代码
1	检查实验箱对应部件是否良好	
2	实验箱与计算机连接	

续表

序号	关键步骤	具体实施(图片、文字)或对应关键代码
3	建立单片机工程,工程名为 Digiosc,单片机型号选择实验箱上对应的单片机型号	
4	编写程序,并编译通过,生成 Digiosc. hex 文件	
5	用仿真器成功下载代码到单片机	
6	运行单片机系统,进行功能测试	
7	功能 1:运行系统能产生默认频率方波	
8	功能 2:通过按键可以调整方波频率	
9	附加功能 1:利用定时器 1 产生方波	
10	附加功能 2:利用方波产生三角波	
11	整理实验台	

任务评价

任务评价表见表 4-3-3。

表 4-3-3　数字方波信号发生器设计与调试任务评价表

小组成员		学生姓名		
目标	目标内容	学生自评	小组互评	导师总评
知识	理解单片机的定时器中断理论			
	掌握定时器中断寄存器			
	掌握单片机的定时器中断源与中断号			
	掌握单片机的定时器中断函数			
能力	设计数字方波信号发生器电路			
	初始化定时器中断			
	根据定时器中断源编写方波发生器的中断函数			
	根据硬件进行数码管段码编码和按键规则编码			
素养	具有安全作业的操作意识			
	具有轨道数字化升级的意识			
	具有科技强国的责任感			
	操作规范、团结协作、认真严谨等职业素养			

巩固练习

一、单选题

1. 51 单片机外部中断 0 的中断标志信号是(　　)。

A. IE0　　B. IE1　　C. IF0　　D. TI

2. 51 单片机外部中断的中断源触发方式有(　　)。

A. 高电平和上升沿　　B. 低电平和上升沿

C. 高电平和下降沿　　D. 低电平和下降沿

3、设置51单片机外部中断0为低电平方式触发的语句是(　　)。

A. IT0=0　　B. EX0=1　　C. IE0=1　　D. IT0=1

4. 红外收发对管行人检测原理主要是利用PN结的(　　)特性。

A. 热敏　　B. 光敏　　C. 放大　　D. 单向导电

5. 51单片机响应中断服务函数后,需要软件清除中断标志的是(　　)。

A. 外部中断0　　B. 外部中断1　　C. 定时器　　D. 串口

6. 51单片机中断响应的自然优先级顺序是(　　)。

A. IE0、IE1、TF0、TF1、TI/RI　　B. IE0、TF0、IE1、TF1、TI/RI

C. TF0、TF1、IE0、IE1、TI/RI　　D. TI/RI、IE0、IE1、TF0、TF1

7. (　　)发生定时/计数器中断。

A. 送入初值时　　B. 启动定时/计数时

C. 定时/计数停止时　　D. 计数值满量程时

8. 51单片机用中断号为程序提供中断向量地址,定时器0的中断号是(　　)。

A. 0　　B. 1　　C. 2　　D. 3

9. 51单片机系统响应中断时,下面(　　)不是必需的。

A. 当前指令执行完毕　　B. 中断允许

C. 没有高级中断存在　　D. 指定通用寄存器组

10. 设置IE中断允许寄存器只使用外部中断0中断,IE的值为(　　)。

A. 0x81　　B. 0x70　　C. 0x80　　D. 0x71

二、填空题

1. 7段数码管按发光二极管的连接方式分为________、________。

2. 7段数码管的驱动电路中,与各段端口串联的电阻起________作用。

3. 机械按键运行开关动作时会产生________,C51程序可通过________消除抖动。

4. C51编写独立按键程序包含________、________、________、________四个步骤。

5. 多位数码管动态扫描显示时,数码管是________工作,而人眼的视觉印象就会是连续稳定显示,这是利用了________特性和________现象。

6. 74HC573是拥有________路输出的透明锁存器,输出为________门,每路输出端灌电流为________mA,拉电流为________mA。

7. C51语言编写程序需使用函数时,必须先________或________才可调用。

8. C51语言编写程序,要求调用时间获取函数可获取时、分、秒结果,据此判断时间获取函数为________函数,时、分、秒为________变量。

9. 下载到单片机的目标程序的文件格式是________。

10. 程序运行过程中,定时器0的TF0为________。当定时器0计数产生溢出时,TF0为________。

三、编程题

1. 单片机晶振频率为12 MHz,使用硬件定时器0中断,编写程序在P2.0口产生频率为1 kHz的方波。

2. 单片机晶振频率为12 MHz,使用硬件定时器1中断,定时器使用方式2,编写程序在P2.0口产生频率为1 kHz、占空比为30%的方波。

3. 将开关 S1 连接到 P3.3 口,单片机晶振频率为 12 MHz,使用外部中断 1,编写程序当按键按下,在 P2.1 口产生频率为 500 Hz 的方波。

4. 将开关 S1 连接到 P3.2 口,使用外部中断 0,编写程序当按键按下,在 P1.0 口产生正脉冲。

四、简答题

1. 假设外部中断 1 和定时器 0 中断同时发生,哪个中断源被单片机首先响应?为什么?

2. 51 单片机默认情况下,串口中断和外部中断 0 中断同时出现时,单片机系统首先响应外部中断 0,然后才响应串口中断,如何设置 51 单片机,使得二者响应顺序颠倒过来?

3. 编写程序配置 51 单片机外部中断所需的步骤有哪些?

4. 画出红外线收发对管的原理电路,并简述红外线接收管的工作原理。

项目五

车站智能照明系统设计与应用

任务1 串口通信最小模型设计与制作

任务目标

视频

车站智能照明系虚拟车站导学

知识目标：

(1)了解串行通信的种类。

(2)理解C51单片机串行口控制与状态寄存器。

(3)掌握串行口4种工作方式。

(4)理解不同工作方式下的串行通信波特率计算公式。

(5)掌握C51单片机串行通信的收发寄存器的含义。

能力目标：

(1)能根据要求在单片机最小系统基础上设计最小通信系统电路。

(2)能根据硬件电路初始化串口。

(3)能根据中断源编写简单的串口中断函数。

(4)能根据硬件对数码管进行编码显示。

素养目标：

(1)具有安全作业的操作意识、城轨网络系统安全的责任意识。

(2)具有精益求精的工匠精神。

(3)具有科技强国的责任感。

(4)操作规范、团结协作、认真严谨等职业素养。

任务描述

视频

串口通信最小模型实现

在地铁车站控制室汇集多个系统，比如消防FAS系统(见图5-1-1)、综合监控系统。不管哪个系统，都需要把系统的设备、传感器连接起来组成网络。本任务实现一个简单的串口收发系统。系统可以相互发送简单的数字或者字母。

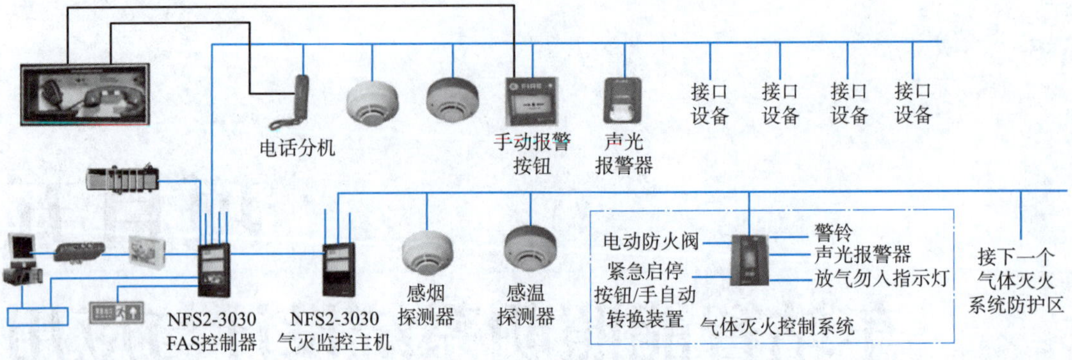

图 5-1-1 地铁 FAS 系统网络示意图

知识链接

一、硬件知识

1. 常见串行通信接口

通信协议是通信的收发双方必须共同遵循的基本通信规程。目前常用的串行通信接口按电气标准及协议来分，包括 RS-232、RS-422、RS-485 等。

1) RS-232

232-C 是美国电子工业协会(EIA)制定的一种串行物理接口标准。RS 是英文 recommended standard 的缩写，232 为标识号，C 表示修改次数。

RS-232 被定义为一种在低速率串行通信中增加通信距离的单端通信。RS-232 采取不平衡传输方式，即所谓单端通信。典型的 RS-232 信号在正负电平之间摆动，在发送数据时，发送端驱动器输出正电平为 +5 ~ +15 V，负电平为 −5 ~ −15 V。当无数据传输时，线上为 TTL 电平，从开始传送数据到结束，线上电平从 TTL 电平到 RS-232 电平再返回 TTL 电平。接收器典型的工作电平为 +3 ~ +12 V 和 −3 ~ −12 V。

RS-232 接口有 DB25 接口和 DB9 接口两种。现在普遍使用的基本上都是 DB9 接口，DB25 接口基本上不再使用。RS-232 接口外形及 DB9 引脚定义如图 5-1-2 所示。

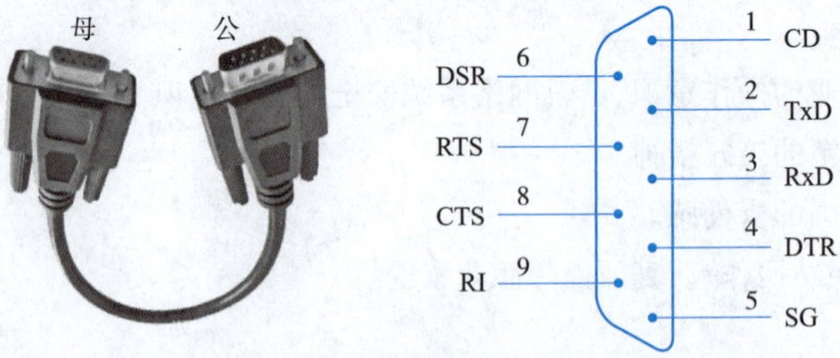

图 5-1-2 RS-232 接口外形及 DB9 引脚定义

其中 TxD(发送数据)、RxD(接收数据)和 GND(信号地)是三条最基本的引线，可以实现简单的全双工通信。DTR(数据终端就绪)、DSR(数据准备好)、RTS(请求发送)和 CTS(清除发送)是最常用的硬件联络信号。

RS-232 是为点对点(即只用一对收、发设备)通信而设计的，其驱动器负载为 3 ~7 kΩ。由于 RS-232 发送电平与接收电平的差仅为 2 ~3 V，所以其共模抑制能力差，再加上双绞线上的分布电容,其传送距离最大约为 30 m,最高传输速率为 20 kbit/s。所以,RS-232 适合本地设备之间的通信。可以通过测量 DTE 的 TXD(或 DCE 的 RXD)和 GND 之间的电压了解串口的状态。在空载状态下,它们之间应有 −10 V 左右(−5 ~ −15 V)的电压,否则该串口可能已损坏或驱动能力弱。

由于 RS-232 串行通信协议出现较早,难免存在一些不足之处:

(1)传输距离有限。一般在 15 m 左右。

(2)传输速率较低。在异步传输时,波特率约为 20 kbit/s。现在由于采用新的 UART 芯片,波特率能达到 115.2 kbit/s。

(3)传输容易产生共模干扰,抗噪声干扰性弱。

(4)接口的信号电平值较高,易损坏接口电路的芯片,又因为与 TTL 电平不兼容,故需使用电平转换电路方能与 TTL 电路连接。

鉴于以上不足,在要求较高的场合一般采用 RS-485 或 RS-422,它们具有良好的抗噪声干扰性,传输距离远。此外,还有一个很大的特点是:RS-485 或 RS-422 接口在总线上允许连接多达 128 个收发器,而只允许 RS-232 一对一连接。所以在很多需要达到工业标准的应用场合,RS-485 成为串行接口的首选。

2)RS-422

RS-422 是一种广泛应用的串行通信接口标准,由美国电子工业协会(EIA)于 1975 年制定。它专为长距离、高速、抗干扰的通信场景设计,常用于工业控制、仪器仪表等领域。以下是其主要特点和应用概述:

(1)差分传输。采用双绞线传输差分信号(A+/B−),通过比较两线间的电压差判断逻辑状态(通常为 ±2 ~ ±6 V)。抗共模干扰能力强,适合电磁环境复杂的场景(如工厂、户外)。

(2)传输距离与速率:

距离:最大可达 1 200 m(速率降低时)。

速率:短距离(<12 m)下最高 10 Mbit/s;长距离(1 200 m)时降至约 100 kbit/s。

(3)全双工通信。支持同时双向传输(发送和接收独立通道),需四线制(Tx+/Tx−、Rx+/Rx−)。

(4)多点通信能力。允许 1 个发送器驱动最多 10 个接收器,适合主从式网络(如主机监控多个传感器)。

(5)电气隔离。可选隔离设计,进一步提升抗干扰和安全性。

3)RS-485

为扩展应用范围,EIA 在 RS-422 的基础上制定了 RS-485 标准,增加了多点、双向通信能力,通常在要求通信距离为几十米至上千米时,广泛采用 RS-485 收发器。

RS-485 收发器采用平衡发送和差分接收,即在发送端,驱动器将 TTL 电平信号转换成差分信号输出;在接收端,接收器将差分信号变成 TTL 电平,因此具有抑制共模干扰的能力,加上接收器具有高的灵敏度,能检测低达 200 mV 的电压,故数据传输距离可达千米以外。

RS-485 许多电气规定与 RS-422 相仿,如都采用平衡传输方式、都需要在传输线上接终接电阻等。RS-485 可以采用二线与四线方式,二线制可实现真正的多点双向通信。而采用四线连接时,与 RS-422 一样只能实现一点对多点的通信,即只能有一个主设备,其余为从设备,但它比 RS-422 有改进,无论四线还是二线连接方式,总线上可连接多达 32 个设备。SIPEX 公司推出的 SP485R 最多可支持 400 个节点。RS-485 用于多点互连时非常方便,可以省掉许多信号线。

RS-485 与 RS-422 的共模输出电压是不同的。RS-485 共模输出电压在 −7 ~ +12 V 之间,RS-422 在 −7 ~ +7 V 之间,RS-485 接收器最小输入阻抗为 12 kΩ;RS-422 是 4 kΩ;RS-485 满足所有 RS-422 的规范,所以 RS-485 的驱动器可以用在 RS-422 网络中。但 RS-422 的驱动器并不完全适用于 RS-485 网络。

RS-485 与 RS-422 一样,最大传输速率为 10 Mbit/s。当波特率为 1 200 bit/s 时,最大传输距离理论上可达 15 km。平衡双绞线的长度与传输速率成反比,在 100 kbit/s 速率以下,才可能使用规定最长的电缆长度。

RS-485 需要 2 个终接电阻,接在传输总线的两端,其阻值要求等于传输电缆的特性阻抗。在短距离传输时,可不需要终接电阻,即一般在 300 m 以下不需要终接电阻。

2. 串行通信电路设计

MCS-51 单片机内部有一个可编程的全双工串行通信电路。通过引脚 RxD(P3.0 串行数据接收端)和引脚 TxD(P3.1 串行数据发送端)与外界通信。通信电路中有一个 SBUF(串行口缓冲寄存器),它既是发送寄存器也是接收寄存器,发送与接收数据就是通过该寄存器实现的。最小通信系统仿真电路如图 5-1-3 所示。

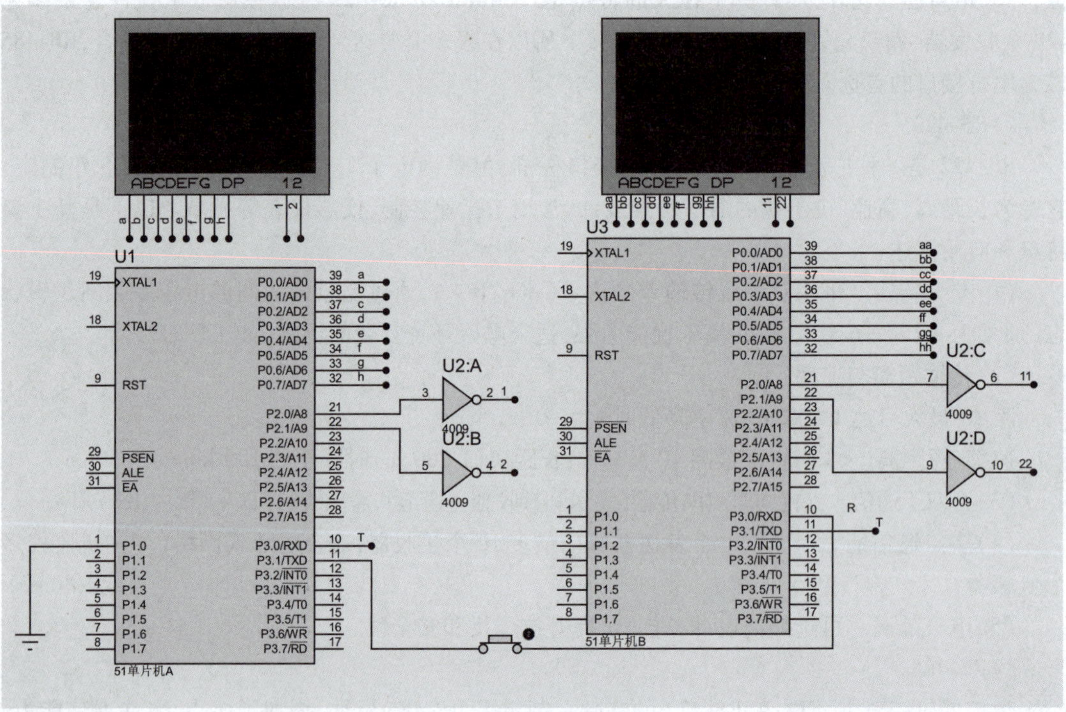

图 5-1-3 最小通信系统仿真电路

MCS-51 单片机的串行接收端口是 P3.0,串行发送端口是 P3.1。两个单片机串口通信时,一定是单片机 A 的发送端口 P3.1 接单片机 B 的接收端口 P3.0;单片机 A 的接收端口 P3.0 接单片机 B 的发送端口 P3.1。P0 端口驱动 2 个数码管显示,P2.0 和 P2.1 作为位选端口控制数码管轮流选通,完成动态显示。

通信编程的关键是对寄存器的设置。下面介绍与 MCS-51 单片机串行通信相关的寄存器。

(1)串行口控制与状态寄存器 SCON。具体参见项目四任务 1 表 4-1-4 相关内容。

(2)特殊功能寄存器 PCON。PCON 寄存器是为了在 MCS-51 单片机上实现电源控制而设置的,其中最高位是 SMOD 位,与串行口的波特率设置有关。当 SMOD = 1 时,波特率提高一倍;当 SMOD = 0 时,波特率恢复正常设置。

通过设置该寄存器的相关位可以使 51 单片机进入待机工作方式或是掉电工作方式,以达到减小功耗的目的。具体可以参考相关资料。

(3)串行口工作方式选择。MCS-51 单片机全双工串行口具有 4 种工作方式,可通过软件编程选择。

方式 0:为移位寄存器输入/输出方式,主要用于扩展 I/O。配合适当芯片(74HC164 或 74HC165)实现串行输出变并行输出,并行输入变串行输入。

方式 1:为波特率由 T1 控制的 10 位异步通信方式,即一帧信息包括 1 个起始位 0,8 个数据位和 1 个停止位 1。发送过程:当 CPU 执行一条指令将数据写入发送缓冲器 SBUF 时,就启动发送,串行数据从 TxD 引脚输出,发送完一帧信息后,就由硬件置 TI 为 1。接收数据过程:当 REN = 1 时,串行口采样 RxD 引脚,当采样到 1 到 0 的跳变时,确认起始位为 0,就开始接收数据。只有当 RI = 0 且停止位为 1 或者 SM2 = 0 时,停止位才进入接收寄存器,并由硬件置位中断标志 R1,否则信息丢失。所以在方式 1 接收时,应先用软件对 RI 和 SM2 标志位清 0。

方式 2:为固定波特率的 11 位异步通信方式,它比方式 1 增加了 1 位可程控为 1 或 0 的第 9 位数据。一般来说,多出的这第 9 位数据用于多机通信中。发送过程:发送的数据由 TxD 端输出 11 位,当 CPU 执行一条数据写入 SBUF 的指令时,就启动发送器发送,发送完成后,置位中断标志 T。接收过程:当 REN = 1 时,在接收到第 9 位数据后,在 R1 = 0 或者 SM2 = 0 时,由硬件置位中断标志 RI;当 RI = 0 且 SM2 = 1 且第 9 位数据也为 1,硬件也置位中断标志位 RI;否则,信息丢失且不会置位中断标志位 RI。

方式 3:为波特率由 T1 控制的 11 位异步通信方式,与方式 2 相比,除波特率外,其他都一样。

总结:方式 0 通常用于扩展 I/O,实现串行与并行的相互转换;方式 1 用于单片机的双机通信;方式 2 和方式 3 由于多了第 9 位数据,可以实现多机通信,经常在主从单片机系统中应用。

(4)波特率选择。在串行通信中,收发双方的数据传输速率要有一定约定,不然双方速率不一样就会导致收到乱码的数据。

方式 0 的波特率是固定的主振频率的 1/12。

方式 2 的波特率由 PCON 中的选择位 SMOD 来决定,其计算公式如下:

$$\text{波特率} = (2^{\text{SMOD}}/64) \times f_{\text{osc}}$$

方式 1 和方式 3 的波特率也受 PCON 中的选择位 SMOD 影响,其计算公式如下:

$$\text{波特率} = (2^{\text{SMOD}}/32) \times \text{定时器 1 溢出率}$$

因为定时器 1 溢出率 = 1/定时器 1 定时时间,定时器 1 定时时间 = (2^x − 初始值) × 机器周期,机器周期 = $12/f_{\text{osc}}$,所以,定时器 1 溢出率 = f_{osc}/[12(2^x − 初始值)]。波特率 = (2^{SMOD}/32) × f_{osc}/[12(2^x − 初始值)]。

x 值与定时器 1 的工作方式有关,对应关系见表 5-1-1。

因为方式 2 为自动重装初始值的 8 位计数器模式,所以该方式用于波特率发生器是最合适的。

表 5-1-1　波特率的 x 值

定时器工作方式	x 的值
方式 0	13
方式 1	16
方式 2	8
方式 3	8

(5)实验箱的 RS-232 串口。电路设计如图 5-1-4 所示。

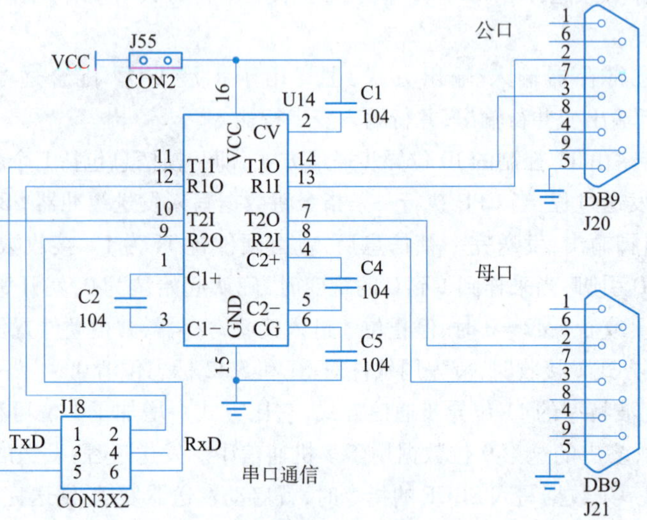

图 5-1-4 实验箱的 RS-232 串口电路设计

单片机串口默认连接的板载 TC-232 芯片使 RS-232 的 EIA 负电平转换为单片机 TTL 电平，所以平时使用一根 USB 接口线就可以做串口实验。J18 用于切换串口公口或者母口连接到单片机的 P3.0、P3.1,平时不用该端口跳帽可以悬空。图 5-1-5 是实验箱的公口串口、母口串口以及 J18 跳线接线。

图 5-1-5 实验箱串口接线

二、仿真实现

图 5-1-6 是串口通信最小模型仿真电路图。仿真电路使用两个单片机,单片机 A 先通过串口发送数据,单片机 B 接收到数据后,数据加 2 并通过串口回送,如此不断往返。一直到数据超过 99 后,重新从 0 开始送数据。

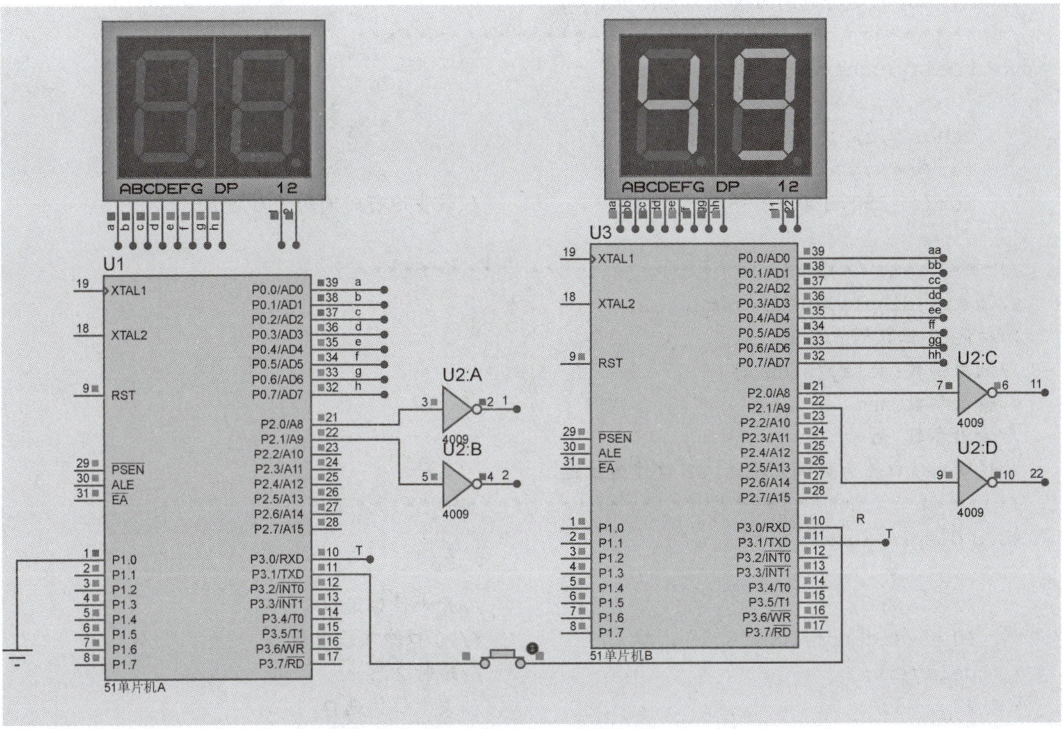

图 5-1-6　串口通信最小模型仿真电路图

注意： 本任务采用同一个程序代码。为了区分两个单片机，因此第一个单片机 P1.0 端口接地，以示区别。两个单片机都是通过 P0 端口控制显示数字，通过 P2.0、P2.1 端口控制数码管轮流导通，完成数码管动态显示电路设计。

单片机 A 的串口发送端 TxD 连接单片机 B 的串口接收端 RxD；单片机 A 的串口接收端 RxD 连接单片机 B 的串口发送端 TxD。这里一定要注意，串口是交叉连线，即发送端连接接收端。

三、程序详解

1. 仿真程序详解

该程序利用前面的仿真电路，实现串口最小模型，两个单片机相互发送数字，直到 99 后重新发送数据。

```
/****************** 主程序开始****************** /
#include <at89x51.h>
#define uint unsigned int
#define uchar unsigned char
uchar code led[10] ={0x3f,0x06,0x5b,0x4f,
0x66,0x6d,0x7d,0x07,0x7f,0x6f};
uchar num;
/******************************************* /
//函数名:delay(uint x)
//功能:延时程序
//调用函数:无
//输入参数:x
//输出参数:无
```

```
//说明:程序的延时时间为 x 乘以 0.5 ms
/******************************************* /
void delay(uchar x)
{
    uchar y,z;
    for(y=x;y>0;y--)
    for(z=250;z>0;z--);                         //该步运行时间约为 0.5 ms
}
/******************************************* /
//函数名:display(uchar num)
//功能:2 位数码管显示
//调用函数:delay(uint x)
//输入参数:num
//输出参数:无
//说明:P0 口作为数码管段选,P2 口作为位选
/******************************************* /
void display(uchar num)
{
    P2_0=0;                                     //开十位位选口
    P0= ~led[num/10];                           //P0 口输入段选数据
    delay(5);                                   //延时 2.5 ms
    P2_0=1;                                     //关十位位选口
    P2_1=0;                                     //开个位位选口
    P0= ~led[num% 10];                          //P0 口输入段选数据
    delay(5);                                   //延时 2.5 ms
    P2_1=1;                                     //关个位位选口
}
/******************************************* /
//函数名:TAKE_SBUF(uchar dat)
//功能:串口数据发送程序
//调用函数:无
//输入参数:dat
//输出参数:
//说明:dat 为要发送的八位串口通信数据
/******************************************* /
void TAKE_SBUF(uchar dat)
{
    ES=0;                                       //关串口中断
    SBUF=dat;                                   //将要发送的数据存入 SBUF 寄存器中
    while(~TI);                                 //等待发送结束
    TI=0;                                       //发送中断标志位置 0
    ES=1;                                       //开串口中断
}
void main()
{
    SCON=0X90;                                  //设置串口通信为方式 2
    EA=1;                                       //开总中断
    ES=1;                                       //开串口中断
    P2=0xff;                                    //数码管位选口初始化
    num=1;                                      //显示值初始化
    if(P1_0==0)                                 //区分单片机 A 和单片机 B
```

```
        TAKE_SBUF(num);                     //串口发送数据(num+1)
    while(1)
    {
    }                                       //未收到串口数据时,数码管不显示
}
/****************************************** /
//函数名:int0rupt() interrupt 4
//功能:串口中断响应程序
//调用函数:display(uchar num)
//输入参数:无
//输出参数:无
//说明:显示接收到的串口数据,将数据加一后通过串口发送
/****************************************** /
void int0rupt() interrupt 4
{
    uchar i;
    num=SBUF;                               //从 SBUF 寄存器中读取数据
    if(num>99)
    num=1;                                  //限定 num 值范围为 0~99
    for(i=200;i>0;i--)
    display(num);                           //显示收到的串口数据
    num=num+2;
    TAKE_SBUF(num);                         //将 num 值加一后通过串口发送
    RI=0;                                   //接收中断标志位置 0
}
/****************** 主程序开始****************** /
```

程序解析:

(1)main()函数中,对串口中断进行了初始化,语句如下:

```
SCON=0X90;                                  //设置串口通信为方式 2
EA=1;                                       //开总中断
ES=1;                                       //开串口中断
```

可以看到串口通信初始化的步骤:第一,配置串口通信方式;第二,打开总中断;第三,打开串口中断。

(2)中断函数。本任务的中断函数如下:

```
void int0rupt() interrupt 4
{
    uchar i;
    num=SBUF;                               //从 SBUF 寄存器中读取数据
    if(num>99)
    num=1;                                  //限定 num 值范围为 0~99
    for(i=200;i>0;i--)
    display(num);                           //显示收到的串口数据
    num=num+2;
    TAKE_SBUF(num);                         //将 num 值加一后通过串口发送
    RI=0;                                   //接收中断标志位置 0
}
```

该中断函数类型是 void ,根据函数实际需要设定;函数名是 int0rupt(),根据个人编程习惯进

行命名，建议用英文简写表示函数的基本内容；interrupt 是中断函数的关键字，不能有任何变化；interrupt 后面的 4 表示中断类型是串口中断。

当接收到一个数据后触发单片机串口中断，程序进入该串口中断函数，执行中断处理过程的语句，首先从 SBUF 寄存器取出收到的数据并显示；然后判断数据是否大于 99，大于 99 则置为 1，小于 99 则数据加 1，回传数据；最后将寄存器 RI 清零，使下一次串口中断能正常进行。

2. 实验箱程序详解

实验箱程序与仿真程序基本一致，程序实现如下：

```
/****************** 主程序开始****************** /
/* ------------------------------------------------
   名称：串口通信
   内容：把收到的消息完整无误回送！
------------------------------------------------* /
#include <reg52.h>
/* ------------------------------------------------
              函数声明
------------------------------------------------* /
void SendStr(unsigned char * s);
/* ------------------------------------------------
              串口初始化
------------------------------------------------* /
void InitUART  (void)
{

   SCON = 0x50;                     //SCON: 方式 1, 8 bit UART, 使能接收
   TMOD |= 0x20;                    //TMOD: T1, 方式 2, 8 bit 重装
   TH1 = 0xFD;                      //TH1:重装值 9 600 波特率 晶振 11.059 2 MHz
   TR1 = 1;                         //TR1: T1 打开
   EA = 1;                          //打开总中断
}
/* ------------------------------------------------
              主函数
------------------------------------------------* /
void main (void)
{
   InitUART();
   SendStr("单片机应用技术!");
   ES =1;                           //打开串口中断
   while (1)
   {

   }
}
/* ------------------------------------------------
              发送一个字节
------------------------------------------------* /
void SendByte(unsigned char dat)
{
   SBUF =dat;
   while(! TI);
```

```
        TI = 0;
}
/* ------------------------------------------------------------
                发送一个字符串
------------------------------------------------------------* /
void SendStr(unsigned char * s)
{
  while(* s!='\0')// \0 表示字符串结束标志,检测是否为字符串末尾
  {
    SendByte(* s);
    s++;
  }
}
/* ------------------------------------------------------------
                串口中断程序
------------------------------------------------------------* /
void UART_SER (void) interrupt 4        //串行中断服务程序
{
    unsigned char Temp;                 //定义临时变量
    if(RI)                              //判断是接收中断产生
    {
        RI=0;                           //标志位清 0
        Temp=SBUF;                      //读入缓冲区的值
        P1=Temp;                        //把值输出到 P1 口,用于观察
        SBUF=Temp;                      //把接收到的值再发回计算机端
    }
    if(TI)                              //如果是发送标志位,清 0
    TI=0;
}
/****************** 主程序开始****************** /
```

(1)连接好串口或者 USB 转串口至计算机,下载该程序,打开电源,打开串口调试程序,将波特率设置为 9 600,无奇偶校验。

(2)晶振 11.059 2 MHz,发送和接收使用的格式相同,如都使用字符型格式,按复位重启程序,可以看到“单片机应用技术!”然后在发送区发送任意信息,接收区返回同样信息,表明串口收发无误。

(3)主要函数 void SendByte(unsigned char dat),完成一字节数据的发送,主要利用了寄存器 TI,TI=1 发送数据成功,硬件自动置 1,程序一旦检测到 TI=1,则表明成功发送一位数据,可以继续发送。

(4)串口初始化函数 void InitUART (void),主要完成串口中断初始化以及波特率的设置。

任务实施

本书配套建设了实验箱,书中所有程序皆可在实验箱上进行验证。任务要求先进行仿真验证,再用实验箱进行验证。串口通信最小系统实验材料清单见表 5-1-2。

表 5-1-2　串口通信最小系统实验材料清单

序　号	名　称	规　格	数　量
1	51 单片机实验箱	本书配套	2

续表

序　　号	名　　称	规　　格	数　　量
2	计算机	Win 10 系统	1
3	仿真软件 Proteus	Proteus 7 以上	1
4	Keil	μVision 4 以上	1
5	蜂鸣器	5 V	1
6	独立按键(代替红外触发)	机械式	1
7	独立按键(输入设定)	机械式	4
8	数码管	共阴极	2
9	报警发光二极管	红色	1
10	杜邦线	公对公、公对母、母对母	若干

本任务仿真结果如图 5-1-7 所示。

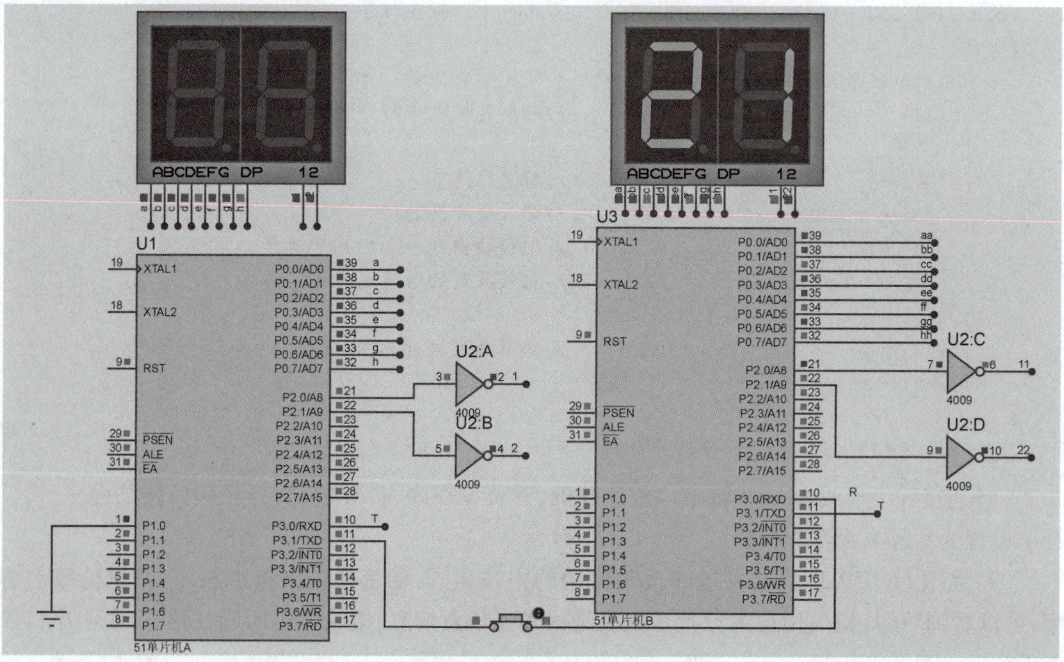

图 5-1-7　串口通信最小系统仿真结果图

请对照表 5-1-3 进行串口通信最小系统实验操作，并记录关键步骤和关键代码。其中，附加功能是提高部分，供学有余力的学生进行能力提升。

表 5-1-3　串口通信最小系统实验关键步骤

序号	关键步骤	具体实施(图片、文字)或对应关键代码
1	检查实验箱对应部件是否良好	
2	实验箱与计算机连接。实验箱串口与另外实验箱串口连接	
3	建立单片机工程，工程名为 easycom，单片机型号选择实验箱上对应的单片机型号	
4	编写程序，并编译通过，生成 easycom. hex 文件	

续表

序号	关键步骤	具体实施(图片、文字)或对应关键代码
5	用仿真器成功下载代码到两个实验箱的单片机上	
6	用杜邦线把其中一个实验箱 P1.0 端口接地,作为主机;另一个作为从机	
7	运行单片机系统,进行功能测试	
8	功能:主机首先发数字 1,从机接收后加 1 回送,如此反复	
9	附加功能 1:利用串口方式 1 进行简单通信	
10	附加功能 2:回送数字超过 99,则进行清 0	
11	整理实验台	

任务评价

任务评价表见表 5-1-4。

表 5-1-4　串口通信最小系统任务评价表

小组成员		学生姓名		
目标	目标内容	学生自评	小组互评	导师总评
知识	了解串行通信的种类			
	理解 C51 单片机串行口控制与状态寄存器			
	能区分串行口 4 种工作方式			
	理解不同工作方式下的串行通信波特率计算公式			
	掌握 C51 单片机串行通信的收发寄存器			
能力	能设计最小通信系统电路			
	能初始化串口中断			
	能根据中断源编写简单的串口中断函数			
	能根据硬件对数码管进行编码显示			
素养	具有安全作业的操作意识			
	具有城轨网络系统安全的责任意识			
	具有科技强国的责任感			
	操作规范、团结协作、认真严谨等职业素养			

任务 2　车站智能照明设计

任务目标

知识目标:

(1)了解物联网人工智能知识应用。

(2)理解 C51 单片机串行口控制与状态寄存器。

(3)了解 MAX232 芯片。

(4)根据通信波特率计算出定时器应设置的初始值。

(5)理解定义信令帧结构的方法。

(6)理解主机和从机的概念。

能力目标:

(1)能根据要求在单片机最小系统基础上设计智能照明电路。

(2)能根据硬件电路初始化串口。

(3)能根据中断源编写复杂的串口中断函数。

(4)能根据硬件对数码管进行特殊编码显示。

(5)能根据要求设计信令帧结构。

视频

车站智能照明系统设计与应用

素养目标:

(1)具有安全作业的操作意识、城轨照明系统生产安全的责任意识。

(2)具有精益求精的工匠精神。

(3)具有科技强国的责任感。

(4)具有绿色交通的环保意识和创新精神。

(5)操作规范、团结协作、认真严谨等职业素养。

任务描述

地铁车站照明(见图5-2-1)分为如下几类:

图5-2-1 地铁车站智能照明示意图

设备区照明:设备管理用房正常照明、应急照明和安全低压照明(站台板下、风道);

公共区照明:公共区工作照明、公共区节电照明、应急照明(包括备用照明和疏散照明)、值班照明、过渡照明、广告照明和导向照明。

公共区和区间的照明控制方式,目前国内有少数地铁采用智能照明系统,但主流设计方式是采用ISCS(综合监控系统)控制。ISCS控制的特点是:

(1)可实现正常的群组控制和时间控制;

(2)通过采集接触器的状态实现对其的监视,终端控制器是接触器;

(3)可在监控主机上由鼠标来完成手动控制,也可进行自动时钟控制;

(4)可靠性较高:所有的控制和监视都通过硬线来实现。

本任务采用串口进行控制信号的模拟传输,完成车控室 ISCS 系统中照明子系统对车站照明的控制。本任务模拟 8 盏车站 LED,可以通过照明子系统的按键对车站 LED 进行开关控制,可以同时关闭或打开一盏或者多盏 LED,并同时在照明系统中显示当前 LED 的状态。

完成本任务基本功能之后,可以加入光强传感器和人体感应传感器,进行全站的人流大数据分析,加入车站常规运行,利用机器学习等人工智能算法进行整体分析,优化全站照明。

知识链接

一、硬件知识

1. 车站照明控制端电路设计原理

(1)输入模块:这里用 4×4 矩阵按键。按键定义了数字 1~8,分别代表 8 盏车站 LED;同时还定义了开灯、关灯和确认按键。矩阵键盘 4 行 4 列扫描由 P0 端口控制。

(2)输出模块:输出模块用了 8 个数码管显示,显示“0”表示灭灯,显示“1”表示亮灯,显示“-”表示正在操作。P2 作为位选信号,轮流选通数码管,实现数码管动态显示;P0 的 8 个端口接段码信号,控制数码管显示具体数字。在按下确认键后,蜂鸣器发出简短提示声音,提示操作者操作成功。

(3)串口通信:利用单片机串口通信 P3.0、P3.1 与车站照明终端的单片机进行通信,系统实现远程控制。

车站照明控制端电路原理图如图 5-2-2 所示。

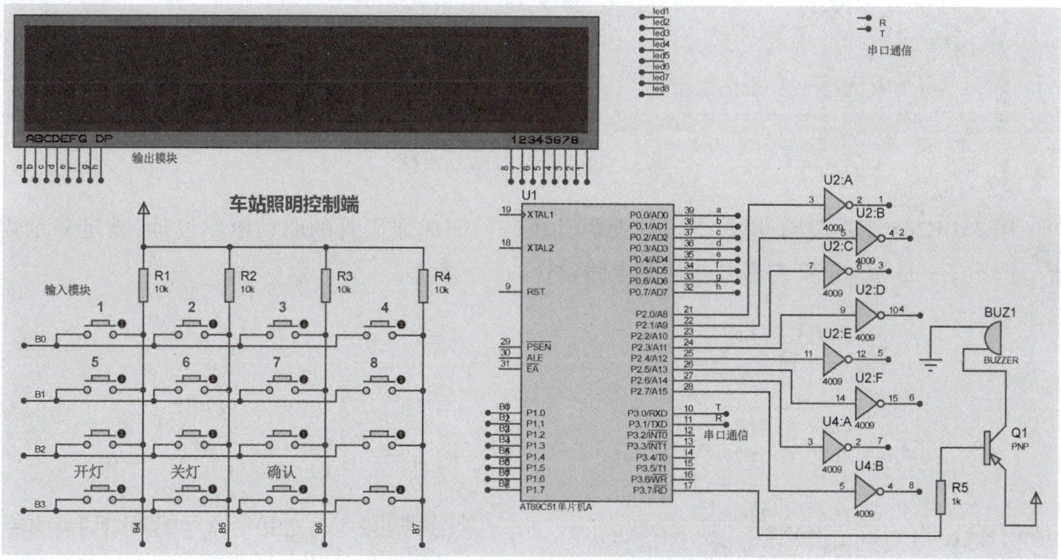

图 5-2-2　车站照明控制端电路原理图

注意: 对于实际的数码管显示电路,必须要用驱动电路进行驱动。常用 74HC245 驱动芯片,它是一种兼容 TTL 器件引脚的高速 CMOS 总线收发器(bus transceiver)、典型的 CMOS 型三态缓冲门电路、八路信号收发器。由于单片机或 CPU 的数据、地址、控制总线端口都有一定的负载能力,如果负载超过单片机驱动能力,一般应加驱动器。主要应用于大屏显示,以及其他的消费类电子产品中增加驱动。

EIA 电平是一种电压较高的逻辑电平，通常用于 RS-232 系列接口。它的特点是抗干扰能力强，因此可以用于较远距离(几十米)的数据传输。在 EIA 电平标准中，“1”的逻辑电平范围是 −3 ~ −15 V，而“0”的逻辑电平范围是 +3 ~ +15 V。EIA 是 Electronic Industries Association 的缩写，即美国电子工业协会，该组织制定了相关的电子行业标准。由于 EIA 电平与 TTL 电平(通常用于数字电路中的逻辑电平，其中 +5 V 代表逻辑“1”，0 V 代表逻辑“0”)完全不同，因此在进行数据传输时，必须进行相应的电平转换。例如，MC1488 芯片用于将 TTL 电平转换为 EIA 电平，MC1489 用于将 EIA 电平转换为 TTL 电平，而 MAX232 芯片则可以同时完成 TTL 到 EIA 和 EIA 到 TTL 的电平转换。实际电路如图 5-2-3 所示。

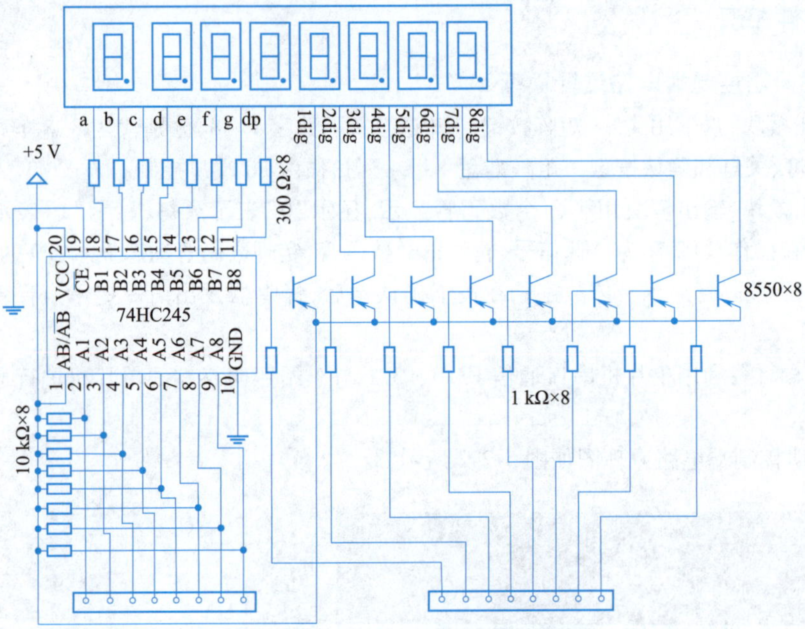

图 5-2-3 数码管驱动电路

用 74HC245 驱动段码，用 8 个三极管驱动位码。完成数码管的驱动电路设计，满足显示需要。图 5-2-4 是 MAX232 与单片机连接电路设计。

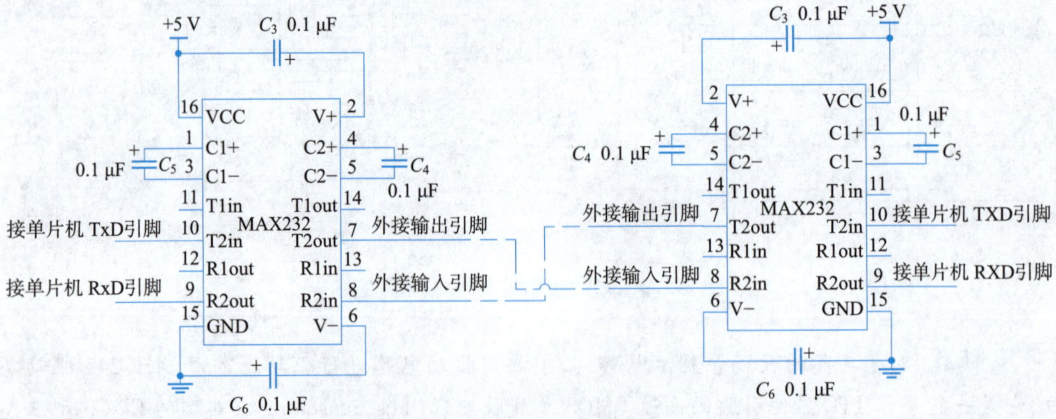

图 5-2-4 MAX232 与单片机连接电路设计

2. 车站照明终端电路设计原理

车站照明终端仿真电路如图 5-2-5 所示。

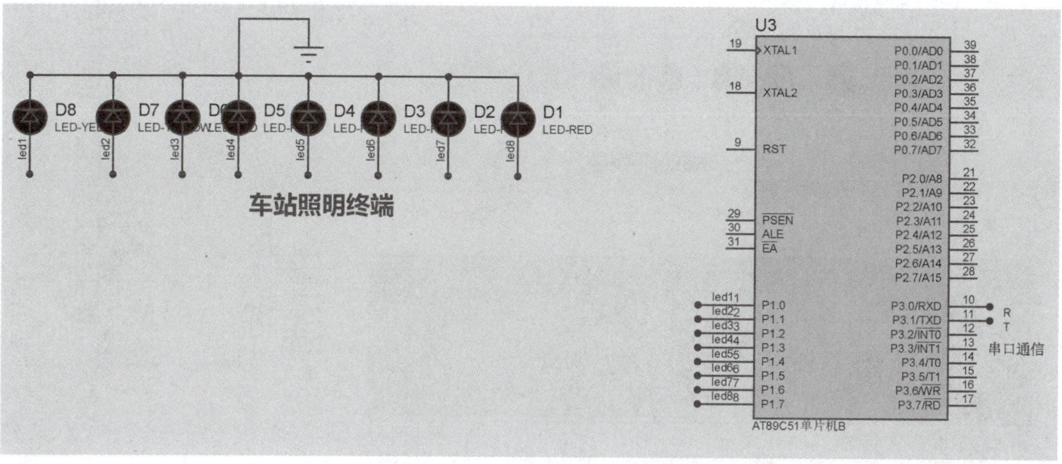

图 5-2-5 车站照明终端仿真电路

同样,仿真中点亮 LED 只需要端口输出高电平即可,实际电路中仍然要加入驱动电路,保证 LED 有足够的电流驱动。

二、仿真实现

仿真步骤如下:

(1)开灯操作:在控制端按下开灯按键,选择点亮的车站 LED 灯号,这里选择 1 ~ 4 号 LED,按下按键 1 ~ 按键 4,1 ~ 4 号数码管显示" - ",表示选择的灯号,如图 5-2-6 所示。

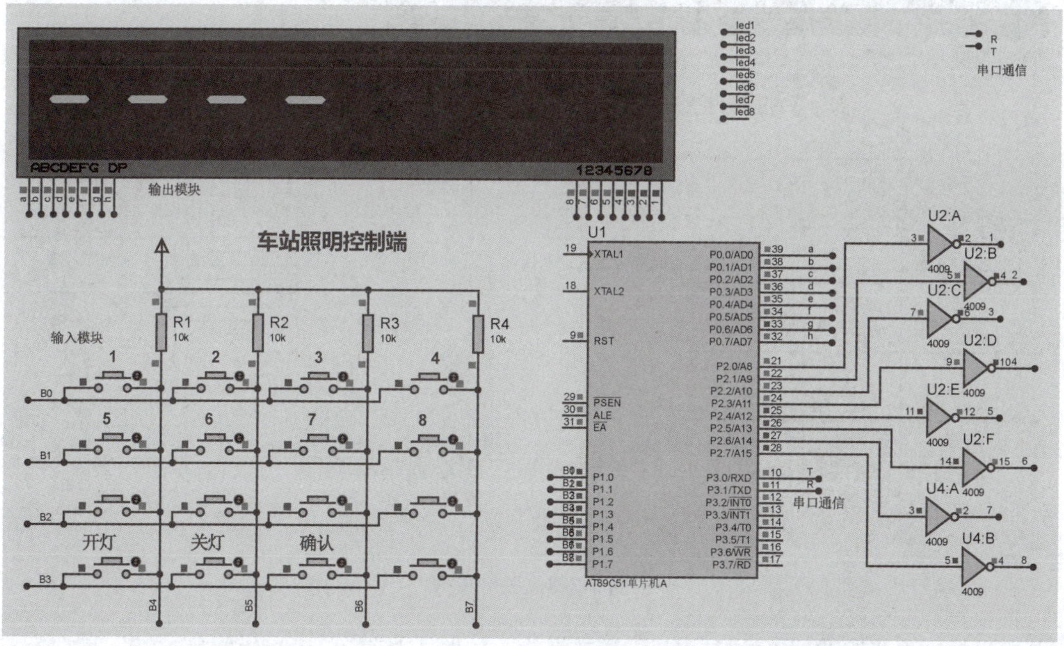

图 5-2-6 开灯操作

(2)按下确认按键,系统通过串口发送数据给车站照明终端,对应数码管显示"1",同时车站照明终端的对应 LED 被点亮，如图 5-2-7 所示。

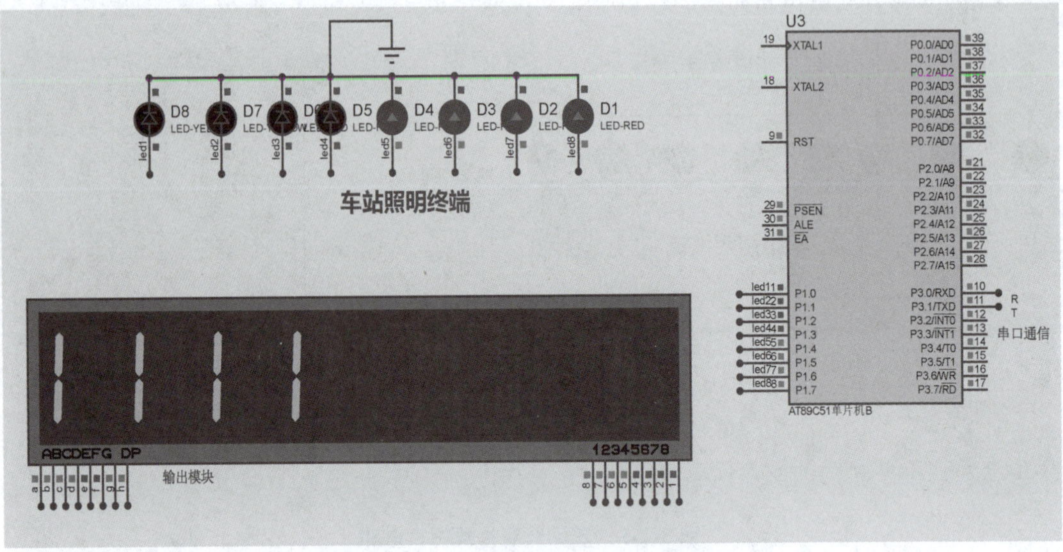

图 5-2-7　确认开灯后仿真显示状态

(3)关灯操作：在控制端按下关灯按键，选择关闭的车站 LED 灯号，这里选择 1、3 号 LED 灯，按下按键 1、按键 3，1、3 号数码管显示“-”，表示选择的灯号，如图 5-2-8 所示。

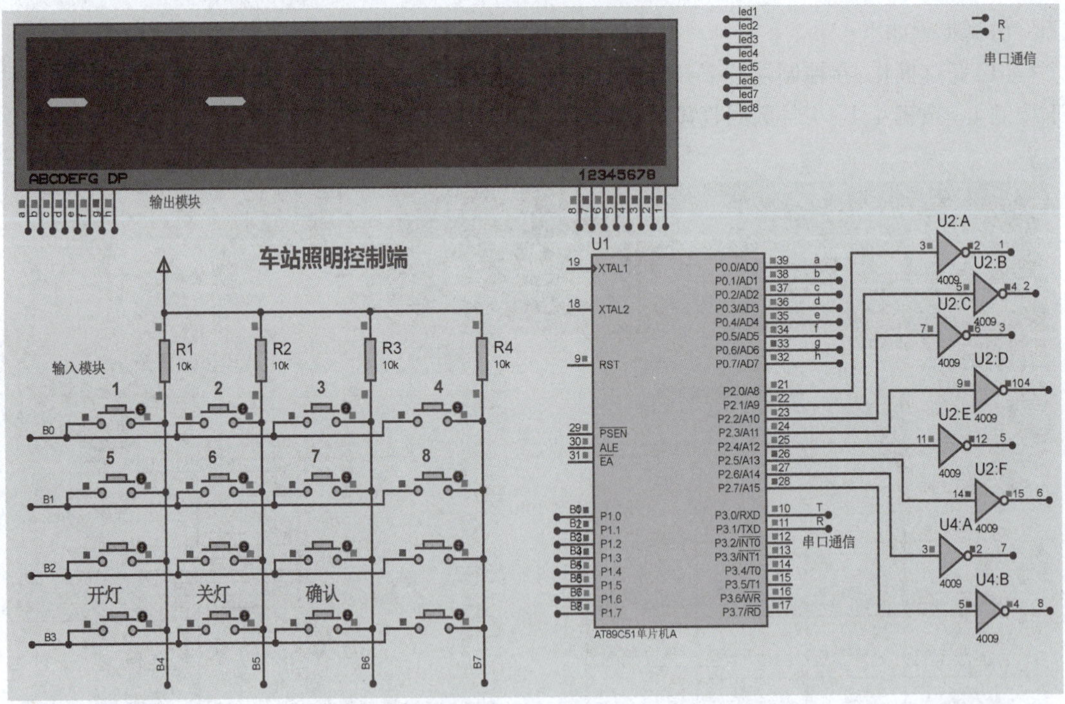

图 5-2-8　关灯操作

(4)按下确认按键，系统通过串口发送数据给车站照明终端，对应数码管显示“0”，同时车站照明终端的对应 LED 熄灭，如图 5-2-9 所示。

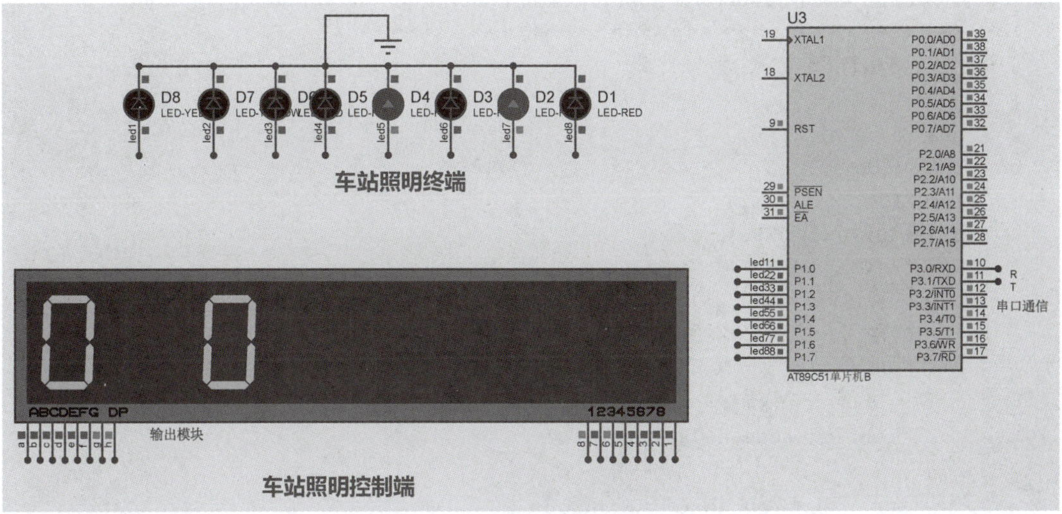

图 5-2-9　确认关灯后仿真显示状态

三、程序详解

因为系统分为两部分：一部分是控制端，另一部分是照明终端，所以分为两个程序实现车站照明系统的模拟仿真。

1. 控制端程序

```
/***************** 控制端程序开始****************** /

#include <at89x51.h>
#define uint unsigned int
#define uchar unsigned char
uchar key,key_num,sbuf_out,led_sta;     //键盘初值,键盘按键值,发送对象值,发送动作值
uchar countm,buf[2];
/****************************************** /
//函数名:delay(uint x)
//功能:延时程序
//调用函数:无
//输入参数:x
//输出参数:无
//说明:程序的延时时间为 x 乘以 0.2 ms
/****************************************** /
void delay(uchar x)
{
    uchar y,z;
    for(y=x;y>0;y--)
    for(z=100;z>0;z--);                 //该步运行时间约为 0.2 ms
}
/****************************************** /
//函数名:keyscan()
//功能:得出 4×4 键盘的行列扫描值
//调用函数:delay_1ms(uint x)
//输入参数:
//输出参数:
```

```
//说明:通过 P1 口的扫描得出扫描值 key,无键按下 key 为 0
/*****************************************/
uchar keyscan()
{
    uchar code_h;                          //行编码
    uchar code_l;                          //列编码
    P1 = 0XF0;
    if((P1&0xF0)!=0XF0)
    {
        delay(5);                          //调用定时函数
        if((P1&0xF0)!=0XF0)
        {
            code_h = 0xfe;
            while((code_h&0x10)!=0x00)
            {
                P1 = code_h;
                if((P1&0xF0)!=0XF0)
                {
                    code_l = (P1&0xF0|0x0F);
                    return((~code_h)+(~code_l));
                }
                else
                    code_h = (code_h<<1)|0x01;
            }
        }
}
return(0);                                 //无键按下返回 0
}
/*****************************************/
//函数名:keynum()
//功能:得出 4×4 按键的键值
//调用函数:keyscan()
//输入参数:无
//输出参数:无
//说明:通过 key 的值确定按键键值
/*****************************************/
void keynum()
{
    uchar i,j;
    uchar code tab[4][4] = {{1,2,3,4},{5,6,7,8},{9,10,11,12},{13,14,15,16}};
    //4×4 键盘各键值标注
      key = 0;
      key = keyscan();                     //引入 key 值
      if((key&0x01)!=0) i = 0;
      if((key&0x02)!=0) i = 1;
      if((key&0x04)!=0) i = 2;
      if((key&0x08)!=0) i = 3;
      if((key&0x10)!=0) j = 0;
      if((key&0x20)!=0) j = 1;
      if((key&0x40)!=0) j = 2;
      if((key&0x80)!=0) j = 3;
```

```
    if(key!=0) key_num=tab[i][j];   //通过比较得出4×4键盘的键值
}
/****************************************/
//函数名:TAKE_SBUF(uchar dat)
//功能:串口数据发送程序
//调用函数:无
//输入参数:dat
//输出参数:无
//说明:dat为要发送的8位二进制数据
/****************************************/
void TAKE_SBUF(uchar dat)
{
   ES=0;                        //关串口中断
   SBUF=dat;                    //将要发送的数据存入SBUF寄存器中
   while(~TI);                  //等待发送结束
   TI=0;                        //发送中断标志位清0
   SBUF=dat;                    //将要发送的数据存入SBUF寄存器中
   while(~TI);                  //等待发送结束
   TI=0;                        //发送中断标志位清0
   ES=1;                        //开串口中断
}
/****************************************/
//函数名:keyplay()
//功能:4×4键盘程序
//调用函数:keynum();delay(uint x)
//输入参数:无
//输出参数:无
//说明:键盘操作设置
/****************************************/
void keyplay()
{
   bit take_key;                //功能键开关标志位
   keynum();                    //调用按键扫描程序
   if(key_num==13)              //在13键按下时
   {
      take_key=1;
      sbuf_out=0x00;
      led_sta=0xff;
      P2=0xff;
      P0=0xbf;                  //输出数据初始化
   }
   if(key_num==14)              //在14键按下时
   {
      take_key=1;
      sbuf_out=0x00;
      led_sta=0x00;
      P2=0xff;
      P0=0xbf;                  //输出数据初始化
   }
   while(take_key)              //进入串口发送数据编辑
   {
```

```
        keynum();
        while(key!=0)                       //按键松手检测
        keynum();
        if(key_num<9)                       //判断键值是否为1~8数字键
        {
            sbuf_out=sbuf_out|(0x80>>(key_num-1));
            key_num=1001;                   //清除按键值
            P2=~sbuf_out;                   //对操作LED对象编辑并显示
        }
        if(key_num==15)                     //在15键按下时
        {
            TAKE_SBUF(sbuf_out);            //串口发送对象值
            key_num=1001;                   //键值清0
            take_key=0;                     //开关标志位清0
            delay(250);                     //延时
            TAKE_SBUF(led_sta);             //发送动作值
        }
    }
}
void main()
{
    SCON=0XD0;                              //设置串口通信为方式3,11位异步串行通信方式
    TMOD=0X20;
    TH1=0XFD;
    TL1=0XFD;
    TR1=1;
    EA=1;                                   //开总中断
    ES=1;                                   //开串口中断
    P2=0xff;                                //数码管位选口初始化
    while(1)
    {
        keyplay();                          //按键扫描
    }
}
/****************************************** /
//函数名:ser() interrupt 4
//功能:串口中断响应程序
//调用函数:无
//输入参数:无
//输出参数:无
//说明:接收下位机发送的校验数据并进行校验,用数码管显示结果
/****************************************** /
void setled() interrupt 4
{
    buf[countm]=SBUF;
    countm++;
    if(countm>1)
    {
        countm=0;
        if(buf[0]==sbuf_out)
        {
```

```
            if(buf[1]==led_sta)          //接收到的数据与原先发送出去的数据一样
            {
                if(buf[1]==0xff)
                    P0=0xcf;             //动作为"开灯",数码管显示1表示开灯成功
                if(buf[1]==0x00)
                    P0=0xc0;             //动作为"关灯",数码管显示0表示关灯成功
                P3_7=0;
                delay(250);
                P3_7=1;                  //蜂鸣器短暂鸣叫
            }
        }
    }
    RI=0;                                //接收中断标志位置0
}
/**************** 控制端程序结束******************* /
```

程序解析：

(1)主函数 main()初始化：

```
SCON=0XD0;                               //设置串口通信为方式3,11位异步串行通信方式
TMOD=0X20;                               //设置定时器工作方式
TH1=0XFD;                                //设置定时器时间
TL1=0XFD;                                //设置定时器时间
TR1=1;                                   //开启定时器
EA=1;                                    //开总中断
ES=1;                                    //开串口中断
```

该代码片段主要完成串口中断初始化。其中初始化 SCON = 0XD0 = $(11010000)_2$。根据表4-1-5可知,SM0 SM1 = 11,串行口工作于方式3;REN = 1,串行接收允许位打开;TI = 0,RI = 0,清除发送中断标志位和接收中断标志位。

工作方式3的波特率与定时器有关,因为这里初始化了定时器1,工作方式2,定时时间常数 TH1 = 0XFD = $(11111101)_2$ = 253,TL1 = 0XFD。定时器工作于方式2,是把16位定时器拆分为两个部分,TL1作为计数器,TH1保存计数初值。在程序开始时,由软件赋予相同的初值,因为TH1已经保存计数初值,在后面的计数中,不需要重新赋值了。适用于需要产生相当精度的定时时间的应用场合,常用于串行口波特率发生器。串口工作于方式3的波特率计算公式如下：

$$\begin{aligned}\text{波特率} &= (2^{SMOD}/32)\times f_{osc}/12(2^x-\text{初始值})\\ &= (2^0/32)\times 12\ \text{MHz}/[12(2^8-253)]\\ &\approx 10\ 416\ \text{bit/s}\end{aligned}$$

(2)程序自定义的通信帧,通信帧的结构如图5-2-10所示。

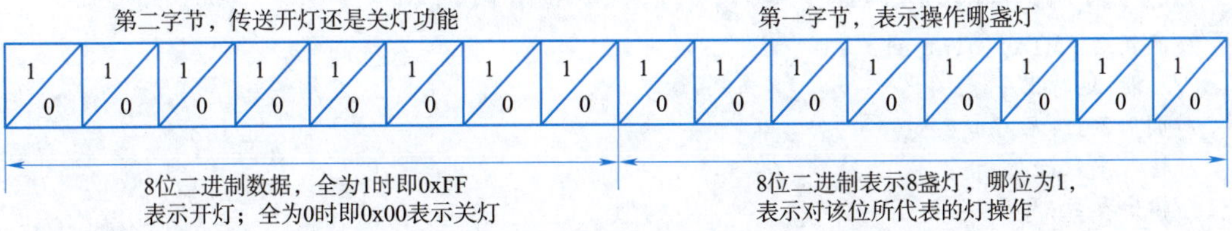

图 5-2-10　通信帧的结构

通信帧一共2字节,第二字节0xFF表示开灯,0x00表示关灯。第一字节每一位代表一个灯

的状态,“1”表示亮灯状态,“0”表示灭灯状态,“ - ”表示正在操作状态。

其中,第二字节可以只用一位来表示开灯和关灯的操作,其余的可以作为扩展功能保留用。

(3)中断函数 void setled() interrupt 4,下面逐句进行解释:

```
void setled() interrupt 4
{
    buf[countm] = SBUF;                  //每次接收一个字节数据
    countm ++;                           //接收字节计数
    if(countm >1);                       //接收通信帧数据完毕后,开始逐字分析
    {
        countm =0;                       //计数值清 0
        if(buf[0] == sbuf_out)           //判断收到的第一字节与发出去的是否一致
        {
            if(buf[1] == led_sta)        //接收到的数据与原先发送出去的数据一样
            {
                if(buf[1] ==0xff)
                P0 =0xcf;                //动作为“开灯”,数码管显示 1 表示开灯成功
                if(buf[1] ==0x00)
                P0 =0xc0;                //动作为“关灯”,数码管显示 0 表示关灯成功
                P3_7 =0;                 //打开蜂鸣器
                delay(250);
                P3_7 =1;                 //关闭蜂鸣器
            }
        }
    }
RI =0;                                   //接收中断标志位置 0,准备再一次接收数据
}
```

中断函数名为 setled(),interrupt 是关键字,其后面的 4 表示系统串口中断。中断每次触发首先接收数据,接收 2 个数据即完整通信帧数据包后,开始进行解包分析。首先判断数据包接收是否正确,如果正确则利用 buf[1]判断是开灯还是关灯;然后根据 buf[0]确定本次操作是哪几盏灯。最后驱动蜂鸣器,对操作工作人员进行声音提示。

2. 照明终端程序

照明终端程序主要完成接收控制端的指令,并控制车站照明灯的亮灭。具体程序如下:

```
/****************** 照明终端程序开始***************** /
#include <at89x51.h>
#define uint unsigned int
#define uchar unsigned char
uchar countm,buf[2];
//******************************************* /
//函数名:delay(uint x)
//功能:延时程序
//调用函数:无
//输入参数:x
//输出参数:无
//说明:程序的延时时间为 x 乘以 0.2 ms
/******************************************* /
void delay(uchar x)
{
```

```
    uchar y,z;
    for(y=x;y>0;y--)
    for(z=110;z>0;z--);               //该步运行时间约为 0.2 ms
}
/****************************************** /
//函数名:TAKE_SBUF(uchar dat)
//功能:串口数据发送程序
//调用函数:无
//输入参数:dat
//输出参数:无
//说明:dat 为要发送的八位二进制数据
/****************************************** /
void TAKE_SBUF(uchar dat)
{
    ES=0;                             //关串口中断
    SBUF=dat;                         //将要发送的数据存入 SBUF 寄存器中
    while(~TI);                       //等待发送结束
    TI=0;                             //发送中断标志位置 0
    ES=1;                             //开串口中断
}
void main()
{
    SCON=0XD0;                        //设置串口通信为方式 3,11 位异步串行通信方式
    TMOD=0X20;                        //设置串口通信为方式 3 下的波特率
    TH1=0XFD;
    TL1=0XFD;
    TR1=1;                            //启动定时器
    EA=1;                             //开总中断
    ES=1;                             //开串口中断
    P1=0;
    while(1)
    {}
}
/****************************************** /
//函数名:int0rupt() interrupt 4
//功能:串口中断响应程序
//调用函数:无
//输入参数:无
//输出参数:无
/****************************************** /
void ser() interrupt 4
{
    delay(50);
    buf[countm]=SBUF;
    countm++;
    if(countm>1)
    {
        countm=0;
        if(buf[1]==0xff)              //开灯命令
        P1=P1|buf[0];                 //对上位机指定的 LED 操作对象进行开灯动作
        if(buf[1]==0x00);             //关灯命令
```

```
            P1 = P1 & ( ~buf[0]);                  //对上位机指定的 LED 操作对象进行关灯动作
            TAKE_SBUF(buf[0]);                     //发送对象校验数据
            delay(50);                             //延时
            TAKE_SBUF(buf[1]);                     //发送动作校验数据
        }
        RI = 0;                                    //接收中断标志位置 0,准备再一次接收数据
    }
/***************** 照明终端程序结束***************** /
```

程序解析:

中断函数 void ser( ) interrupt 4,下面逐句进行解释:

```
void ser() interrupt 4
{
    delay(50);                                     //延时
    buf[countm] = SBUF;                            //接收串口数据
    countm ++;                                     //记录接收的数据个数
    if(countm >1)                                  //两个字节的数据接收完毕了吗
    {
        countm = 0;                                //接收完毕后,记录数据清零,准备重新接收记录
        if(buf[1] ==0xff)                          //0xff 表示开灯
        P1 = P1 |buf[0];                           //对车站 LED 进行开灯操作
        if(buf[1] ==0x00)                          //0x00 表示关灯
        P1 = P1 & ( ~buf[0]);                      //对车站 LED 进行关灯操作
        TAKE_SBUF(buf[0]);                         //把收到的数据回传上位机
        delay(50);                                 //延时
        TAKE_SBUF(buf[1]);                         //把收到的数据回传上位机
    }
    RI = 0;                                        //接收中断标志位置 0
}
```

中断函数名为 ser( ),interrupt 是关键字,其后面的 4 表示系统串口中断。中断每次触发首先接收数据,接收 2 个数据即完整通信帧数据包之后,开始进行解包分析。首先判断数据包接收是否正确,如果正确则利用 buf[1]判断是开灯还是关灯。打开或者关闭车站对应的 LED 灯。

注意: 收发函数 void TAKE_SBUF(uchar dat),准备发送时先关闭串口 ES = 0,发送成功后,重新打开 ES = 1,准备下一次发送数据。这样发送期间不会受到串口的干扰,防止数据发送或者接收出错。

任务实施

本书配套建设了实验箱,书中所有程序皆可在实验箱上进行验证。任务要求先进行仿真验证,再用实验箱进行验证。智能照明系统实验材料清单见表 5-2-1。

表 5-2-1 智能照明系统实验材料清单

序 号	名 称	规 格	数 量
1	51 单片机实验箱	本书配套	2
2	计算机	Win 10 系统	1
3	仿真软件 Proteus	Proteus 7 以上	1
4	Keil	μVision 4 以上	1

续表

序　号	名　称	规　格	数　量
5	蜂鸣器	5 V	1
6	矩阵键盘	机械式	1
7	8 位数码管	共阴极	1
8	发光二极管	白色	8
9	光强传感器	5 V	4
10	人体感应传感器	5 V	4
11	串口线	标准	1
12	杜邦线	公对公、公对母、母对母	若干

本任务仿真结果如图 5-2-11 所示。

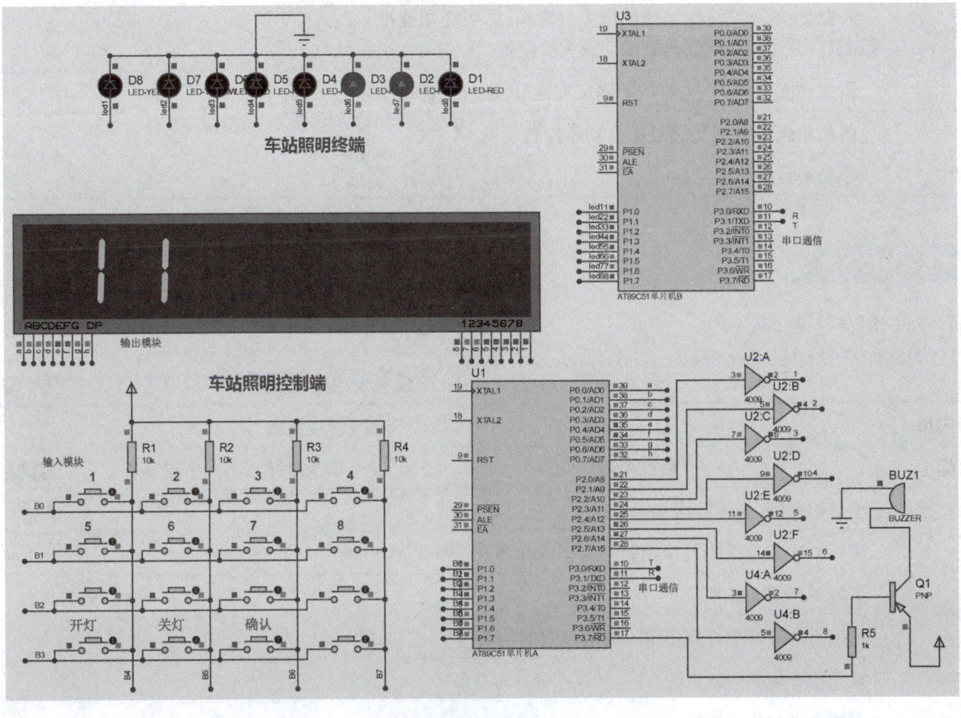

图 5-2-11　智能照明系统仿真结果图

请对照表 5-2-2 进行智能照明系统实验操作，并记录关键步骤和关键代码。其中，附加功能是提高部分，供学有余力的学生进行能力提升。

表 5-2-2　智能照明系统实验关键步骤

序号	关键步骤	具体实施（图片、文字）或对应关键代码
1	检查实验箱对应部件是否良好	
2	实验箱与计算机连接，实验箱串口与另外实验箱串口连接	
3	建立单片机工程，工程名为 mastercom，单片机型号选择实验箱上对应的单片机型号。该工程为主节点（车站照明控制端）工程	

续表

序号	关键步骤	具体实施(图片、文字)或对应关键代码
4	建立单片机工程,工程名为 slavecom,单片机型号选择实验箱上对应的单片机型号。该工程为从节点(照明终端)工程	
5	编写主节点程序,并编译通过,生成 mastercom. hex 文件	
6	编写从节点程序,并编译通过,生成 slavecom. hex 文件	
7	用仿真器成功下载代码到主、从实验箱的单片机上	
8	用 4 根杜邦线连接主、从单片的串口,或者用标准串口线连接	
9	先启动运行从节点实验箱,再启动运行主节点实验箱	
10	功能 1:车站照明控制端进行开灯操作,照明终端能准确开灯,并且控制端数码管能反映开灯位置	
11	功能 2:车站照明控制端进行关灯操作,照明终端能准确关灯,并且控制端数码管能反映关灯位置	
12	附加功能 1:开灯,关灯按下确定按键后,进行声音提示	
13	附加功能 2:利用传感器进行光照控制	
14	整理实验台	

任务评价

任务评价表见表 5-2-3。

表 5-2-3　智能照明系统任务评价表

小组成员		学生姓名		
目标	目标内容	学生自评	小组互评	导师总评
知识	了解物联网、人工智能知识应用			
	理解 C51 单片机串行口控制与状态寄存器			
	了解 MAX232 芯片			
	根据通信波特率计算出定时器应设置的初始值			
	定义信令帧结构的方法			
	理解主机和从机的概念			
能力	能设计智能照明电路			
	能初始化串口中断			
	能根据中断源编写复杂的串口中断函数			
	根据硬件对数码管进行特殊编码显示			
	能根据要求设计信令帧结构			
素养	具有安全作业的操作意识			
	具有城轨照明系统生产安全的责任意识			
	具有科技强国的责任感			
	具有绿色交通的环保意识和创新精神			
	操作规范、团结协作、认真严谨等职业素养			

巩固练习

一、单选题

1. 已知某串口 1 s 可向外传送 480 帧，每帧包含 10 位数据信息，其波特率为(　　)。
   A. 2 400 bit/s　　B. 4 800 bit/s　　C. 9 600 bit/s　　D. 19 200 bit/s
2. 80C51 单片机串行通信波特率设置与下面(　　)寄存器无关。
   A. PCON　　B. SCON　　C. TH1　　D. TH0
3. 设置单片机串行通信工作于 8 位移位寄存器模式的是(　　)。
   A. SM0 = 0，SM1 = 0　　B. SM0 = 0，SM1 = 1
   C. SM0 = 1，SM1 = 0　　D. SM0 = 1，SM1 = 1
4. 执行赋值语句 SCON = (SCON&0x0f) |0xD0，串行通信模式为(　　)。
   A. 模式 0　　B. 模式 1　　C. 模式 2　　D. 模式 3
5. RS-232 与 TTL 接口电平不一致，需通过(　　)进行电平转换。
   A. MAX232　　B. SN74HC245　　C. CD4009　　D. 74LS04
6. 设两设备之间距离为 120 m，应选择的通信方式是(　　)。
   A. RS-232　　B. RS-422　　C. RS-485　　D. 都可以
7. 在多设备异步通信控制系统中，应使用(　　)通信方式。
   A. RS-232　　B. RS-485　　C. USB　　D. 都可以
8. 51 单片机用中断号为程序提供中断向量地址，串口的中断号是(　　)。
   A. 1　　B. 2　　C. 3　　D. 4
9. 以下对矩阵按键的特点，说法正确的是(　　)。
   A. 占用资源少，程序简单　　B. 占用资源少，程序复杂
   C. 占用资源多，程序简单　　D. 占用资源多，程序复杂
10. 在程序运行过程中设置串口接收允许的语句是(　　)。
   A. SCON = SCON&0X10　　B. SCON = SCON|0X10
   C. SCON = SCON&0X20　　D. SCON = SCON|0X20

二、填空题

1. RS-232 传输电平信号接口的电平值较高，信号“1”为________V，信号“0”为________V，RS-232 信号需使用________芯片完成电平转换后才能与单片机串口通信。

2. RS-485 收发器采用________发送和________接收，总线上可并联________个设备。

3. 51 单片机串口工作方式有________种，固定波特率的是________，波特率可变的是________。

4. 80C51 单片机定时器 1 有________种工作方式，________为 8 位自动重装初值模式，当定时器产生溢出时，系统会自动将寄存器________值赋给寄存器________，完成初值重装。

5. 51 单片机串口工作方式 0 时，为________模式，________端口接收或发送数据，________端口输出移位时钟信号。

6. 51 单片机串口工作在波特率可变模式时，波特率由________设置，通常使其工作于方式________。

7. 51 单片机串口工作时，收发数据可________进行，这种方式又称________通信模式。

8. MAX232 芯片有________组 RS-232 转 TTL 电平转换电路。

9. 在串口通信中,数字“1”用________表示,字母“a”用________表示。

10. 51 单片机串口收发数据的缓冲存器有________个,名称是________。

三、计算题

1. 要求设置 51 单片机的串口通信波特率为 9 600 bit/s,串口工作在方式 1,晶振频率分别为 12 MHz、11.059 2 MHz,计算定时器 1 的对应初值。

2. 晶振频率为 11.059 2 MHz,要求设置 51 单片机的串口的波特率为 4 800 bit/s,工作方式为 11 位异步串行通信,波特率可变、接收允许,给出特殊功能寄存器 SCON、TMOD 的值及定时器的初值。

四、简答题

1. 说明串口中断初始化赋值语句 SCON = 0x50 所完成的功能。

2. 说明形如￥、* 这些特殊符号如何通过串口进行数据传输。

3. 矩阵按键编写程序的步骤有哪些?

项目六

车站设备电压监控系统设计与应用

任务1 静态显示列车到站时间

任务目标

视频

车站设备电压监控系统虚拟车站导学

知识目标：

(1)掌握 LCM1602 的特点和应用。

(2)理解液晶屏的读、写、刷新等原理。

(3)了解 I2C 总线时序图。

(4)理解独立按键的控制逻辑。

能力目标：

(1)能根据要求在单片机最小系统基础上设计车站静态显示时间电路。

(2)能利用独立按键控制显示内容。

(3)能根据 LCM1602 液晶屏的十六进制 ASCII 码表查找相应的字符。

(4)能根据硬件时序图修改硬件时序函数。

素养目标：

(1)牢固树立“安全第一、预防为主”的安全作业意识,深刻认识城轨机电设备电压安全的重要性,具备识别和防范电气安全隐患的专业能力。

(2)秉持精益求精的工匠精神,追求卓越品质,注重细节把控,在设备操作和维护中力求精准、专业、完美。

(3)胸怀科技报国之志,以推动轨道交通事业发展为己任,积极学习新技术、掌握新技能,为提升我国轨道交通技术水平贡献力量。

(4)严格遵守操作规程,具备良好的团队协作精神,工作认真负责、严谨细致,始终保持高度的职业责任感和敬业精神。

任务描述

LED 数码管具有亮度高、寿命长、耐冲击、抗振能力强等优点,因此被广泛应用于各种场合。但缺点也很明显,最大的缺点就是只能显示数字和少量字母。因此,本任务学习使用 LCM1602 液晶屏,液晶屏可以随意显示数字、英文、中文,能够应用于各个场合。

本任务使用按键控制 LCM1602 液晶屏静态显示列车到站预计时间,方便乘客进行时间安排,提高乘客满意度。如图 6-1-1 所示,可以看到本次列车预计到站时间和下次列车预计到站时间。

图 6-1-1 列车到站时间提示

知识链接

一、硬件知识

本任务使用 LCM1602 液晶屏。由于液晶使用插件连接,所以本开发板液晶部分端口连接是固定的,如果需要使用其他端口驱动液晶,需要用杜邦线单独连接。其电路原理图如图 6-1-2 所示。

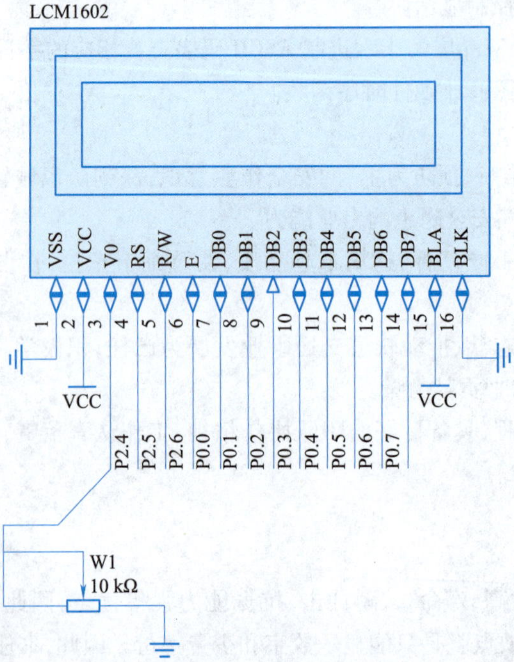

图 6-1-2 LCM1602 液晶屏电路原理图

LCM1602 液晶屏引脚功能见表 6-1-1。

表 6-1-1 LCM1602 液晶屏引脚功能

引脚	符号	功 能	说 明
1	VSS	一般接地	
2	VCC	接电源(+5 V)	
3	V0	液晶显示器对比度调整端,接正电源时对比度最弱,接地电源时对比度最高(对比度过高时会产生“鬼影”,使用时可以通过一个 10 KΩ 的电位器调整对比度)	
4	RS	RS 为寄存器选择端,高电平 1 时选择数据寄存器;低电平 0 时选择指令寄存器	
5	R/W	R/W 为读写信号线,高电平 1 时进行读操作;低电平 0 时进行写操作	
6	E	E(或 EN)端为使能端,下降沿使能	
7	DB0	低 4 位三态、双向数据总线	0 位(最低位)
8	DB1	低 4 位三态、双向数据总线	1 位
9	DB2	低 4 位三态、双向数据总线	2 位
10	DB3	低 4 位三态、双向数据总线	3 位
11	DB4	高 4 位三态、双向数据总线	4 位
12	DB5	高 4 位三态、双向数据总线	5 位
13	DB6	高 4 位三态、双向数据总线	6 位
14	DB7	高 4 位三态、双向数据总线	7 位(最高位)(也是忙标志位)
15	BLA	背光电源正极	
16	BLK	背光电源负极	

可以看到,在本任务电路中,液晶屏的数据总线 DB0 ~ DB7 接到单片机 P0.0 ~ P0.7 端口,使能端口 E 接到单片机 P2.6 端口,V0 端口接一个可变电阻,完成对比度调节。

1. LCM1602 液晶屏常见字符显示

LCM1602 液晶屏内部的字符发生存储器(CGROM)已经存储了 160 个不同的点阵字符图形,这些字符有:阿拉伯数字、英文字母的大小写、常用的符号等,每一个字符都有一个固定的代码,比如大写英文字母“A”的代码是 01000001B(41H),显示时模块把地址 41H 中的点阵字符图形显示出来,就能看到字母“A”。因为 LCM1602 识别的是 ASCII 码,实验时可以用 ASCII 码直接赋值。在单片机编程中还可以用字符型常量或变量赋值,如'A'。LCM1602 液晶屏的十六进制 ASCII 码表见表 6-1-2。

读的时候,先读上面的列,再读左边的行,如感叹号“!”的 ASCII 为 0x21(高 4 位:0010,低 4 位:0001),同理字母“B”的 ASCII 码为 0x42(前面加 0x 表示十六进制)。字母 A ~ L 字形码地址列表见表 6-1-3,其他字母可以进行类推。

表 6-1-2 LCM1602 液晶屏的十六进制 ASCII 码表

低4位	高4位															
	0000	0001	0010	0011	0100	0101	0110	0111	1000	1001	1010	1011	1100	1101	1110	1111
××××0000	CG RAM (1)	▶		0	@	P	`	p	Б	α	▌▌	°	À	Ð	à	ð
××××0001	(2)	◀	!	1	A	Q	a	q	Д	♪	¡	±	Á	Ñ	á	ñ
××××0010	(3)	“	"	2	B	R	b	r	Ж	Γ	¢	²	Â	Ò	â	ò
××××0011	(4)	”	#	3	C	S	c	s	З	π	£	³	Ã	Ó	ã	ó
××××0100	(5)	⏫	$	4	D	T	d	t	И	Σ	¤	₧	Ä	Ô	ä	ô
××××0101	(6)	⏬	%	5	E	U	e	u	Й	σ	¥	µ	Å	Õ	å	õ
××××0110	(7)	●	&	6	F	V	f	v	Л	♬	¦	¶	Æ	Ö	æ	ö
××××0111	(8)	↵	'	7	G	W	g	w	П	τ	§	·	Ç	×	ç	÷
××××1000	(1)	↑	(	8	H	X	h	x	У	🔔	ƒ	ω	È	Ø	è	ø
××××1001	(2)	↓	)	9	I	Y	i	y	Ц	Θ	©	¹	É	Ù	é	ù
××××1010	(3)	→	*	:	J	Z	j	z	Ч	Ω	ª	º	Ê	Ú	ê	ú
××××1011	(4)	←	+	;	K	[	k	{	Ш	δ	«	»	Ë	Û	ë	û
××××1100	(5)	≤	,	<	L	\	l	|	Щ	∞	Ю	¼	Ì	Ü	ì	ü
××××1101	(6)	≥	-	=	M	]	m	}	Ъ	♥	Я	½	Í	Ý	í	ý
××××1110	(7)	▲	.	>	N	^	n	~	Ы	ε	®	¾	Î	Þ	î	þ
××××1111	(8)	▼	/	?	O	_	o	⌂	Э	∩	‘	¿	Ï	ß	ï	ÿ

表 6-1-3 字母 A ~ L 字形码地址列表

序号	1	2	3	4	5	6	7	8	9	10	11	12	13	14	15
字母	A	B	C	D	E	F	G	H	I	J	K	L	M	N	O
地址	41	42	43	44	45	46	47	48	49	4B	4B	4C	4D	4E	4F

2. LCM1602 液晶屏实验箱连接步骤

(1)找准液晶屏电路板 1 号插针,如图 6-1-3 所示。

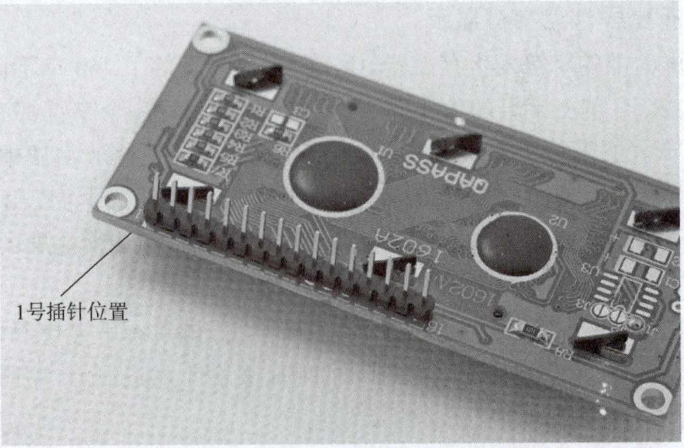

图 6-1-3 液晶屏电路板插针示意图

(2)将液晶屏插入实验箱对应的位置,如图 6-1-4 所示。

(3)连接成功后示意图如图 6-1-5 所示。

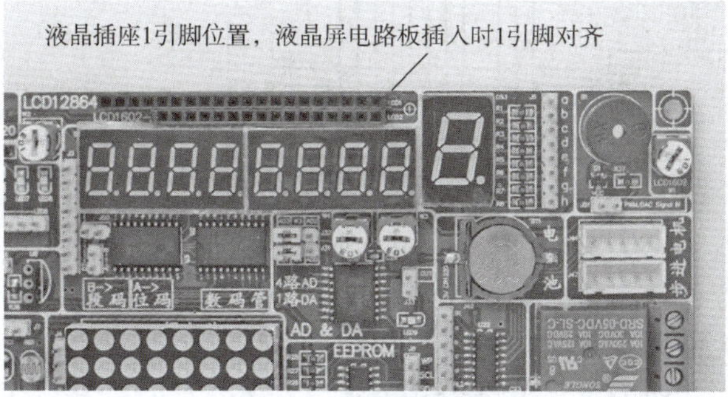

图 6-1-4　实验箱上液晶屏插孔位置图

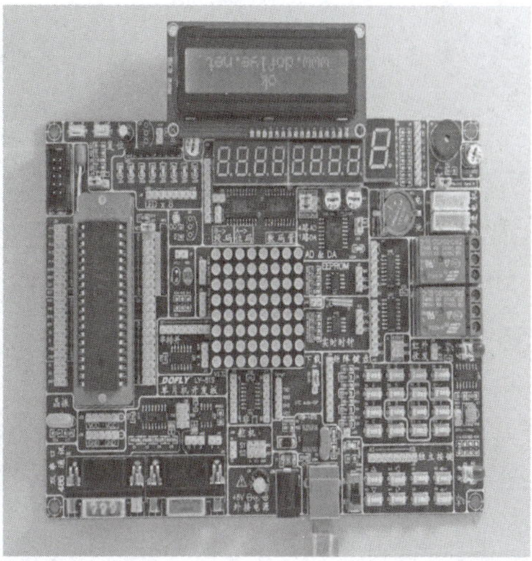

图 6-1-5　液晶屏与实验箱连接成功后示意图

此时可以把编写好的程序进行下载,开始系统调试。

二、仿真实现

仿真电路如图 6-1-6 所示,与实际单片机电路图引脚完全一样。

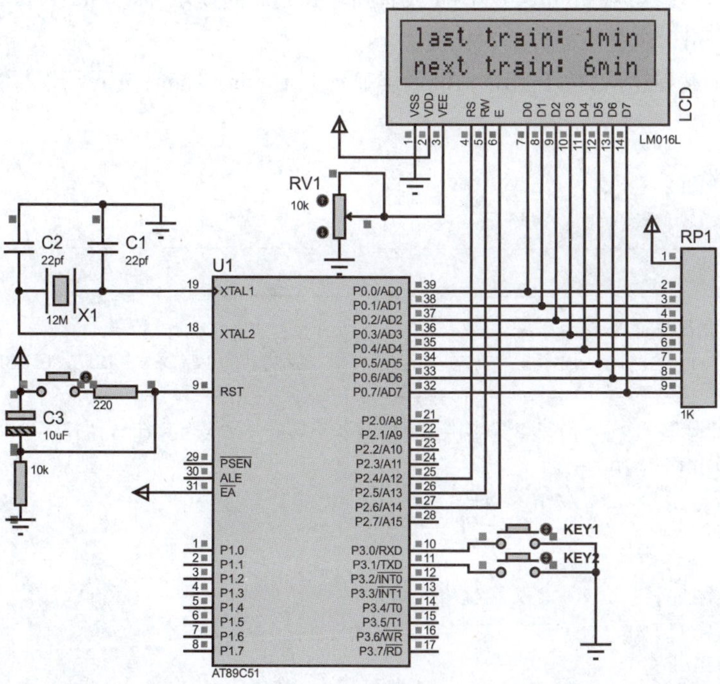

(a)

图 6-1-6　液晶屏显示仿真结果

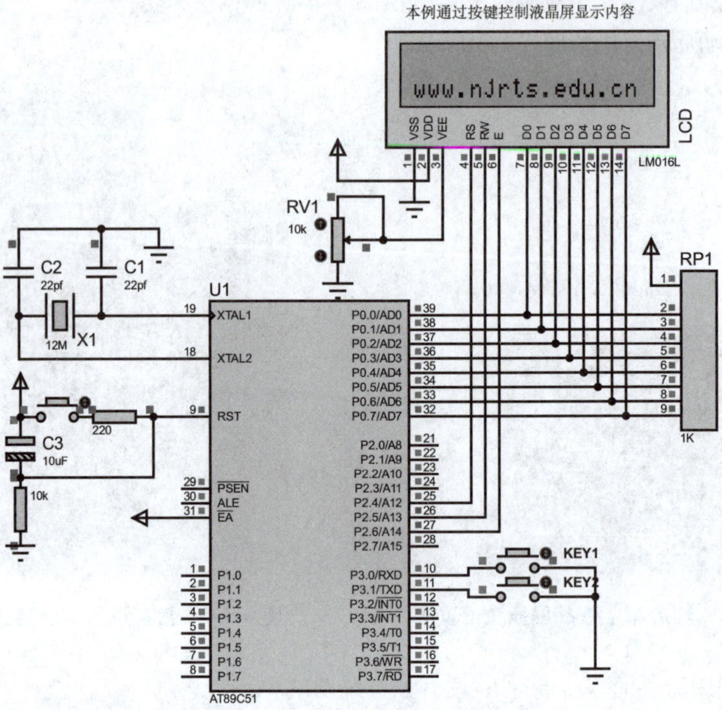

（b）

图 6-1-6　液晶屏显示仿真结果(续)

液晶屏的数据端 D0 ~ D7 接到了单片机 P0.0 ~ P0.7。使用了 P3.0 和 P3.1 端口连接两个独立按键来控制显示内容:www.njrts.edu.cn 或者列车到站时间提示 last train:1min。VEE 接了一个 10 kΩ 可变电阻,用于调整液晶屏的对比度。

实验现象:下载程序后,按下 KEY1,液晶屏显示 last train: 1min;按下 KEY2,液晶屏显示 www.njrts.edu.cn。

三、程序详解

```
/* ------------------------------开始------------------------------*/
/* ------------------------------------------------------------
内容:通过标准程序静态显示字符
引脚定义如下:1-VSS, 2-VDD, 3-V0, 4-RS, 5-R/W, 6-E, 7~14-DB0~DB7, 15-BLA, 16-BLK
------------------------------------------------------------*/
#include <reg52.h>     //包含头文件,一般情况不需要改动,头文件包含特殊功能寄存器的定义
#include <intrins.h>
sbit RS = P2^4;        //定义端口
sbit RW = P2^5;
sbit EN = P2^6;
sbit KEY1 = P3^0;      //定义按键输入端口
sbit KEY2 = P3^1;
char num = 0;
#define RS_CLR  RS = 0
#define RS_SET  RS = 1
#define RW_CLR  RW = 0
#define RW_SET  RW = 1
```

```
#define EN_CLR  EN=0
#define EN_SET  EN=1
#define DataPort  P0
/* -----------------------------------------------------------
微秒延时函数,含有输入参数 unsigned char t,无返回值。unsigned char 是定义无符号字符变量,其值的范围是 0~255。这里使用晶振频率为 12 MHz,精确延时请使用定时器,大致延时长度为 T=x2t+5(μs)
------------------------------------------------------------*/
void DelayUs2x(unsigned char t)
{
  while(--t);
}
/* -----------------------------------------------------------
毫秒延时函数,含有输入参数 unsigned char t,无返回值。unsigned char 是定义无符号字符变量,其值的范围是 0~255。这里使用晶振频率为 12 MHz,精确延时请使用汇编
------------------------------------------------------------*/
void DelayMs(unsigned char t)
{
    while(t--)
    {
    //大致延时 1 ms
        DelayUs2x(245);
        DelayUs2x(245);
    }
}
/* -----------------------------------------------------------
                判忙函数
------------------------------------------------------------*/
bit LCD_Check_Busy(void)
{
  DataPort= 0xFF;
  RS_CLR;
  RW_SET;
  EN_CLR;
  _nop_();
  EN_SET;
  return (bit)(DataPort & 0x80);
}
/* -----------------------------------------------------------
                写入命令函数
------------------------------------------------------------*/
void  LCD_Write_Com(unsigned char com)
{
  DelayMs(5);
  RS_CLR;
  RW_CLR;
  EN_SET;
  DataPort= com;
  _nop_();
  EN_CLR;
  }
```

```
/* ---------------------------------------------------------
写入数据函数
---------------------------------------------------------* /
void LCD_Write_Data(unsigned char Data)
{
  //while(LCD_Check_Busy());               //忙则等待
  DelayMs(5);
  RS_SET;
  RW_CLR;
  EN_SET;
  DataPort = Data;
  _nop_();
  EN_CLR;
}

/* ---------------------------------------------------------
                清屏函数
---------------------------------------------------------* /
voidLCD_Clear(void)
{
  LCD_Write_Com(0x01);
  DelayMs(5);
}
/* ---------------------------------------------------------
                写入字符串函数
---------------------------------------------------------* /
void LCD_Write_String(unsigned char x,unsigned char y,unsigned char * s)
{
    if (y == 0)
    {
      LCD_Write_Com(0x80 + x);           //表示第一行
    }
    else
    {
      LCD_Write_Com(0xC0 + x);           //表示第二行
    }
    while (* s)
    {
      LCD_Write_Data( * s);
      s ++;
    }
}
/* ---------------------------------------------------------
                写入字符函数
---------------------------------------------------------* /
void LCD_Write_Char(unsigned char x,unsigned char y,unsigned char Data)
{
    if (y == 0)
    {
      LCD_Write_Com(0x80 + x);
    }
```

```
else
  {
    LCD_Write_Com(0xC0 + x);
  }
LCD_Write_Data( Data);
}
/* ---------------------------------------------------
             初始化函数
--------------------------------------------------- * /
void LCD_Init(void)
{
    LCD_Write_Com(0x38);                    //显示模式设置
    DelayMs(5);
    LCD_Write_Com(0x38);
    DelayMs(5);
    LCD_Write_Com(0x38);
    DelayMs(5);
    LCD_Write_Com(0x38);
    LCD_Write_Com(0x08);                    //显示关闭
    LCD_Write_Com(0x01);                    //显示清屏
    LCD_Write_Com(0x06);                    //显示光标移动设置
    DelayMs(5);
    LCD_Write_Com(0x0C);                    //显示开及光标设置
}
unsigned char KeyScan(void)
{
/****************************************** /
    if(! KEY1);                             //如果检测到低电平,说明按键按下
    {
      DelayMs(10);                          //延时去抖,一般为 10 ~ 20 ms
      if(! KEY1)                            //再次确认按键是否按下,没有按下则退出
      {
        while(! KEY1);                      //如果确认按下按键等待按键释放,没有则退出
        {
          return 1;
        }
      }
    }
/****************************************** /
    else if(! KEY2);                        //如果检测到低电平,说明按键按下
    {
      DelayMs(10);                          //延时去抖,一般为 10 ~ 20 ms
      if(! KEY2)                            //再次确认按键是否按下,没有按下则退出
      {
        while(! KEY2);                      //如果确认按下按键,等待按键释放,没有则退出
        {
          return 2;
        }
      }
    }
}
```

```
/* ------------------------------------------------------------
            主函数
------------------------------------------------------------* /
void main(void)
{
  LCD_Init();
  LCD_Clear();          //清屏
  while (1)
  {
    num=KeyScan();
    if(num==1){
      LCD_Clear();
      LCD_Write_String(0,0,"last train: 1min");
      LCD_Write_String(0,1,"next train: 6min");
      DelayMs(1000);
    }
    if(num==2){
      LCD_Clear();
      LCD_Write_String(0,1,"www.njrts.edu.cn");
      DelayMs(1000);
    }
  }
}
/* ---------------------------结束-------------------------------* /
```

程序解析:

(1)写命令。写数据函数 LCD_Write_Com(),LCD_Write_Data(),都是根据 LCM1602 的时序图。根据时序图对信号 RS、R/W、E 和 DB 进行赋值操作,即可完成写数据和写指令等操作。

(2)按键释放语句:`while(! KEY1);`按键除了消抖,还需要防止出现用户按一次按键,系统检测到多次按键,所以要加入判断按键释放语句。

(3)本例程没有使用到显示字符函数 LCD_Write_Char(),读者可以根据函数的入参,自行测试该函数,正确显示一个字符。

任务实施

本书配套建设了实验箱,书中所有程序皆可在实验箱上进行验证。任务要求先进行仿真验证,再用实验箱进行验证。静态显示列车时间实验材料清单见表 6-1-4。

表 6-1-4　静态显示列车时间实验材料清单

序　号	名　称	规　格	数　量
1	51 单片机实验箱	本书配套	2
2	计算机	Win 10 系统	1
3	仿真软件 Proteus	Proteus 7 以上	1
4	Keil	μVision 4 以上	1
5	驱动芯片 74HC573		2
6	LCM1602 液晶屏		1

续表

序　号	名　称	规　格	数　量
7	独立按键	机械式	2
8	杜邦线	公对公、公对母、母对母	若干

请对照表6-1-5进行静态显示列车时间实验操作，并记录关键步骤和关键代码。其中，附加功能是提高部分，供学有余力的学生进行能力提升。

表6-1-5　静态显示列车时间实验关键步骤

序号	关键步骤	具体实施（图片、文字）或对应关键代码
1	检查实验箱对应部件是否良好	
2	实验箱与计算机连接	
3	建立单片机工程，工程名为lcddisplay，单片机型号选择实验箱上对应的单片机型号	
4	编写程序，并编译通过，生成lcddisplay. hex文件	
5	用仿真器成功下载代码到实验箱的单片机上	
6	按照原理图用杜邦线将液晶屏接入系统	
7	运行单片机系统，进行功能测试	
8	功能1：按KEY1，显示最近两趟列车到站时间	
9	功能2：按KEY2，显示宣传网址	
10	附加功能：更改网址内容	
11	整理实验台	

任务评价

任务评价表见表6-1-6。

表6-1-6　静态显示列车时间任务评价表

小组成员		学生姓名		
目标	目标内容	学生自评	小组互评	导师总评
知识	掌握LCM1602的特点和应用			
	理解液晶屏的读、写、刷新等原理			
	了解I2C总线时序图			
	理解独立按键的控制逻辑			
能力	能设计车站静态显示时间电路			
	能利用独立按键控制显示内容			
	能根据LCM1602液晶屏的十六进制ASCII码表查找相应的字符			
	能根据硬件时序图修改硬件时序函数			
素养	牢固树立“安全第一、预防为主”的安全作业意识			
	精益求精的工匠精神			
	胸怀科技报国之志，积极学习新技术、掌握新技能			
	严格遵守操作规程，具备良好的团队协作精神			

任务2 滚动显示列车时间

任务目标

知识目标：

（1）理解液晶屏的读、写、刷新等硬件编程。

（2）理解液晶屏滚动显示原理。

（3）深入理解 I2C 总线时序图。

（4）理解按键与系统功能的设定。

能力目标：

（1）能够独立完成液晶屏的硬件编程，实现数据的读取、写入和刷新操作。

（2）能够根据实际需求，设计和实现液晶屏的滚动显示效果。

（3）能够熟练分析 I2C 总线时序图，并运用 I2C 协议进行设备间的通信。

（4）能够根据系统功能需求，设计和实现按键功能，并进行系统调试和优化。

素养目标：

（1）具备扎实的硬件编程基础和逻辑思维能力，能够独立分析和解决液晶屏编程中的实际问题。

（2）具备创新意识和实践能力，能够根据实际应用场景，设计和实现个性化的液晶屏显示效果。

（3）具备严谨细致的工作态度和良好的沟通能力，能够准确理解 I2C 总线协议，并与团队成员协作完成设备通信任务。

（4）具备系统思维和问题解决能力，能够综合考虑按键功能、系统性能和用户体验，进行系统优化和功能完善。

任务描述

本任务使用 LCM1602 液晶屏动态显示列车到站预计时间，方便乘客进行时间安排，提高乘客满意度。如图 6-2-1 所示，山东菏泽火车站提示屏幕从左到右滚动显示列车开出时间，利用有限的屏幕尽可能显示更多的信息，更友好地提醒乘客。

视频
车站滚动显示列车发出时间

图 6-2-1 山东菏泽火车站滚动显示列车时间

知识链接

一、硬件知识

本任务使用 LCM1602 液晶屏显示，其仿真电路原理和硬件电路原理和任务 1 相同。就是在显示时利用动态显示。所以，硬件原理这里不再赘述。

二、仿真实现

仿真电路如图 6-2-2 所示，与实际单片机电路图引脚完全一样。

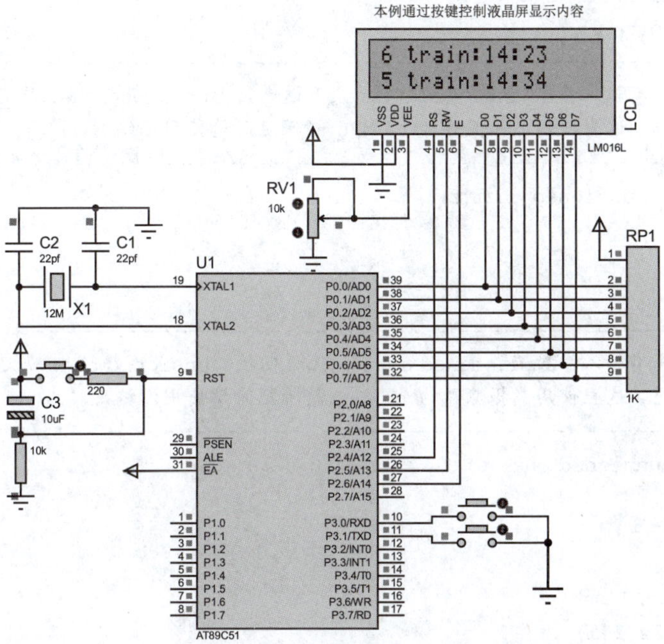

图 6-2-2　车站滚动显示列车发出仿真结果

仿真结果：显示屏上下两行分别滚动显示最近两辆列车预计开出时间。第一辆 D746 列车预计 14:23 开出；第二辆列车 K125 预计 14:34 开出。图 6-2-2 截取时并不完整，因为信息较长，所以采取了滚动显示的方式，这样车站可以在有限的屏幕内发布更加详细的信息，方便乘客获取列车信息。

三、程序详解

```
/********************************************** /
//车站滚动显示列车发出时间程序开始
/********************************************** /
/* --------------------------------------------------
内容:通过标准程序移屏滚动显示字符
引脚定义如下:1-VSS, 2-VDD, 3-V0, 4-RS, 5-R/W, 6-E, 7~14-DB0~DB7, 15-BLA, 16-BLK
-------------------------------------------------- * /
#include <reg52.h>    //包含头文件,一般情况不需要改动,头文件包含特殊
                      //功能寄存器的定义
#include <intrins.h>
```

```
sbit RS = P2^4;         //定义端口
sbit RW = P2^5;
sbit EN = P2^6;
sbit KEY1 = P3^0;       //定义按键输入端口
sbit KEY2 = P3^1;
char num = 0;
#define RS_CLR RS = 0
#define RS_SET RS = 1
#define RW_CLR RW = 0
#define RW_SET RW = 1
#define EN_CLR EN = 0
#define EN_SET EN = 1
#define DataPort P0
/* ------------------------------------------------
微秒延时函数,含有输入参数 unsigned char t,无返回值。unsigned char 是定义无符号字符变量,
其值的范围是 0~255。这里使用晶振频率为 12 MHz,精确延时请使用汇编
------------------------------------------------*/
void DelayUs2x(unsigned char t)
{
 while(--t);
}
/* ------------------------------------------------
毫秒延时函数,含有输入参数 unsigned char t,无返回值。unsigned char 是定义无符号字符变量,
其值的范围是 0~255。这里使用晶振频率为 12 MHz,精确延时请使用汇编
------------------------------------------------*/
void DelayMs(unsigned char t)
{
      while(t--)
      {
      //大致延时 1 ms
      DelayUs2x(245);
      DelayUs2x(245);
      }
}
/* ------------------------------------------------
               判忙函数
------------------------------------------------*/
bit LCD_Check_Busy(void)
{
    DataPort = 0xFF;
    RS_CLR;
    RW_SET;
    EN_CLR;
    _nop_();
    EN_SET;
    return (bit)(DataPort & 0x80);
}
/* ------------------------------------------------
               写入命令函数
------------------------------------------------*/
void LCD_Write_Com(unsigned char com)
```

```
{
    // while(LCD_Check_Busy());    //忙则等待
    DelayMs(5);
    RS_CLR;
    RW_CLR;
    EN_SET;
    DataPort = com;
    _nop_();
    EN_CLR;
}
/* ------------------------------------------------
              写入数据函数
------------------------------------------------ * /
void LCD_Write_Data(unsigned char Data)
{
    DelayMs(5);
    RS_SET;
    RW_CLR;
    EN_SET;
    DataPort = Data;
    _nop_();
    EN_CLR;
}
/* ------------------------------------------------
             清屏函数
------------------------------------------------ * /
void LCD_Clear(void)
{
    LCD_Write_Com(0x01);
    DelayMs(5);
}
/* ------------------------------------------------
              写入字符串函数
------------------------------------------------ * /
void LCD_Write_String(unsigned char x,unsigned char y,unsigned char * s)
{
    if (y == 0)
    {
        LCD_Write_Com(0x80 + x);   //表示第一行
    }
    else
    {
        LCD_Write_Com(0xC0 + x);   //表示第二行
    }
    while (* s)
    {
        LCD_Write_Data( * s);
        s ++;
    }
}
/* ------------------------------------------------
```

```
            写入字符函数
--------------------------------------------------* /
void LCD_Write_Char(unsigned char x,unsigned char y,unsigned char Data)
{
    if (y == 0)
    {
        LCD_Write_Com(0x80 + x);
    }
else
    {
        LCD_Write_Com(0xC0 + x);
    }
LCD_Write_Data( Data);
}
/* ---------------------------------------------------
            初始化函数
--------------------------------------------------* /
void LCD_Init(void)
{
      LCD_Write_Com(0x38);         //显示模式设置
      DelayMs(5);
      LCD_Write_Com(0x38);
      DelayMs(5);
      LCD_Write_Com(0x38);
      DelayMs(5);
      LCD_Write_Com(0x38);
      LCD_Write_Com(0x08);         //显示关闭
      LCD_Write_Com(0x01);         //显示清屏
      LCD_Write_Com(0x06);         //显示光标移动设置
      DelayMs(5);
      LCD_Write_Com(0x0C);         //显示开及光标设置
}
    unsigned char KeyScan(void)
    {
/******************************************* /
    if(! KEY1);                    //如果检测到低电平,说明按键按下
    {
        DelayMs(10);               //延时去抖,一般为 10 ~ 20 ms
        if(! KEY1)                 //再次确认按键是否按下,没有按下则退出
        {
            while(! KEY1);         //如果确认按下按键等待按键释放,没有则退出
            {
                return 1;
            }
        }
    }
/******************************************* /
    else if(! KEY2);               //如果检测到低电平,说明按键按下
    {
      DelayMs(10);                 //延时去抖,一般为 10 ~ 20 ms
      if(! KEY2)                   //再次确认按键是否按下,没有按下则退出
```

```
        {
            while(! KEY2);                //如果确认按下按键等待按键释放,没有则退出
            {
                return 2;
            }
        }
    }
}
/* ----------------------------------------------------------
                主函数
----------------------------------------------------------* /
void main(void)
{
  LCD_Init();
  LCD_Clear();                            //清屏
  LCD_Write_Char(7,0,'o');
  LCD_Write_Char(8,0,'k');
  while (1)
  {
    LCD_Write_String(5,0,"D746 train:14:23");
    LCD_Write_String(5,1,"K125 train:14:34");
    LCD_Write_Com(0x1C);                  //0x18 左平移画面 0x1C 是右平移
    DelayMs(100);
  }
}
/******************************************* /
//程序结束
/******************************************* /
```

程序解析:

本程序比静态显示多了一个函数 LCD_Write_Com( )。要理解这个函数,必须掌握 LCM1602 的时序图,如图 6-2-3 所示。

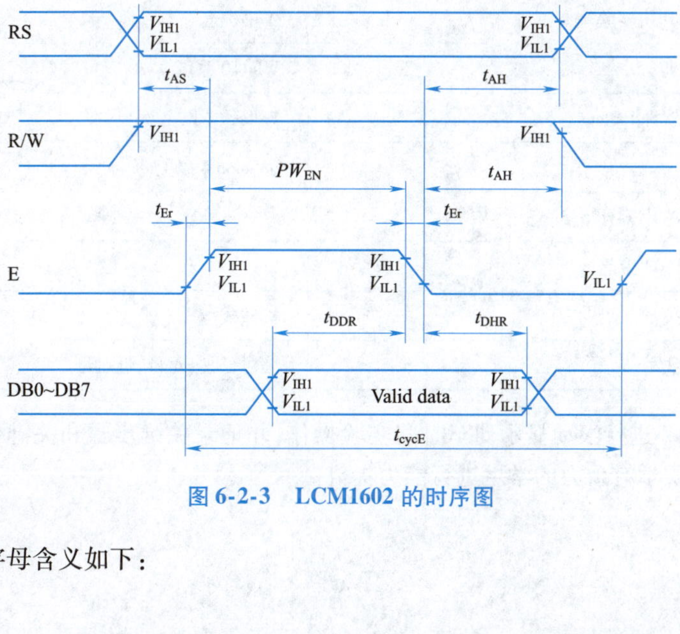

图 6-2-3　LCM1602 的时序图

图 6-2-3 中字母含义如下:

Valid data:有效数据;

V_{IHl}:高电平;

V_{ILl}:低电平;

t_{Er}:终端就绪;

t_{AH}:保持时间后延;

t_{AS}:建立时间后延;

t_{DDR}:数据信号在时钟边延后延迟 t_{DDR} 时间后有效;

t_{DHR}:数据信号在时钟边延后需保持稳定至少 t_{DHR} 时间;

t_{cycE}:E(信号)引脚的完整周期时间;

PW_{EN}:E(信号)引脚的有效脉冲宽度。

可以先不读出数据的状态或者数据本身,所以只需要看两个写时序:

当要写指令字,设置 LCM1602 的工作方式时,需要把 RS 置为低电平,R/W 置为低电平,然后将数据送到数据口 DB0 ~ DB7,最后 E 引脚一个高脉冲将数据写入。

分析:可以看到子函数 LCD_Write_Com(unsigned char com),先把 RS 置低电平(RS_CLR),再把 R/W 置为低电平(RW_CLR),再把 E 置高(EN_SET),最后写入数据。写入指令 0x18 是左平移画面,0x1C 是右平移画面,相关寄存器参看 LCM1602 的数据手册。

当要写入数据字,在 LCM1602 上实现显示时,需要把 RS 置为高电平,R/W 置为低电平,然后将数据送到数据口 DB0 ~ DB7,最后 E 引脚一个高脉冲将数据写入。写数据类似写指令,这里不再赘述。

nop()函数是一个延时函数,即延时一个机器周期,它包含在头文件 intrins. h 中。

任务实施

本书配套建设了实验箱,书中所有程序皆可在实验箱上进行验证。任务要求先进行仿真验证,再用实验箱进行验证。滚动显示列车时间实验材料清单见表 6-2-1。

表 6-2-1　滚动显示列车时间实验材料清单

序　号	名　称	规　格	数　量
1	51 单片机实验箱	本书配套	2
2	计算机	Win 10 系统	1
3	仿真软件 Proteus	Proteus 7 以上	1
4	Keil	μVision 4 以上	1
5	驱动芯片 74HC573		2
6	LCM1602 液晶屏		1
7	独立按键	机械式	1
8	杜邦线	公对公、公对母、母对母	若干

请对照表 6-2-2 进行滚动显示列车时间实验操作,并记录关键步骤和关键代码。其中,附加功能是提高部分,供学有余力的学生进行能力提升。

表 6-2-2　滚动显示列车时间实验关键步骤

序号	关键步骤	具体实施(图片、文字)或对应关键代码
1	检查实验箱对应部件是否良好	
2	实验箱与计算机连接	
3	建立单片机工程,工程名为 lcdMdisplay,单片机型号选择实验箱上对应的单片机型号	
4	编写程序,并编译通过,生成 lcdMdisplay. hex 文件	
5	用仿真器成功下载代码到实验箱的单片机上	
6	按照原理图用杜邦线将液晶屏接入系统	
7	运行单片机系统,进行功能测试	
8	功能 1:按 KEY1,滚动显示列车到站时间	
9	功能 2:按 KEY2,滚动显示宣传网站地址	
10	附加功能:更改网址内容	
11	整理实验台	

任务评价

任务评价表见表 6-2-3。

表 6-2-3　滚动显示列车时间任务评价表

小组成员		学生姓名		
目标	目标内容	学生自评	小组互评	导师总评
知识	理解液晶屏的读、写、刷新等原理			
	理解液晶屏滚动显示原理			
	深入理解 I2C 总线时序图			
	理解按键与系统功能的设定			
能力	能够独立完成液晶屏的硬件编程,实现数据的读取、写入和刷新操作			
	能独立利用按键控制滚动显示内容			
	能够熟练分析 I2C 总线时序图,并运用 I2C 协议进行设备间的通信			
	能够根据系统功能需求,设计和实现按键功能,并进行系统调试和优化			
素养	扎实的硬件编程基础和逻辑思维能力			
	创新意识和实践能力			
	严谨细致的工作态度和良好的沟通能力			
	具备系统思维和问题解决能力			

任务3 车站设备电压监控系统设计

任务目标

知识目标：

(1)掌握 PCF8591 芯片特点和应用。

(2)理解 I2C 总线原理。

(3)掌握 I2C 总线时序图。

(4)掌握 PCF8591 芯片引脚功能。

(5)理解复杂单片机工程组成原理。

能力目标：

(1)能根据要求在单片机最小系统基础上设计车站电压监控系统电路。

(2)能利用简单算法进行有效报警。

(3)能根据 I2C 总线时序图进行芯片读/写等操作。

(4)能用液晶屏实时显示电压。

素养目标：

(1)具有安全作业的操作意识、城轨机电设备电压安全的责任意识。

(2)具有精益求精的工匠精神。

(3)具有科技强国的责任感。

(4)操作规范、团结协作、认真严谨等职业素养。

任务描述

在地铁车站中，地铁机电设备种类繁多，如电动扶梯、自动售检票(AFC)系统、屏蔽门、自动门、环控系统、给排水设备、消防喷淋系统、综合监控系统等。对每个系统主要设备的电压、电流监测，是保证系统安全运行的基础。本任务要求单片机实时监控车站设备电压，如图 6-3-1 所示。

视频

车站设备电压监控系统设计与应用

图 6-3-1 车站设备电压监控系统

本任务利用 PCF8591 芯片同时采集四路模拟信号，单片机通过 I2C 总线接口读取 PCF8591

芯片采集的四路设备电压，并在液晶屏上显示。

知识链接

一、硬件知识

仿真硬件液晶屏与任务2一致，这里不再赘述。主要是增加了PCF8591芯片，用于采集机电设备电压。四路电压采集从AIN0～AIN3接入，通过I2C总线传给51单片机。

1. PCF8591芯片介绍

PCF8591是一款单电源、低功耗8位COMS型A/D、D/A转换芯片，它具有四路模拟量输入通道、1路模拟量输出通道和1个I2C总线接口。该器件I2C从地址的低3位由芯片的A0、A1和A2三个地址引脚决定，所以在不增加任何硬件的情况下同一条I2C总线最多可以连接8个同类型的器件。

该器件具有多路模拟量输入、片上跟踪保持、8位A/D转换和8位D/A转换等功能。A/D与D/A的最大转换速率由I2C总线的最大传输速率决定。

单电源供电，正常工作电源电压范围为2.5～6 V。

通过I2C总线完成数据的输入/输出。

器件地址由3个地址引脚决定。

采样频率由I2C总线传输速率决定。

四路模拟量输入可编程为单端输入或差分输入。

可配置转换通道号自动增加功能。

模拟电压范围为VSS～VDD。

8位逐次逼近A/D转换。

带有1路模拟量输出的乘法D/A转换。

表6-3-1所示为PCF8591芯片引脚符号和对应功能介绍。

表6-3-1　PCF8591芯片引脚符号和对应功能介绍

符　号	引　脚	功　能
AIN0	1	A/D转换的模拟量输入通道
AIN1	2	
AIN2	3	
AIN3	4	
A0	5	地址引脚
A1	6	
A2	7	
VSS	8	电源负极
SDA	9	I2C总线数据输入/输出
SCL	10	I2C总线时钟输入
OSC	11	时钟输入/输出
EXT	12	外部/内部时钟切换
AGND	13	模拟地
VREF	14	参考电压输入

续表

符　　号	引　　脚	功　　能
AOUT	15	D/A 转换模拟量输出
VDD	16	电源正极

单片机利用 P1.0 和 P1.1 接 PCF8591 芯片的 SCL 和 SDA 引脚，完成 I2C 总线的连接。

2. I2C 总线介绍

一个典型的嵌入式系统包括一个或多个微控制器和外设单元，如存储、转换、I/O 扩展器，LCD 驱动，传感器等。这些所有连接到一起的设备，其复杂度和成本需要压缩到最低。系统的设计必须能够使慢速设备与系统进行通信，而不会减慢速度。

为了满足这些要求，需要一个串行总线。总线是用于连接单片机内部各个功能模块（如 CPU、存储器、外设等）或外围设备的公共通信通道，负责传输数据、地址和控制信号。总线的作用是简化硬件设计，通过共享的物理路径实现模块间的高效通信。

I2C 总线使用两根线：串行数据口（SDA）和串行时钟（SCL）。所有 I2C 主、从设备通过两根总线连接起来。每个外设既能够发送数据又能够接收数据。作为主机，它们产生总线的时钟和总线上通信的初始化。其他的从机设备对主机进行应答。为了与指定的设备进行通信，每个在总线上的从机设备必须拥有唯一的设备地址。主设备可以没有主机地址，因为主机不需要其他设备对其发送命令，然后产生应答。

1）总线信号

SCL 和 SDA 信号都是双向的，为开漏输出，需通过配置上拉电阻才能有效进行数据传输。这意味着当总线空闲时，两根线都是高电平。总线上的所有设备都必须有开漏和高阻两种电路形式。激活这条线意味着把它拉下来。总线上能挂的设备数量几乎是无限的，唯一的要求是总线的电容不要超过 400 pF，因为逻辑电平 1 是取决于供电电压，所以没有标准的母线电压。

2）数据传输开始与结束

对于每一个时钟脉冲，都有一个数据传输。SDA 信号只能在 SCL 低电平时才可以改变，当时钟信号高电平时，数据线的数据状态必须保持稳定。每个 I2C 设备的启动都有一个开始条件和一个结束条件，两个条件 SCL 引脚都必须为高电平，在 SCL 高电平稳定期间，指定 SDA 线电平由高电平状态转为低电平的跳变为开始条件，SDA 线电平状态由低电平转为高电平的状态为结束条件，如图 6-3-2 所示。

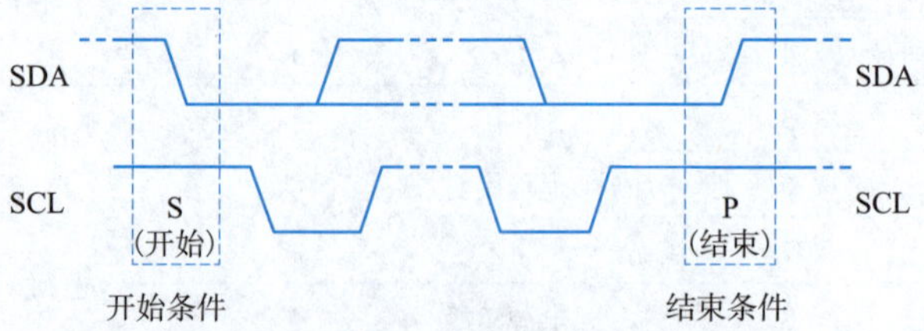

图 6-3-2　I2C 总线的开始结束时序

3）I2C 数据传输

I2C 上的数据以 8 bit 传输，并没有限制字节数，然而每个字节数的数据都必须跟随着一个应答位。这个应答信号来显示设备是否准备好继续下一个字节。对于所有的位包括应答位，主机必须产生时钟脉冲，如果从机设备没有接收到应答这意味着没有更多的数据，或者设备还没有准备好进行数据的传输。主设备此时必须产生一个停止或者重新开始的条件。

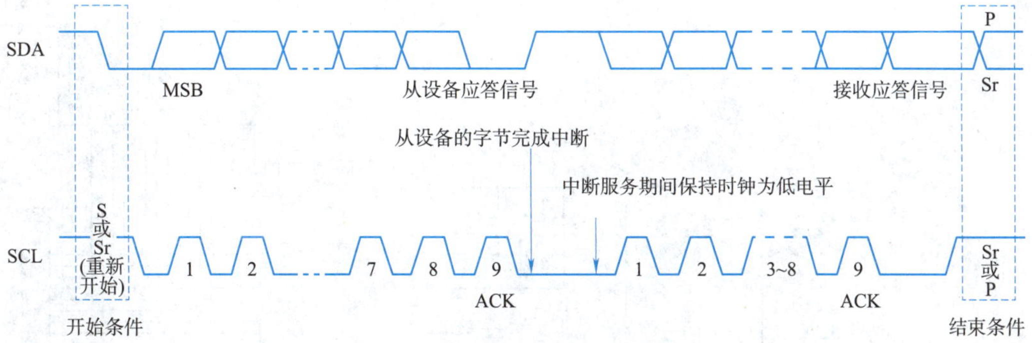

图 6-3-3 I2C 总线数据传输时序

4)同步

每个主机程序必须生成自己的时钟信号,并且只有时钟处于低电平时数据才能改变,一个成功的总线仲裁需要一个恰当的同步时钟。一旦某个主机拉低了时钟线,该线将一直处于低电平状态直到主设备再重新将时钟线拉高为止。相同的时钟线处于高电平状态时也将保持高的状态,直到某个主设备将时钟线拉低为止时钟线才会变成低电平状态。通过观察 SCL 信号,主设备可以同步它们的时钟。

5)仲裁

对于 I2C 总线上的正常数据传输,只有一个主机是活动的。如果当两个主设备由于某些原因,同时在总线上进行初始化 I2C 命令,仲裁程序决定哪个主设备获胜并且能有资格继续在总线上执行命令。仲裁信号是 SCL 线为高电平时在 SDA 信号线上进行的。每个主设备在 SCL 时钟线高电平期间,通过 SDA 数据线逐位发送数据,并实时检测 SDA 线上的实际电平。如果总线上 SDA 线上的信号本应该是高的但却是低的信号,于是主设备就丢失了仲裁。

已经丢失仲裁的主 I2C 设备可以产生 SCL 脉冲信号,直到字节结束并且必须释放总线然后进入从模式。仲裁程序可以继续进行,直到所有的数据都被转移。这意味着在多主机的总线系统中,每个 I2C 主机必须监控 I2C 总线的数据冲突并采取行动。

更详细的时序介绍,请参考 I2C 专业手册。

二、仿真实现

车站设备电压监控系统硬件原理图如图 6-3-4 所示。液晶屏与任务 2 一致,用来显示采集的四路设备电压值。

(1)设备电压由 AD 采集芯片 PCF8591 的 AIN0 ~ AIN3 端口进行采集,并通过 I2C 总线传输电压信息。单片机通过 I2C 总线采集到设备电压,并定时进行刷新显示。

(2)本系统模拟采集了 4 个设备的电压值,其中设备 2 的电压可调,方便系统进行测试。

(3)电压如果超过限定门限,则进行声音报警。

三、程序详解

1. 仿真程序详解

```
/********************************************** /
//本任务程序写成了多个文件,这样程序结构化更好,更容易维护。
/********************************************** /
/* ================= 主函数开始 =====================*** /
```

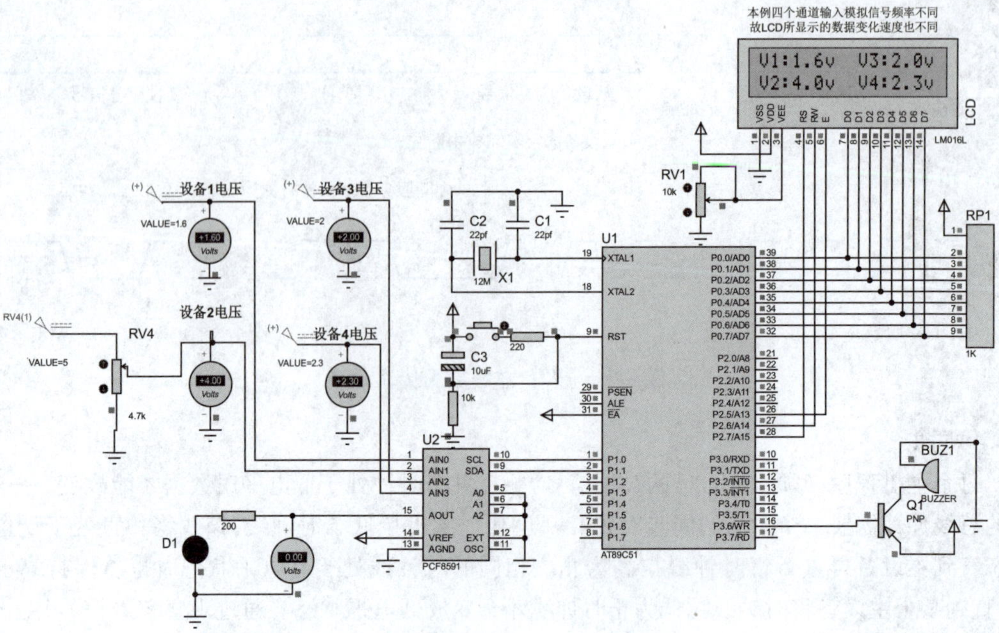

图 6-3-4　车站设备电压监控系统硬件原理图

```
文件名: PCF8591_AD.c
描述: 测量电池电压,用 LCD1602 显示,主函数
/* ==================================================* /
#include <reg52.h>
#include"lcd1602.h"
#include "PCF8591_drv.h"
uint8 update;
sbit ALARM = P3^6;
/****************************************
功能:定时器 0 初始化
输入参数:无
输出参数:无
返回值:无
****************************************** /
void TimerInit(void)
{
    TMOD = 0x01;
    TH0 = (65536-50000)/256;
    TL0 = (65536-50000)% 256;
    EA = 1;
    ET0 = 1;
    TR0 = 1;
}
unsigned char convert,times=0;
unsigned char value[4]={0,0,0,0};
unsigned int temp;
unsigned char voltage;
unsigned char v_value[4]={0,0,0,0};
/* ------------------------------------------------------* /
```

```
void main()
{
    unsigned char model;
    unsigned char i;
    LCDInit();
    TimerInit();
    dis_caidan();
    model = model_set(anlog_output_off,anlog_model_0,auto_increment_on,anlog_
channel_1);
    while(! IIC_init(0x90,model));
        while(1)
    {
        if(update)
        {
            update = 0;
            for(i=0;i<4;i++)
            {
                temp = (value[i]+1)* 50/255;          //最大电压50表示5V
                v_value[i] = (unsigned char)temp;
            }
            if(v_value[0] > 45 ||v_value[1] > 45||v_value[2] > 45||v_value[3] > 45)
            {
                ALARM = 0;
            }
            dis_num(x1+3,v_value[0]);
            dis_num(x2+3,v_value[1]);
            dis_num(x1+12,v_value[2]);
            dis_num(x2+12,v_value[3]);
            ALARM = 1;
            }
    }
}
/****************************************
功能:定时器0中断函数
输入参数:无
输出参数:无
返回值:无
****************************************/
void Time0(void) interrupt 1
{

    TH0 = (65536-10000)/256;
    TL0 = (65536-10000)%256;
    update = 1;
    value[times]=ReadIIC_4(0x90);
    times++;
    if(times>3)
        times=0;
}
/* ==============================================*/
/* ===================第二个c文件lcd1602.c==============
```

```
文件名: lcd1602.c
描述: 数码管模块c文件
/* ============================================== * /
#include "lcd1602.h"
/* 延时函数1ms * /
/*****************************************
功能:延时函数
输入参数:n延时时长
输出参数:无
返回值:
****************************************** /
void Delay(unsigned int n)
{
    unsigned int i;
    while(n--)
    {
        i=88;
        while(i--);
    }
}
/*****************************************
功能:忙检测
输入参数:无
输出参数:无
返回值:
    1:忙
    0:空闲
****************************************** /
unsigned char BusyCheck(void)
{
    unsigned char TEMP=0;
    LCD_DATA = 0xFF;                              //将数据引脚都置为高电平
    LCD_RS = 0;
    LCD_RW = 1;
    LCD_EN = 1;
    _nop_();
    TEMP=LCD_DATA&0x80;
    LCD_EN = 0;
    return (TEMP);                                //从1602读取的字节的最高位
}

//写指令寄存器:
void WriteCommand(unsigned char cmd)
{
    /* 判断忙标志,等待液晶模块不忙的时候再执行下面的操作* /
    while(BusyCheck());                           //等待忙
    /* RS = 0,表示写指令寄存器* /
    LCD_RS = 0;
    /* R/W = 0,表示对寄存器写操作* /
    LCD_RW = 0;
    /* 使能液晶模块,以便对它操作有效* /
```

```
    LCD_EN = 1;
    /* 把要写入液晶模块的数据准备好* /
    LCD_DATA = cmd;
    /* 将E清零,让本次操作有效* /
    LCD_EN = 0;
}
//写数据寄存器:
void WriteData(unsigned char dat)
{
    /* 判断忙标志,等待液晶模块不忙的时候再执行下面的操作* /
    while(BusyCheck());              //等待忙
    /* RS = 1,表示写数据寄存器* /
    LCD_RS = 1;
    /* R/W = 0,表示对寄存器写操作* /
    LCD_RW = 0;
    /* 使能液晶模块,以便对它操作有效* /
    LCD_EN = 1;
    /* 把要写入液晶模块的数据准备好* /
    LCD_DATA = dat;
    /* 将E清零,让本次操作有效* /
    LCD_EN = 0;
}
//液晶初始化:
void LCDInit(void)
{
    WriteCommand(0x38);              //显示模式设置
    WriteCommand(0x08);              //关闭显示
    WriteCommand(0x01);              //清屏
    WriteCommand(0x06);              //设置光标移动方向为向右(即每写一个字符,光标自动
                                     //右移一位),显示字符时字符不移动
    WriteCommand(0x0C);              //开启显示,光标不显示,不闪烁
    Delay(1);                        //延时,保证显示更稳定
}

void dis_caidan(void)
{
    unsigned char * String1 = "V1:    V3:";
    unsigned char * String2 = "V2:    V4:";
    WriteCommand(x1);                //指定液晶模块的数据存储地址
    while(* String1!= '\0');         //判断字符串是否结束
    {
        WriteData(* String1);        //将当前的字符内容发送到液晶模块,光标将自动右移一位
        String1 ++;                  //指向下一个字符
    }
    WriteCommand(x1 +6);             //指定液晶模块的数据存储地址
    WriteData('v');
    WriteCommand(x1 +15);            //指定液晶模块的数据存储地址
    WriteData('v');
    WriteCommand(x2);                //指定液晶模块的数据存储地址
    while(* String2 != '\0');        //判断字符串是否结束
    {
```

```
        WriteData(* String2);       //将当前的字符内容发送到液晶,光标将自动右移一位
        String2 ++;                 //指向下一个字符
    }
    WriteCommand(x2 +6);            //指定液晶的数据存储地址
    WriteData('v');
    WriteCommand(x2 +15);           //指定液晶的数据存储地址
    WriteData('v');
}
void dis_num(unsigned char adr, unsigned char num)
{
    WriteCommand(0x02);             //地址指针清零
    WriteCommand(adr);              //指定液晶的数据存储地址
    WriteData(num/10 + '0');
    WriteData('.');
    WriteData(num% 10 + '0');
}
///* * * * * * * * * * * * * 第二个 c 文件 lcd1602.c 结束* * * * * * * * * * * * * * * //
//* * * * * * * * * * * * * 头文件 lcd1602.h* * * * * * * * * * * * * * * * * * * * //
#ifndef __LCD1602_H__
#define __LCD1602_H__
#include <intrins.h>
#include "type.h"
#include "reg52.h"
/* 定义 lcd1602 接口引脚* /
#define LCD_DATA P0                 //定义数据口
#define x1 0x80                     //液晶模块第一行
#define x2 (0x80 +0x40)             //液晶模块第二行
sbit LCD_EN = P2^5;                 //定义液晶模块的使能引脚
sbit LCD_RW = P2^6;                 //定义液晶模块的读/写选择引脚
sbit LCD_RS = P2^7;                 //定义液晶模块的数据/命令选择引脚
/* 定义接口函数* /
void LCDInit(void);
void dis_caidan(void);
void dis_num(unsigned char adr, unsigned char num);
#endif
//*********** 头文件 lcd1602.h 结束******************* //
/********* 第三个 c 文件,PCF8591_drv.c******************* /
#include "PCF8591_drv. h"
/*******************************************
功能:起始信号   SCL=1,SDA 负跳变
输入参数:无
输出参数:无
返回值:
******************************************* /
static void Start(void)
{
    Sda = 1;
    Scl = 1;
    Sda = 0;
}
```

```
/*****************************************
功能:停止信号 Scl =1,SDA 正跳变
输入参数:无
输出参数:无
返回值:
***************************************** /
static void Stop(void)
{
    Sda = 0;
    Scl = 1;
    Sda = 1;
}

/*****************************************
功能:应答位
输入参数:无
输出参数:无
返回值:设备是否应答。1 表示应答;0 表示无应答
***************************************** /
static unsigned char Respons(void)
{
    unsigned char OverTime = 0;     //超时
    unsigned char TempFlag = 0;
    OverTime = 0;
    Sda = 1;                        //释放数据线
    Scl = 1;
    while(1)
    {
        if(Sda)                     //应答信号没来
        {
            if(OverTime ++ > 200)
            {
                TempFlag = 0;       //应答信号长时间没有来,认为无应答
                break;
            }
        }
        else
        {
                TempFlag = 1;       ///检测到应答信号
                break;
        }
    }
    Scl = 0;
    return TempFlag;
}

/*****************************************
功能:非应答位
输入参数:无
输出参数:无
```

```
返回值:
****************************************** /
static void NoRespons(void);        //非应答
{
    Sda = 1;                        //释放数据线
    Scl = 1;
    Scl = 0;
}

/******************************************
功能:写字节
输入参数:
temp:要写的字节参数
输出参数:无
返回值:
****************************************** /
static void WriteByte(unsigned char temp)
{
    unsigned char i;
    Scl = 0;
    for(i = 0;i < 8;i ++)
    {
        Sda = temp & 0x80;
        temp << = 1;
        Scl = 1;                    //Scl 拉高,准备写数据
        Scl = 0;                    //Scl 拉低,写数据完成
    }
}

/******************************************
功能:读字节
输入参数:无
输出参数:无
返回值:读取的字节
****************************************** /
static unsigned char ReadByte(void)
{
    unsigned char i;
    unsigned char x = 0;
    for(i = 0;i < 8;i ++)
    {
        Scl = 1;
        x << = 1;
        x |= (unsigned char)Sda;
        Scl = 0;
    }
    return x;
}

/******************************************
功能:写数据到对应设备
```

```
输入参数:
    device:设备地址
    parameter:控制字
    temp:写入的内容
输出参数:无
返回值:
*******************************************/
void WriteIIC(unsigned char device,unsigned char parameter,unsigned char temp)
{
    Start();
    WriteByte(device);
    if(Respons())
    {
        WriteByte(parameter);
        if(Respons())
        {
            WriteByte(temp);
            if(Respons())
            {
                Stop();
            }
            else
            {
                Stop();
            }
        }
        else
        {
            Stop();
        }
    }
    else
    {
        Stop();
    }
}
unsigned char IIC_init(unsigned char device,unsigned char parameter)
{
    unsigned char x=0;
    Start();
    WriteByte(device);
    if(Respons())
    {
        WriteByte(parameter);
        if(Respons())
        {
            x=1;
            Stop();
        }
        else
        {
```

```
            x=0;
        }
    }
    else
    {
        Stop();
    }
    return x;
}
/*******************************************
功能:从对应设备读取数据
输入参数:
    device:设备地址
输出参数:无
返回值:读取的内容
******************************************* /
unsigned char ReadIIC_4(unsigned char device)
{
    unsigned char x;
    Start();
    WriteByte(device |0x01);
    if(Respons())
    {
        x = ReadByte();
        Stop();
    }
    else
    {
        Stop();
    }
    return x;
}
/*******************************************
功能:配置 PCF8591 的工作模式
输入参数:
    anlog_sw:模拟信号输出开关
    input_model:模拟输入模式设置
    auto_increment:通道自动增量设置
    AD_channel:模拟转换通道设置
输出参数:无
返回值:配置完成后的控制字节
******************************************* /
unsigned char model_set(bit anlog_sw,unsigned char input_model,bit auto_increment,
unsigned char AD_channel)
{
    unsigned char Control_Key = 0x00;
    if(anlog_sw)
    {
        Control_Key |= 0x40;
    }
    Control_Key |= input_model < < 4;
```

```
    if(auto_increment)
    {
        Control_Key |= 0x04;
    }
    Control_Key |= AD_channel;
    return Control_Key;
}
/* * * * * 第三个 c 文件,PCF8591_drv.c 结束* * * * * * * * * * * * * * * * * * * * /
/* * * * * PCF8591_drv. h* * * * * * * * * * * * * * * * * * * * /
#ifndef __PCF8591_H__
#define __PCF8591_H__
#include <reg52.h>
#include <intrins.h>
/* * * * * * * 控制字定义 * * * * * * * /
/* 模拟信号输出开关 * /
#define anlog_output_off  0         //禁止模拟输出
#define anlog_output_on   1         //开启模拟输出
/* 模拟输入模式设置 * /
#define anlog_model_00x00           //四单端输入
#define anlog_model_10x01           //共差分输入
#define anlog_model_20x02           //双直通单差分输入
#define anlog_model_30x03           //双差分输入
/* * * * * 注意,这是第 2 个 h 文件,PCF8591_drv.h* * * * * * * * * * * * * * * * * * * /
/* 通道自动增量设置 * /
#define auto_increment_off  0;      //禁止通道自动增量
#define auto_increment_on   1;      //开启通道自动增量
/* 模拟转换通道设置 * /
#define anlog_channel_0 0x00;       //通道 0
#define anlog_channel_1 0x01;       //通道 1
#define anlog_channel_2 0x02;       //通道 2
#define anlog_channel_3 0x03;       //通道 3
sbit Scl = P1^0;                    //串行时钟
sbit Sda = P1^1;                    //串行数据
void WriteIIC(unsigned char device,unsigned char address,unsigned char temp);
unsigned char ReadIIC(unsigned char device,unsigned char address);
unsigned char model_set(bit anlog_sw,unsigned char input_model,bit auto_increment,
unsigned char AD_channel);
unsigned char ReadIIC_4(unsigned char device);
unsigned char IIC_init(unsigned char device,unsigned char parameter);
#endif
/***** PCF8591_drv.h 结束****************** /
/**************************************** /
//程序结束
/**************************************** /
```

程序解析:

本例程把工程程序写成了多个文件。分别是:PCF8591_AD. c、PCF8591_drv. h、PCF8591_drv. c、lcd1602. c、lcd1602. h。PCF8591_AD. c 是主程序所在,PCF8591_drv. c 主要是芯片 PCF8591 的驱动程序和 I2C 的读写程序,lcd1602. c 是显示程序所在。

这里主要是要读懂根据 I2C 读写时序逻辑编写的读写程序。

(1)I2C 设备启动程序：

```
static void Start(void)
{
    Sda = 1;
    Scl = 1;
    Sda = 0;
}
```

先看看硬件时序描述：开始时序，SCL = 1 置高，SDA 由高到低跳变，完成 I2C 设备的启动。

(2)I2C 设备结束时序。SCL = 1 置高，SDA 由低到高跳变，完成 I2C 设备的结束。程序如下：

```
static void Stop(void)
{
    Sda = 0;
    Scl = 1;
    Sda = 1;
}
```

(3)读取程序。这里分为两个函数编写，读取一个字节和读取多个字节：

```
/********************************************
功能:读字节
输入参数:无
输出参数:无
返回值:读取的字节
******************************************** /
static unsigned char ReadByte(void)
{
    unsigned char i;
    unsigned char x = 0;
    for(i = 0;i < 8;i ++)
    {
        Scl = 1;                        //读数据前置高
        x << = 1;
        x |= (unsigned char)Sda;
        Scl = 0;                        //读完数据后置低
    }
    return x;
}
/********************************************
功能:从对应设备读取数据
输入参数:
device:设备地址
输出参数:无
返回值:读取的内容
* * ******************************************** /
unsigned char ReadIIC_4(unsigned chardevice)
{
    unsigned char x;
    Start();
    WriteByte(device |0x01);
    if(Respons())                       //有响应信号则表示准备好读取数据
```

```
        {
            x = ReadByte();
            Stop();
        }
        else                                    //无响应信号则停止,释放总线
        {
            Stop();
        }
        return x;
    }
```

可以看到程序使用 if-else 语句,有响应信号则表示准备好读取数据,无响应信号则停止,释放总线。

其次 ReadByte(void):SDA 线上的数据在 SCL 高电平期间必须保持稳定,否则会被误认为开始条件或结束条件,只有在 SCL 低电平期间才能改变 SDA 线上的数据。可以看到,程序读数据前置高 Scl = 1,读完数据后置低 Scl = 0。

2. 实验箱程序详解

(1)实验箱 AD 采集电路原理图如图 6-3-5 所示。

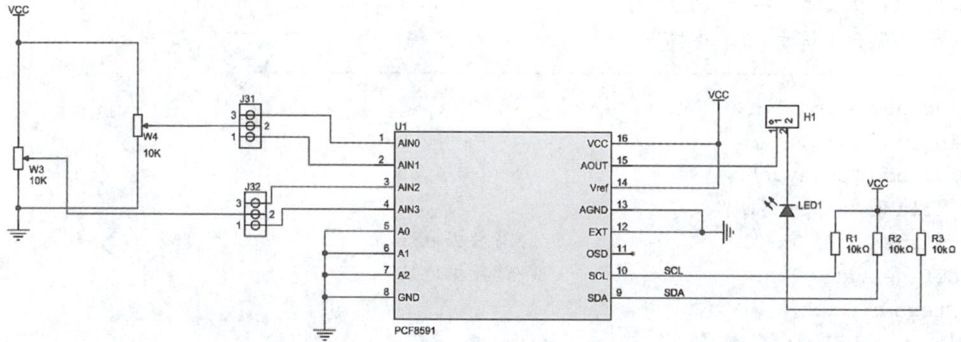

图 6-3-5　实验箱 AD 采集电路原理图

J31 与 J32 用于切换 AD 输入端口,因为只有 2 个电位器,但有 4 个输入端口,所以同时只能使用 2 个,这 2 个插针用于切换输入端口。

(2)实验箱 AD 采集实验接线图如图 6-3-6 所示。

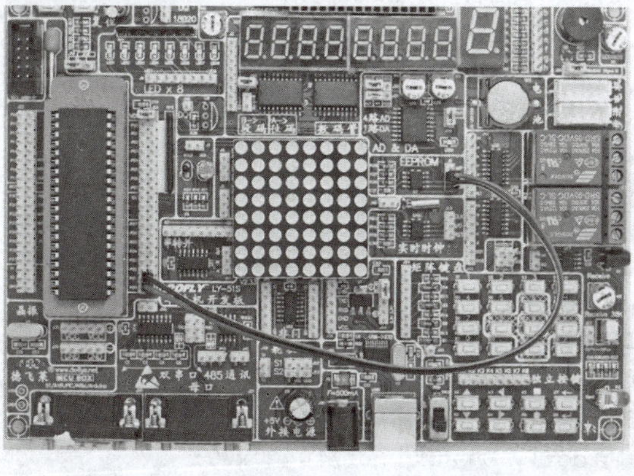

图 6-3-6　实验箱 AD 采集实验接线图

实验箱 AD 采集项目 I/O 接线见表 6-3-2。

表 6-3-2　AD 采集项目 I/O 接线表

单片机 I/O 口	模块接口	杜邦线数量	功　能
P2.0	J8(SCL)	1	时钟
P2.1	J8(SDA)	1	数据
P0	J3	8	数码管数据
P2.2	J2(B)	1	段锁存
P2.3	J2(A)	1	位锁存
	J31(AD0 与 W4 跳帽连接)		选择 AD 通道
	J32(AD2 或 AD3 与 W3 跳帽连接)		选择 AD 通道
J8(WP)无须连接			

下面是实验箱四路 AD 采集显示主程序文件:

```
/*------------------------------------------------------------
            主程序
------------------------------------------------------------*/
/*------------------------------------------------------------
名称:I2C 协议 PCF8591 AD、DA 转换
内容:四路模拟信号 AD 采集程序
------------------------------------------------------------*/
#include <reg52.h>
#include "i2c.h"
#include "delay.h"
#include "display.h"
#define AddWr 0x90                    //写数据地址
#define AddRd 0x91                    //读数据地址
extern bit ack;
bit ReadADFlag;
unsigned char ReadADC(unsigned char Chl);
bit WriteDAC(unsigned char dat);
main()
{
    unsigned char num=0,i;
    Init_Timer0();
    DelayMs(20);
    while (1);                        //主循环
    {
        if(ReadADFlag)
        {
        ReadADFlag=0;
//连续读 5 次,输入通道后多读几次,取最后一次值,以便读出稳定值
        for(i=0;i<5;i++)
        num=ReadADC(0);
//*10 表示把实际值扩大 10,如 4.5 变成 45 方便做下一步处理。*5 表示基准电压 5 V
        num=num*5*10/256;
        TempData[0]=dofly_DuanMa[num/10]|0x80;
        TempData[1]=dofly_DuanMa[num%10];
    for(i=0;i<5;i++)
    num=ReadADC(1);
```

```
    num=num* 5* 10/256;
    TempData[2]=dofly_DuanMa[num/10]|0x80;
    TempData[3]=dofly_DuanMa[num% 10];
    for(i=0;i<5;i++)
    num=ReadADC(2);
    num=num* 5* 10/256;
    TempData[4]=dofly_DuanMa[num/10]|0x80;
    TempData[5]=dofly_DuanMa[num% 10];
    for(i=0;i<5;i++)
    num=ReadADC(3);
    num=num* 5* 10/256;
    TempData[6]=dofly_DuanMa[num/10]|0x80;
    TempData[7]=dofly_DuanMa[num% 10];
    }
  }
}
/* --------------------------------------------------
读 AD 转值程序。输入参数 Chl 表示需要转换的通道,范围为 0~3。返回值范围为 0~255。
--------------------------------------------------* /
unsigned char ReadADC(unsigned char Chl)
{
    unsigned char Val;
    Start_I2c();                    //启动总线
    SendByte(AddWr);                //发送器件地址
        if(ack==0)return(0);
    SendByte(Chl);                  //发送器件子地址
        if(ack==0)return(0);
    Start_I2c();
    SendByte(AddRd);
        if(ack==0)return(0);
    Val=RcvByte();
    NoAck_I2c();                    //发送非应位
    Stop_I2c();                     //结束总线
    return(Val);
}
/* --------------------------------------------------
            主程序结束
--------------------------------------------------* /
```

程序解析:

(1)主程序与单路输入基本相同,需要连续不断采样四路数值。用定时器定时采样,防止采样过快。这里每一路读取了 5 次,取最后一次值。由于多路读取需要切换通道,为防止读取值错误,故采取多次读取,也可以自行添加平均值处理等程序。

(2)由于只有 2 个电位器,4 个通道采样,所以任一时刻只能采样 2 个通道,其他通道会悬空,得出的电压值是变化不确定的,如果怕影响视觉效果,把这两路连接到固定电平 VCC 或者 GND 即可。

(3)一路 AD 采样值用 2 个数码管显示,因此本任务使用了 8 个数码管显示。

四、C 语言知识

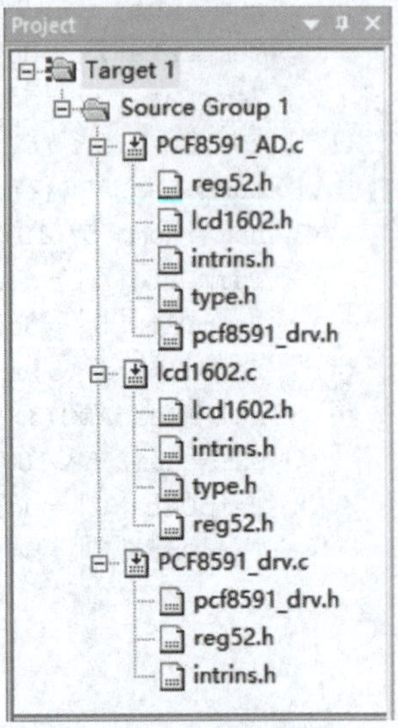

图 6-3-7　本任务程序工程文件结构图

一个 C 程序由一个或者多个源程序文件组成;一个源程序文件由一个或者多个函数组成;一个源程序文件是一个编译单位,而不是以函数为单位编译。

C 程序的执行从 main( ) 函数开始,调用其他函数后流程回到 main( ) 函数,在 main( ) 函数中结束整个程序的运行。

所有函数都是平行的,即在定义函数时是相互独立的,一个函数并不从属于另一个函数,即函数不能嵌套定义。函数可以调用函数。函数可分为标准函数(库函数)和用户自己定义的函数。图 6-3-7 是本任务程序工程文件结构图。

可以看到,本任务有三个 c 文件,分别是 PCF8591_AD. c、lcd1602. c 和 PCF8591_drv. c,从名称大概可以判断,PCF8591_AD. c 负责系统 AD 采样,PCF8591_drv. c 是芯片 8591 的驱动。这个工程文件的命名也提示我们在对程序文件进行命名时,尽可能用简单明了的英文字母对其主要功能进行提示性命名。每个 c 文件下面的 *. h 的头文件是 c 文件应用到的头文件。

任务实施

本书配套建设了实验箱,书中所有程序皆可在实验箱上进行验证。任务要求先进行仿真验证,再用实验箱进行验证。车站设备电压监控系统实验材料清单见表 6-3-3。

表 6-3-3　车站设备电压监控系统实验材料清单

序　号	名　称	规　格	数　量
1	51 单片机实验箱	本书配套	2
2	计算机	Win 10 系统	1
3	仿真软件 Proteus	Proteus 7 以上	1
4	Keil	μVision 4 以上	1
5	PCF8591 芯片		2
6	LCM1602 液晶屏		1
7	独立按键	机械式	1
8	数字电压表		1
9	滑动变阻器	4. 7 kΩ	2
10	蜂鸣器	5 V	1
11	杜邦线	公对公、公对母、母对母	若干

请对照表 6-3-4 进行车站设备电压监控系统实验操作,并记录关键步骤和关键代码。其中,附加功能是提高部分,供学有余力的学生进行能力提升。

表 6-3-4　车站设备电压监控系统实验关键步骤

序号	关键步骤	具体实施(图片、文字)或对应关键代码
1	检查实验箱对应部件是否良好	
2	实验箱与计算机连接	

续表

序号	关键步骤	具体实施(图片、文字)或对应关键代码
3	建立单片机工程,工程名为 Vcontrol,单片机型号选择实验箱上对应的单片机型号	
4	编写程序,并编译通过,生成 Vcontrol. hex 文件	
5	用仿真器成功下载代码到实验箱的单片机上	
6	按照原理图用杜邦线液晶屏接入系统	
7	运行单片机系统,进行功能测试	
8	功能 1:系统运行后,4 个设备电压轮流在液晶屏上显示	
9	功能 2:调节滑动变阻器,改变 AD 采集的电压,液晶屏显示电压实时改变	
10	功能 3:设备电压超过门限值,则进行蜂鸣器报警	
11	附加功能:从大到小显示设备电压	
12	整理实验台	

任务评价

任务评价表见表 6-3-5。

表 6-3-5　车站设备电压监控系统任务评价表

小组成员		学生姓名		
目标	目标内容	学生自评	小组互评	导师总评
知识	掌握 PCF8591 芯片特点和应用			
	理解 I2C 总线原理			
	掌握 I2C 总线时序图			
	掌握 PCF8591 芯片数据结构			
	理解复杂单片机工程组成原理			
能力	能设计车站电压监控系统电路			
	能利用简单算法进行有效报警			
	能根据 I2C 总线时序图进行芯片读/写等操作			
	能用液晶屏实时显示电压			
素养	具有安全作业的操作意识			
	具有城轨机电设备电压安全的责任意识			
	具有科技强国的责任感			
	具有精益求精的工匠精神			
	操作规范、团结协作、认真严谨等职业素养			

巩固练习

一、单选题

1. LCM1602 液晶屏最多可以显示(　　)个字符。

A. 8　　B. 16　　C. 32　　D. 64

2. LCM1602 液晶屏在使能端出现(　　)信号后,才能传输数据。

A. 低电平　　B. 高电平　　C. 上升沿　　D. 下降沿

3. LCM1602 液晶屏在工作过程中,要改变显示内容,软件不正确的操作是(　　)。

A. 清屏　　B. 复位　　C. 判忙　　D. 写数据

4. PCF8591 是(　　)位的 A/D 转换芯片。

A. 4　　B. 8　　C. 12　　D. 16

5. PCF8591 的 I2C 开始信号是(　　)。

A. SCL“高”,SDA“下降沿”　　B. SCL“低”,SDA“下降沿”

C. SCL“高”,SDA“上升沿”　　D. SCL“低”,SDA“上升沿”

6. PCF8591 的 I2C 停止信号是(　　)。

A. SCL“高”,SDA“下降沿”　　B. SCL“低”,SDA“下降沿”

C. SCL“高”,SDA“上升沿”　　D. SCL“低”,SDA“上升沿”

7. 对 I2C 同步通信描述正确的是(　　)。

A. 点对点通信　　B. 1 对 2 通信　　C. 1 对 3 通信　　D. 多设备通信

8. 一般情况下,I2C 同步通信高速模式下的数据传输速率是(　　)。

A. 400 kbit/s　　B. 400 kbit/s　　C. 3.4 Mbit/s　　D. 6.8 Mbit/s

9. 一个中文字是由(　　)字节组成的。

A. 1　　B. 2　　C. 3　　D. 4

10. I2C 也称为 IIC 或 I^2C,是由 Philips 公司开发的串行通信协议。它主要用于连接微控制器及其外围设备,包含(　　)根信号线。

A. 1　　B. 2　　C. 3　　D. 4

二、填空题

1. 通常情况下,I2C 同步通信的 SDA 线上的每个字节必须为________位。首先传输的是数据的________位。

2. I2C 同步通信的 SDA、SCL 端口必须加________电阻,因为通常 SDA、SCL 信号输出是________电路形式。

3. I2C 同步通信过程中,接收器在接收到的每个字节后,必须产生一个________信号,主机产生________可终止传输。

4. I2C 同步通信的空闲状态 SDA、SCL 端口对外呈现________电平。

5. I2C 同步通信在标准模式下可达________ bit/s,在快速模式下可达________bit/s,在高速模式下可达________ bit/s。

6. PCF8591 的数/模转换芯片有________路 A/D 转换通道,有________路 D/A 转换通道。

7. LCM1602 液晶屏分________行显示信息,可以显示________信息,不能显示中文字。

8. ASCII 码表“%”可用字节 0x25 表示,也可用________ 十进制数表示。

9. I2C 总线的串行数据(SDA)口和串行时钟(SCL)口在传输空闲时处于________状态。

10. I2C 总线的传输数据过程中,只有串行时钟(SCL)口处于________时,才可以改变串行数据(SDA)口的电平。

三、计算题

给芯片 PCF8591 的参考电压端提供 3.3 V 信号,请计算 A/D 转换系统最小量化电平和最大量化电平。

四、编程题

1. 编写 51 单片机程序,在屏幕第一行显示“welcome-nantie”。

2. 编写程序,当 PCF8591 的通道 2 输入信号大于 2.5 V 时,在 P2.0 端口输出 500 ms 的方波;反之,无输出。

五、简答题

1. 说明 LCM1602 液晶屏 V0 引脚的功能。

2. 说明 I2C 信号组成,描述开始、应答及结束信号格式。

3. 将 A/D、D/A 转换芯片 PCF8591 的 A2 ~ A0 接地,写出器件的读写地址码和单通道 AIN3 的控制码。

项目七

地铁车站环境监控系统设计与应用

任务1 温度探测单元设计

任务目标

知识目标：

(1)了解传感器在智能系统中的应用。

(2)了解温度传感器在城轨车站系统中的应用。

(3)掌握温度传感器 DS18B20 特点和应用。

(4)掌握驱动芯片 74HC573 特点和应用。

(5)理解单片机常见的一线总线。

(6)理解常见的数据补码转换。

能力目标：

(1)能根据要求在单片机最小系统基础上设计温度探测电路。

(2)能根据硬件电路初始化一线总线。

(3)能根据传感器 DS18B20 硬件进行一线总线的读/写操作。

(4)能根据数据格式进行数据转换。

素养目标：

(1)具有安全作业的操作意识、城轨环控系统生产安全的责任意识。

(2)具有精益求精的工匠精神。

(3)具有科技强国的责任感。

(4)操作规范、团结协作、认真严谨等职业素养。

视频

地铁车站环境监控系统虚拟车站导学

视频

温度探测单元设计

任务描述

温度探测在地铁中应用十分广泛。地铁是一个相对封闭的系统，自然通风口往往只有几个乘客出入口，因此温度控制在地铁环境中相当重要。乘客舒适度与温度有关，地铁设备房的温度对系统设备正常运行也非常重要。此外，设备房的温度，也可以是探测火灾的辅助手段，因此温度监控非常有必要。图 7-1-1 所示为地铁综合监控系统温度检测系统。

本任务利用单片机实时读取温度传感器 DS18B20 采集的环境温度，并通过数码管实时显示。

图 7-1-1　地铁综合监控系统温度检测系统

知识链接

一、硬件知识

单片机利用 P0 端口控制数码管，因为单片机本身的驱动能力不够，因此增加了驱动芯片 74HC573 来提高 P0 端口的驱动能力，P2.2 端口连接 DS18B20 的 DQ 端。DS18B20 的 VCC 通过 4.7 kΩ 上拉电阻接 5 V 电源，GND 直接接地。其他线路设计参考图 7-1-2。

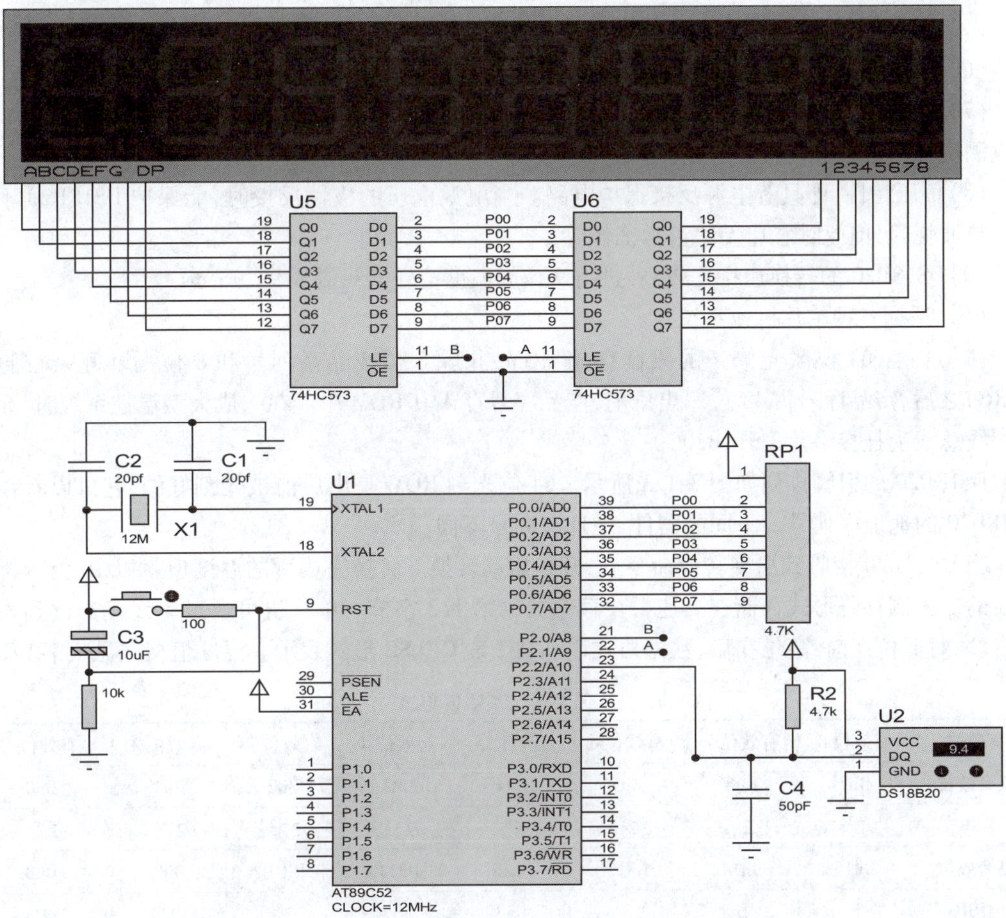

图 7-1-2　温度采集硬件原理图

1. 芯片 DS18B20 介绍

DS18B20 是美国 DALLAS 半导体公司继 DS1820 之后推出的一种数字化单总线器件。属于新一代适配微处理器的改进型智能温度传感器。与传统的热敏电阻相比，它能够直接读出被测温度，并且可根据实际要求通过简单的编程实现 9 ~ 12 位的数字值读数方式。可以分别在 93.75 ms 和 750 ms 内完成 9 位和 12 位的数字量测量，并且从 DS18B20 读出的信息或写入 DS18B20 的信息仅需要一根口线(单线接口)。温度变换功率来源于数据总线，总线本身也可以向所挂接的 DS18B20 供电，而无须额外电源。因而，使用 DS18B20 可使系统结构更趋简单，可靠性更高。同时，其“一线总线”独特而且经济的特点，使用户可轻松地组建传感器网络，为测量系统的构建引入了全新的概念。

DS18B20“一线总线”数字化温度传感器支持“一线总线”接口。现场温度直接以“一线总线”的数字方式传输，用符号扩展的 16 位数字方式串行输出，大大提高了系统的抗干扰性。因此，数字化单总线器件 DS18B20 适合于恶劣环境的现场温度测量，可广泛用于工业、民用、军事等领域的温度测量及控制仪器、测控系统和大型设备中。DS18B20 的性能特点如下：

(1)采用 DALLAS 半导体公司独特的单线接口方式。DS18B20 与微处理器连接时仅需要一条口线即可实现微处理器与 DS18B20 的双向通信。

(2)在使用中不需要任何外围元件。

(3)可用数据线供电，供电电压范围为 +3.0 ~ +5.5 V。

(4)测温范围为 -55 ~ +125 ℃。固有测温分辨率为 0.5 ℃。在 -10 ~ +85 ℃范围内，可确保测量误差不超过 0.5 ℃；在 -55 ~ +125 ℃范围内，测量误差不超过 2 ℃。

(5)通过编程可实现 9 ~ 12 位的数字读数方式。

(6)用户可自设定非易失性的报警上下限值。

(7)支持多点的组网功能。多个 DS18B20 可以并联在唯一的三线(VCC、I/O、GND)上，实现多点测温。

(8)负压特性，即具有电源反接保护电路。当电源电压的极性反接时，能保护 DS18B20 不会因发热而烧毁，但此时芯片无法正常工作。

(9)DS18B20 的转换速率比较高，进行 9 位的温度值转换只需要 93.75 ms。

(10)适配各种单片机或系统。

(11)内含 64 位激光修正的只读存储 ROM，扣除 8 位产品系列号和 8 位循环冗余校验码(CRC)之后，产品序号占 48 位。出厂前，产品序号存入其 ROM 中。在构成大型温控系统时，允许在一线总线上挂接多片 DS18B20。

DS18B20 的引脚排列如图 7-1-3 所示。64 位光刻 ROM 是出厂前被光刻好的，它可以看作该 DS18B20 的地址序列号。不同的器件，地址序列号不同。

当 DS18B20 接收到温度转换命令后，开始启动转换。转换完成后的温度值就以 16 位带符号扩展的二进制补码形式存储在高速暂存存储器的第 1、2 字节。单片机可通过单线接口读到该数据，读取时低位在前，高位在后，数据格式以 0.0625 ℃/LSB 形式表示。温度值格式见表 7-1-1。

表 7-1-1　温度值格式

有效位	有效位 8	有效位 7	有效位 6	有效位 5	有效位 4	有效位 3	有效位 2	有效位 1
低有效位	Bit7	Bit6	Bit5	Bit4	Bit3	Bit2	Bit1	Bit0
LSB	2^3	2^2	2^1	2^0	2^{-1}	2^{-2}	2^{-3}	2^{-4}
高有效位	Bit15	Bit14	Bit13	Bit12	Bit11	Bit10	Bit9	Bit8
MSB	S	S	S	S	S	2^6	2^5	2^4

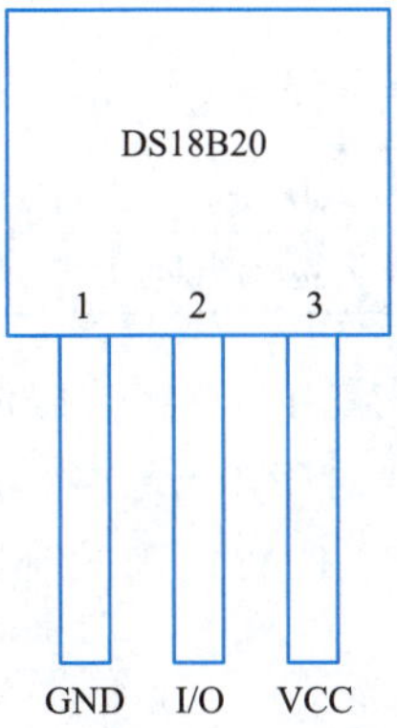

（a）RS-35封装

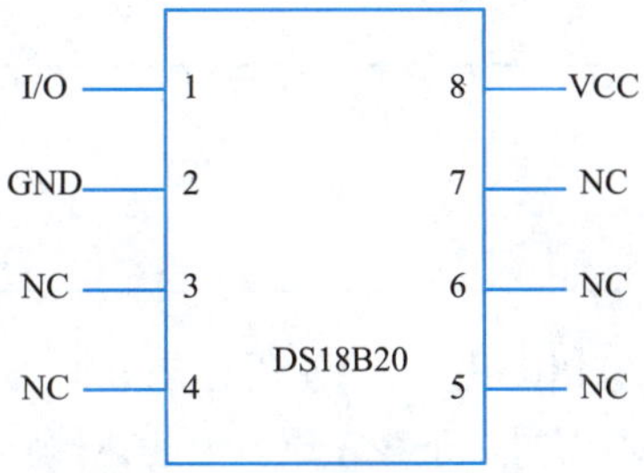

（b）SOSI封装

图 7-1-3　DS18B20 的引脚排列

对应的温度计算：当符号位 S＝0 时，直接将二进制位转换为十进制；当 S＝1 时，先将补码变换为原码，再计算十进制值。

表 7-1-2 是对应的部分温度值。

表 7-1-2　部分温度值

温度/℃	二进制表示		十六进制表示
+125	00000111	11010000	07D0H
+25.062 5	00000001	10010001	0191H
+0.5	00000000	00001000	0008H
0	00000000	00000000	0000H
-0.5	11111111	11111000	FFF8H
-25.062 5	11111110	01101111	FE6FH
-55	11111100	10010000	FC90H

DS18B20 完成温度转换后，就把测得的温度值与 TH、TL 进行比较，若大于 TH 或小于 TL，则将该器件内的告警标志位置位，并对主机发出的告警搜索命令做出响应。因此，可用多个 DS18B20 同时测量温度并进行告警搜索。

在 64 位 ROM 的最高有效字节中存储循环冗余校验码（CRC）。主机根据 ROM 的前 56 位来计算 CRC 值，并和存入 DS18B20 中的 CRC 值做比较，以判断主机收到的 ROM 数据是否正确。

CPU 对 DS18B20 的访问流程：先对 DS18B20 初始化，再执行 ROM 操作命令，最后才能对存储器和数据操作。DS18B20 每一步操作都要遵循严格的工作时序和通信协议。如主机控制 DS18B20 完成温度转换这一过程，根据 DS18B20 的通信协议，须经三个步骤：每一次读写之前都要对 DS18B20 进行复位，复位成功后发送一条 ROM 指令，最后发送 RAM 指令，这样才能对 DS18B20 进行预定的操作。DS18B20 控制命令见表 7-1-3。

表 7-1-3　DS18B20 控制命令

指　　令	约定代码	操作说明
温度转换	44H	启动 DS18B20 进行温度转换
读暂存器	BEH	读暂存器 9 字节内容
写暂存器	4EH	将数据写入暂存器的 TH、TL 字节
复制暂存器	48H	把暂存器的 TH、TL 字节写到 E2RAM 中

续表

指　　令	约定代码	操作说明
重新调 E2RAM	B8H	把 E2RAM 中 TH、TL 字节写到暂存器 TH、TL 字节
读电源供电方式	B4H	启动 DS18B20，发送电源供电方式信号给主 CPU

虽然 DS18B20 有诸多优点，但使用起来并非易事，由于采用单总线数据传输方式，DS18B20 的数据输入和输出均由同一条线完成。因此，对读/写的操作时序要求严格。为保证 DS18B20 的严格时序，需要做较精确的延时。在 DS18B20 操作中，有了比较精确的延时保证，就可以对 DS18B20 进行读/写操作、温度转换及显示等操作。

2. 芯片 74HC573 介绍

74HC573 是高性能硅门 CMOS 器件。器件的输入是和标准 CMOS 输出兼容的；加上拉电阻，能和 LS（低功耗肖特基）/ALS（先进低功耗肖特基）TTL 输出兼容。

SL74HC573 内置八个锁存器都是透明的 D 锁存器，当使能（G）为高时，Q 输出随数据（D）输入而变。当使能为低时，输出将锁存在已建立的数据电平上。输出控制不影响锁存器的内部工作，即旧数据可以保持，甚至当输出被关闭时，新的数据也可以置入。这种电路可以驱动大电容或低阻抗负载，可以直接与系统总线接口并驱动总线，而不需要外接口。特别适用于缓冲寄存器、I/O 通道、双向总线驱动器和工作寄存器。

二、仿真实现

仿真电路原理图如图 7-1-4 所示。与实际单片机电路图引脚大同小异，连接了仿真原理图后可以直接使用实验盒进行实物实验。

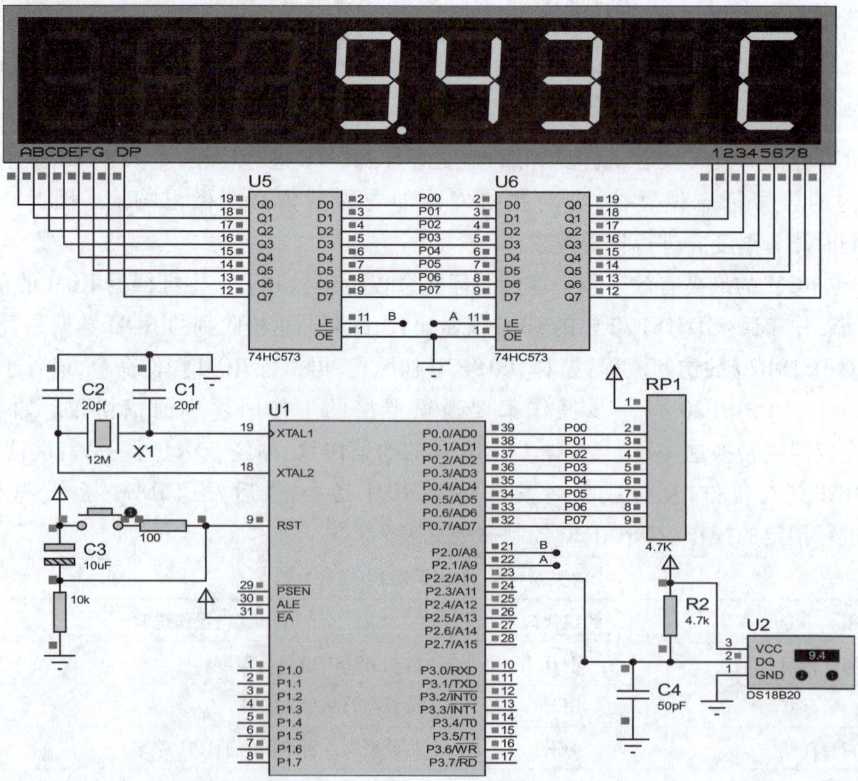

图 7-1-4　温度探测单元电路原理图

三、程序详解

1. 仿真程序详解

该程序实现对传感器DS18B20的温度信号采集，并用数码管动态实时显示温度信息。调整仿真温度传感器的温度时，系统能实时调整采集温度并显示。

```
/* -----------------------------------------------------------------------
========================================
文件名：DS18B20.c
描述：DS18B20采集温度并显示到数码管(12 MHz晶振下操作)
作者：南京铁道职业技术学院
========================================
---------------------------------------------------------------------- */
#include<reg52.h>
//因为此文件中用到了延时函数_nop_(),所以要包含_nop_()的头文件
#include <intrins.h>
/* 定义数据类型转义符 */
#define uchar unsigned char
#define uint unsigned int
/* 定义DS18B20的数据通信引脚DQ对应的端口 */
sbit DQ = P2^2;
sbit paulse = P2^3;
/* 定义数码管显示驱动模块选择接口对应的端口 */
sbit LATCH1=P2^0;                      //B
sbit LATCH2=P2^1;                      //A
/* 变量定义 */
unsigned char DigBuf[6];               //定义数码管显示缓冲区
int t_value=0;
float TGet=0.0;                        //定义从DS18B20读取的数
code uchar dis_SEG[10]={0x3f,0x06,0x5b,0x4f,0x66,0x6d,0x7d,0x07,0x7f,0x6f};
//显示段码值0~9
code uchar dis_wei[8]={0xfe,0xfd,0xfb,0xf7,0xef,0xdf,0xbf,0x7f};
//分别对应相应的数码管点亮,即位码
/* 全局变量定义 */
uchar flag=0;
uchar t_flag=0;
uint times=0;
/* 延时函数 */
/******************************************
功能:延时函数
输入参数:
n:延时时长
输出参数:无
返回值:无
******************************************/
void Delay(unsigned int n)
{
    unsigned int i;
    while(n--)
    {
```

```
        i = 200;
        while(i --);
    }
}

/* 延时基准, 晶振为 12 MHz,即 2n + 5 μs* /
void DelayXus(unsigned char n)
{
    while(n --);
}
/* 显示单个位数码管函数 * /
/*******************************************
功能:用于动态扫描数码管
输入参数:
wei: 位码字节,需要显示的数的位置
Num:段码字节,需要显示的数 0 ~ 9
输出参数:无
返回值:无
******************************************* /
void Display(unsigned char wei,unsigned char Num)
{
    P0 = 0;                              //清空数据,防止有交替重影
    LATCH1 = 1;                          //段锁存
    LATCH1 = 0;
    DelayXus(1);
    P0 = Num;                            //取显示数据,段码
    LATCH1 = 1;                          //段锁存
    LATCH1 = 0;
    DelayXus(1);
    P0 = dis_wei[wei];                   //取位码
    LATCH2 = 1;                          //位锁存
    LATCH2 = 0;
    DelayXus(1);
}
/*******************************************
功能:初始化 DS18B20
输入参数:无
输出参数:无
返回值:无
******************************************* /
/* 初始化序列:目的是看一下 DS18B20 是否存在,存在返回 1,不存在则返回 0,以便进行下一步操作* /
unsigned char DS18B20Init(void)
{
    /* 定义一个存在标志的变量:Prence* /
    unsigned char Prence;
    /* 控制器拉低总线最小 480 μs,拉低 550 μs,放点余量* /
    DQ = 0;
    /* 延时 550 μs,注意这个函数 DelayXus 基准是 3 μs,必须准确些* /
    DelayXus(100);                       //540 μs = 180* 3 μs (基准是 3 μs)
    /* 释放总线,89C52 的 IO 口没有专门配置为输入口,所以只能将其置 1* /
    DQ = 1;
```

```
    /* 这时候 DS18B20 在响应了,但反应慢,需要 15 ~ 60 μs 的时间,只能等待最长时间 60 μs* /
    DelayXus(20);                                   //60 μs = 20* 3 μs
    /* 判断 DQ 引脚的电平,如果 DS18B20 有响应了,就会将其拉低,说明它存在了* /
    if (! DQ)//说明存在温度值
    {
        Prence = 1;
    }
    else                                            //说明不存在
    {
        Prence = 0;
    }
    /* 等待 DS18B20 再次释放总线,最长是 240 μs,但得等待 480 μs,以备下一次的初始化* /
    DelayXus(100);                                  //480 = 160* 3 μs
    return Prence;
}
/********************************************
功能:写一个字节到 DS18B20
输入参数:
WByte:要写的字节
输出参数:无
返回值:无
******************************************** /
/* 写 DS18B20 一个字节 Byte* /
void DS18B20WriteOneByte(unsigned char dat)
{
    unsigned char i;
    for (i=0;i<8;i++)/* 写 8 个位* /
    {
        if (dat & 0x01)//判断最高是写 0 还是写 1 ,先写低字节
        {
            /* 拉低电平* /
            DQ = 0;
            /* 必须在 15 μs 之内释放总线,不过拉低电平的时间又必须大于 1 μs,所以需要延时
1 μs 以上,这里延时 3 μs* /
            DelayXus(1);                            //3 = 1* 3 μs 基准是 3 μs
            /* 释放总线* /
            DQ = 1;                                 /* 释放后至少等待 45 μs,这里等待 60 μs* /
            DelayXus(10);                           //60 = 20* 3 μs
        }
        else
        {
            /* 拉低电平* /
            DQ = 0;
            /* 给 DS18B20 时间反应,需要 60 μs < T < 120 μs,取中间值,84 μs* /
            DelayXus(10);                           //84 = 28* 3 μs
            /* 释放总线* /
            DQ = 1;
            /* 等待大于 1 μs* /
            DelayXus(1);
        }
        dat >> = 1;                                 //字节数据往右移 1 位
```

```
    }
}
/*****************************************
功能:从 DS18B20 读取一个字节
输入参数:无
输出参数:无
返回值:
RecByte:从 DS18B20 所读取的字节
***************************************** /
unsigned char DS18B20ReadOneByte(void)
{
    unsigned char i;
    unsigned char TempDat = 0;
    for (i=0;i<8;i++)/* 写 8 个位* /
    {
        TempDat >> = 1;
        /* 拉低总线 > 1 μs* /
        DQ = 0;
        /* 延时 >1 μs* /
        DelayXus(1);                        //延时基准为 3 μs
        /* 释放总线* /
        DQ = 1;
        /* 延时一下* /
        _nop_();
        /* 读取总线数据* /
        if (DQ)
        {
            TempDat |= 0X80;
        }
        else//0 就不用管了
        {
        }
        /* 每一个时隙必须大于 60 μs,取 75 μs 左右* /
        DelayXus(10);
    }
    return TempDat;
}
/*****************************************
功能:开始温度转换
输入参数:无
输出参数:无
返回值: 无
***************************************** /
void DS18B20TConvertStart(void)
{
    DS18B20Init();                          //DS18B20 初始化
    Delay(1);                               //延时
    DS18B20WriteOneByte(0xCC);              //发送跳过 ROM 指令
    DS18B20WriteOneByte(0x44);              //发送启动温度转换指令
}
/*****************************************
```

```
功能:获取温度值
输入参数:无
输出参数:
Temperature: 温度值,16 位数
其中,BIT15 ~ BIT11 (符号位);
     BIT10 ~ BIT4 (整数位);
     BIT3 ~ BIT0 (小数位);
返回值:无
******************************************** /
unsigned int DS18B20TGet(void)
{
    unsigned int Temperature;
    DS18B20Init();                              //DS18B20 初始化
    Delay(1);                                   //延时
    DS18B20WriteOneByte(0xCC);                  //发送跳过 ROM 指令
    DS18B20WriteOneByte(0xBE);                  //发送读取便签指令
    Temperature = DS18B20ReadOneByte();         //读取低字节(8 位)
    Temperature |= DS18B20ReadOneByte() <<8;    //读取高字节(8 位)并与低字节合并成 16 位
                                                //温度数值
    return(Temperature);                        //返回读取的便签值(16 位)
}

void value_take(int tt,uchar * arg)//
{
    long temp =0;
    uint temp1 =0;
    uchar * p,i,j;
    p=arg;
    if(tt<0)
    {
      temp= ~tt +1;                             //温度值为补码输出,此处求负温度原值
      * (p +0) =0x40;                           //显示"-"号
    }
    else
    {
      temp=tt;
      * (p +0) =0;
    }
    temp1 =temp* 625/100;                       //取小数后 2 位
    if(temp1 > =10000)      i =5;
    else if(temp1 > =1000)  i =4;
    else i =3;
    for(j =1;j <6-i;j ++)
    * (p +j) =0;
    for(j =5;j > =6-i;j --)
    {
      if(j ==3) * (p +3) = (dis_SEG[temp1% 10]) |0x80;
      else      * (p +j) =dis_SEG[temp1% 10];
      temp1/ =10;
    }
}
```

```
/* ---------------------------------------------------------------------------* /
/*****************************************
主函数,读取并显示 DS18B20 的温度
***************************************** /
void main()
{

    EA =1;                                    //开总中断
    ET0 =1;                                   //开定时器 0 中断
    TMOD = 0x01;                              //设置定时器工作方式
    TH0 = (65536 - 4500)/256;                 //赋值定时器时间参数
    TL0 = (65536 - 4500)% 256;                //赋值定时器时间参数
    TR0 =1;                                   //开定时器
    while(1)
    {
      if(t_flag)
      {
          ET0 = 0;                            //关定时器中断
            /* 步骤 1:启动温度转换 * /
          DS18B20TConvertStart();             //启动温度转换
            /* 步骤 2:读取温度值 * /
          t_value = DS18B20TGet();            //得到真实十进制温度值,因为 DS18B20TGet
                                              // = DS18B20TGet() * 0.0625;
            /* 步骤 3:转换存储至显示缓存 * /
          value_take(t_value,DigBuf);
             t_flag = 0;
             ET0 = 1;                         //开定时器中断
      }
    }
}
/* * * * * * * * * * * * * * 中断服务函数* * * * * * * * * * * * * * * * * * * * * * * /
void t0() interrupt 1
{
    static ttt =0;
    TH0 = (65536-2000)/256;
    TL0 = (65536-2000)% 256;
    if(ttt <6)
      Display(ttt,DigBuf[ttt]);
    else
      Display(7,0x39);                        //显示温度单位
    ttt ++;
    if(ttt >6) ttt =0;
    times ++;
    if(times >499);                           //1 s 温度转换 1 次
    {
      times =0;
      t_flag =1;
    }
}
/* -----------------------------------------------------------------------
 ========================================
```

```
程序结束
================================================
-------------------------------------------------------------------* /
```

程序解析：

(1)定时中断函数：void t0() interrupt 1。表明中断函数定时器 0 中断，中断号 1，2 000 μs 中断一次。中断函数动态显示温度值，第 6 次显示摄氏度。同时通过 t_flag 标志位，定时控制 1 s 温度转换 1 次。

(2)主函数的中断初始化，包括：

打开中断：`EA = 1; ET0 = 1;`

初始化定时器中断：`TMOD = 0x01; TH0 = (65536-4500)/256; TL0 = (65536-4500)% 256;`

开启定时器 0：`TR0 = 1;`

(3)DS18B20 的写数据时序图参考图 7-1-5。图 7-1-5 左边是写入"0"的时序，右边是写入"1"的时序。

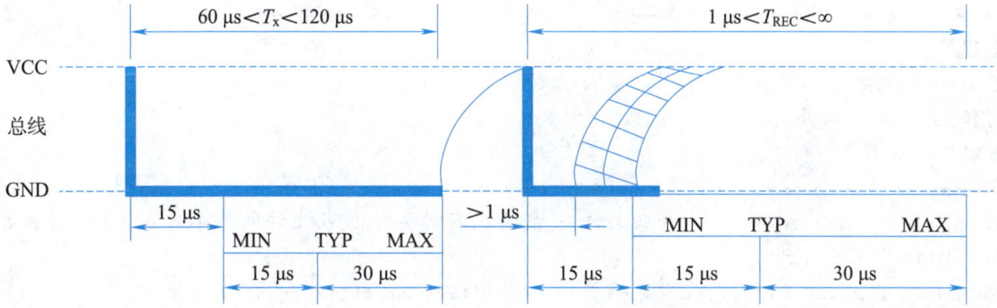

T_x—数据转换时长；T_{REC}—复位脉冲后的恢复时长。

图 7-1-5　DS18B20 写数据时序图

写入"0"时，总时序时长控制在 60 ~ 120 μs，最后由低电平上升为高电平只要大于 1 μs 即可；写入"1"时，第一个低电平持续时间大于 1 μs 即可，上升为高电平后持续时间超过 45 μs 即可。其他读写操作、复位操作等请参考 DS18B20 的设计手册。

(4)读暂存器 9 字节内容的操作：向 DS18B20 发送约定代码"0xBE"，具体代码 `DS18B20WriteOneByte(0xBE);`详细可以参看函数 `DS18B20TGet(void)`。

(5)主函数利用中断函数标志位 t_flag 控制 1 s 采集 1 次温度数据并显示。

2. 实验箱程序详解

利用实验箱上的八路数码管和 DS18B20 传感器，实现温度探测单元。实验箱接线图如图 7-1-6 所示。

实验箱接口表见表 7-1-4。

表 7-1-4　实验箱接口表

单片机 I/O 口	模块接口	杜邦线数量	功　能
P1.3	J48 或者 J10	1	DS18B20 的数据位
P1.2	J48 或者 J10	1	DS18B20 的数据位
P0	J3	8	连接数码管 8 位数据线
P2.2	J2(B)	1	段锁存
P2.3	J2(A)	1	位锁存

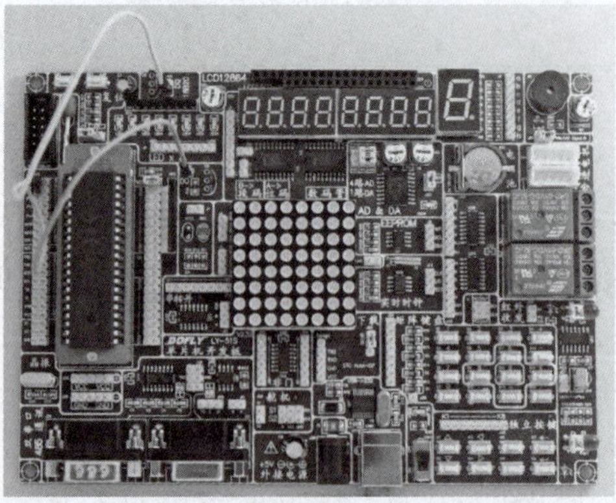

图 7-1-6　实验箱接线图

实验箱完整程序请参考对应工程附件，DS18B20 的驱动程序与仿真程序几乎一样，这里分析主程序文件。

```
/*-------------------------------------------------------------
主程序开始
名称:DS18B20 数码管显示
内容:显示格式 符号 xxx.x C
可以显示负温度
-------------------------------------------------------------*/
#include<reg52.h>    //包含头文件,一般情况不需要改动,头文件包含特殊功能寄存器的定义
#include "18b20.h"
#define DataPort P0   //定义数据端口,程序中遇到 DataPort 则用 P0 替换
sbit LATCH1 = P2^2;   //定义锁存使能端口,段锁存
sbit LATCH2 = P2^3;   //位锁存
bit ReadTempFlag;     //定义读时间标志
unsigned char code dofly_DuanMa[10] = {0x3f,0x06,0x5b,0x4f,0x66,0x6d,0x7d,0x07,
0x7f,0x6f};           //显示段码值 0~9
unsigned char code dofly_WeiMa[] = {0xfe,0xfd,0xfb,0xf7,0xef,0xdf,0xbf,0x7f};
                      //分别对应相应的数码管点亮,即位码
unsigned char TempData[8];                                     //存储显示值的全局变量
void Display(unsigned char FirstBit,unsigned char Num);        //数码管显示函数
void Init_Timer0(void);                                        //定时器初始化
void ReadTemperature()
/*-------------------------------------------------------------
                主函数
-------------------------------------------------------------*/
void main (void)
{
    unsigned int TempH,TempL,temp;
    Init_Timer0();
    while (1)                                                  //主循环
    {
    if(ReadTempFlag==1)
    {
      ReadTempFlag=0;
      temp=ReadTemperature();
        if(temp&0x8000)
        {
```

```
        TempData[0]=0x40;                           //负号标志
        temp=~temp;                                 //取反加1
        temp +=1;
      }
    else
      TempData[0]=0;

      TempH=temp>>4;
      TempL=temp&0x0F;
      TempL=TempL* 6/10;                            //小数近似处理

    if(TempH/100==0)
      TempData[1]=0;
    else
      TempData[1]=dofly_DuanMa[TempH/100];          //十位温度
    if((TempH/100==0)&&((TempH% 100)/10==0))        //消隐
      TempData[2]=0;
   else
     TempData[2]=dofly_DuanMa[(TempH% 100)/10];     //十位温度
     TempData[3]=dofly_DuanMa[(TempH% 100)% 10]|0x80; //个位温度,带小数点
     TempData[4]=dofly_DuanMa[TempL];
     TempData[6]=0x39;                              //显示C符号
   }
  }
}

/* ------------------------------------------------
显示函数用于动态扫描数码管
输入参数FirstBit表示需要显示的第一位,如赋值2表示从第三个数码管开始显示
如输入0表示从第一个数码管开始显示。
Num表示需要显示的位数,如需要显示99两位数值,则该值输入2
------------------------------------------------*/
void Display(unsigned charFirstBit,unsigned char Num)
{
     static unsigned char i=0;
     DataPort=0;                             //清空数据,防止有交替重影
     LATCH1=1;                               //段锁存
     LATCH1=0;
     DataPort=dofly_WeiMa[i+FirstBit];       //取位码
     LATCH2=1;                               //位锁存
     LATCH2=0;
     DataPort=TempData[i];                   //取显示数据,段码
     LATCH1=1;                               //段锁存
     LATCH1=0;
     i++;
     if(i==Num)
     i=0;
}
/* ------------------------------------------------
                定时器初始化子程序
------------------------------------------------*/
```

```
void Init_Timer0(void)
{
    TMOD |= 0x01;                          //使用方式1,16位定时器,使用"|"符号可
以在
                                           //使用多个定时器时不受影响
    EA=1;                                  //打开总中断
    ET0=1;                                 //打开定时器中断
    TR0=1;                                 //打开定时器开关
}
/*  -----------------------------------------------------
            定时器中断子程序
-------------------------------------------------------*/
void Timer0_isr(void) interrupt 1
{
    static unsigned int num;
    TH0=(65536-2000)/256;                  //重新赋值2 ms
    TL0=(65536-2000)% 256;
    Display(0,8);                          //调用数码管扫描
    num++;
    if(num==300);
    {
        num=0;
        ReadTempFlag=1;                    //读标志位置1
    }
}
/* * * * * * * * * * * 主程序结束* * * * * * * * * * * * */
```

程序解析：

(1)函数Init_Timer0(void),定时器0初始化函数,初始化为工作方式1,并打开中断,启动定时器0;

(2)函数Timer0_isr(void),定时器0中断服务函数,函数定时2 ms,并用计数的方式,定时300个2 ms,即6 s,ReadTempFlag=1,在main()函数中每隔6 s更新温度并显示。

(3)main()函数中,显示数据时,利用了整除和求余的性质获取温度的十位数字和个位数字。

任务实施

本书配套建设了实验箱,书中所有程序皆可在实验箱上进行验证。任务要求先进行仿真验证,再用实验箱进行验证。温度探测单元实验材料清单见表7-1-5。

表7-1-5　温度探测单元实验材料清单

序　号	名　称	规　格	数　量
1	51单片机实验箱	本书配套	2
2	计算机	Win 10系统	1
3	仿真软件Proteus	Proteus 7以上	1
4	Keil	μVision 4以上	1
5	驱动芯片74HC573		2
6	温度传感器DS18B20		1
7	8位数码管	共阴极	1
8	杜邦线	公对公、公对母、母对母	若干

请对照表7-1-6进行温度探测单元实验操作，并记录关键步骤和关键代码。其中，附加功能是提高部分，供学有余力的学生进行能力提升。

表7-1-6　温度探测单元实验关键步骤

序号	关键步骤	具体实施（图片、文字）或对应关键代码
1	检查实验箱对应部件是否良好	
2	实验箱与计算机连接，实验箱串口与另外实验箱串口连接	
3	建立单片机工程，工程名为 temptest，单片机型号选择实验箱上对应的单片机型号	
4	编写程序，并编译通过，生成 temptest. hex 文件	
5	用仿真器成功下载代码到实验箱的单片机上	
6	按照原理图用杜邦线把 DS18B20 接入系统	
7	运行单片机系统，进行功能测试	
8	功能：系统数码管能准确显示当前温度	
9	附加功能：温度超过 80 ℃则显示 8 个“－”	
10	整理实验台	

任务评价

任务评价表见表7-1-7。

表7-1-7　温度探测单元任务评价表

小组成员		学生姓名		
目标	目标内容	学生自评	小组互评	导师总评
知识	了解传感器在智能系统中的应用			
	了解温度传感器在城轨车站系统中的应用			
	掌握温度传感器 DS18B20 特点和应用			
	掌握驱动芯片 74HC573 特点和应用			
	理解单片机常见的一线总线			
	理解常见的数据补码转换			
能力	能设计温度探测电路			
	能初始化一线总线			
	能根据传感器 DS18B20 硬件原理进行一线总线的读/写操作			
	能根据数据格式进行数据转换			
素养	具有安全作业的操作意识			
	具有城轨环控系统生产安全的责任意识			
	具有科技强国的责任感			
	操作规范、团结协作、认真严谨等职业素养			

任务2 地铁车站环境监控系统设计

任务目标

知识目标：

(1)了解传感器在智能系统中的应用。

(2)了解温湿度传感器在城轨车站环控系统中的应用。

(3)掌握温湿度传感器 DHT11 的特点和应用。

(4)理解硬件时序图的含义。

(5)理解单片机常见的一线总线。

(6)了解人工智能技术在城轨环控系统中的应用。

(7)了解大数据技术在城轨环控系统中的应用。

能力目标：

(1)能根据要求在单片机最小系统基础上设计环境监控系统电路。

(2)能根据硬件电路初始化一线总线。

(3)能根据传感器 DHT11 硬件进行一线总线的读/写操作。

(4)能用 LM016 液晶屏显示数据。

(5)能根据硬件时序图进行硬件驱动函数编写。

素养目标：

(1)具有安全作业的操作意识、城轨环控系统生产安全的责任意识。

(2)具有精益求精的工匠精神。

(3)具有科技强国的责任感。

(4)操作规范、团结协作、认真严谨等职业素养。

视频

地铁车站环境监控系统设计

任务描述

地铁车站的环控系统主要由通风系统、空调系统、水处理系统、供电系统和照明系统等多个子系统组成。其中，通风系统和空调系统被称为环控系统的核心系统。为了确保地铁车站内环境的舒适性和安全性，必须要有一个高效可靠的环控系统。为了能在车站控制室内值班人员随时随地监控到设备房和站厅站台的温湿度情况，必须对各个设备房和站厅站台的温湿度进行实时采集显示，异常情况需要报警提示，及时消除隐患，保证乘客安全、舒适地乘坐地铁。图 7-2-1 是地铁车站环境监控系统示意图。不仅有温湿度数据，还有人流数据、票务数据等，车站智慧系统利用全线大数据，通过人工智能算法进行管理和运行本站，调节人流，调控温度，更加有效保障安全生产。

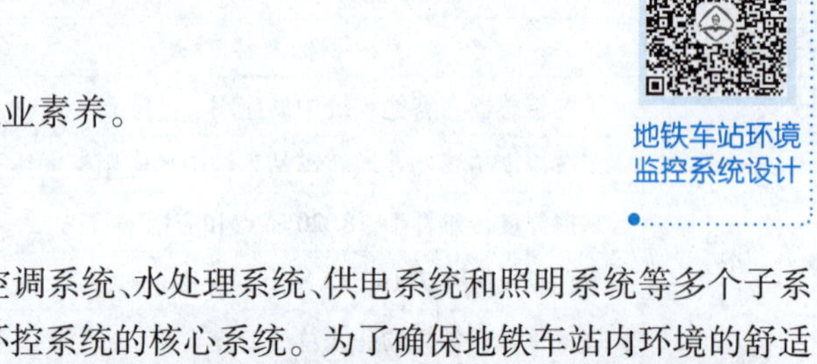

图 7-2-1 地铁车站环境监控系统示意图

本任务利用单片机实时读取安装在地铁各个设备房和公共区间的温湿度传感器 DHT11 的数据并显示分析，对异常数据显示报警。

知识链接

一、硬件知识

系统在地铁一个设备房和站台层安装了温湿度传感器，单片机系统通过端口 P2.2 和 P2.3 定时 2 s 采集一次温湿度数据，并在显示屏上显示。系统分析数据，如果任意一处传感器温度大于 30 ℃，或者湿度大于60%，则声音进行报警，提醒地铁值班人员注意。声音报警由 P1.4 端口进行喇叭报警，切换设备房或者站台站厅层则由连接端口 P1.5 的按键控制。显示屏通过 P0 端口控制温湿度的显示。硬件电路设计如图 7-2-2 所示。

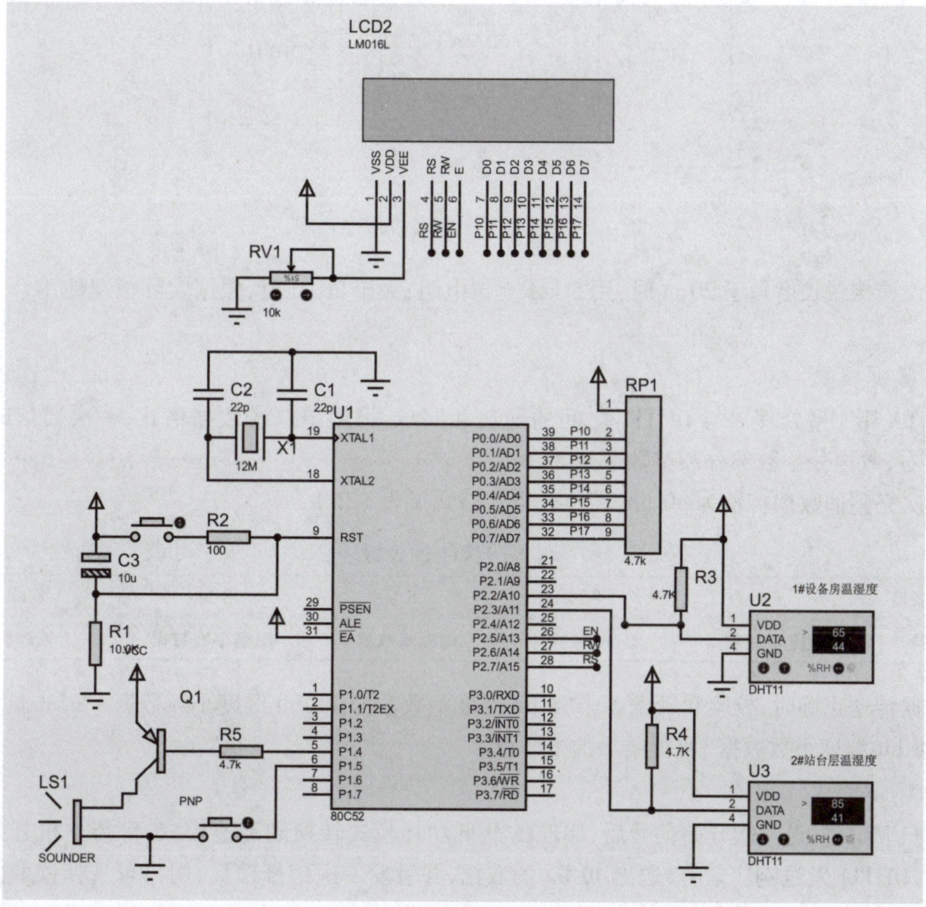

图 7-2-2 地铁车站环境监控系统硬件电路设计

该系统主要用到温湿度传感器 DHT11，下面对其做简要介绍。

数字温湿度传感器是一款含有已校准数字信号输出的温湿度复合传感器。它应用专用的数字模块采集技术和温湿度传感技术，确保产品具有极高的可靠性与卓越的长期稳定性。传感器包括一个电阻式感湿元件和一个 NTC 测温元件，并与一个高性能 8 位单片机相连接。因此该产品具有品质卓越、超快响应、抗干扰能力强、性价比极高等优点。每个 DHT11 传感器都在极为精确的湿度校验室中进行校准。校准系数以程序的形式储存在 OTP 内存中，传感器内部在检测信号的处理过程中要调用这些校准系数。单线制串行接口，使系统集成变得简易快捷。超小的体积、极低的功耗，信号传输距离可达 20 m 以上，使其成为各类应用甚至最为苛刻的应用场合的最佳选择。

1. 典型应用电路

传感器 DHT11 的 1 引脚直接接 +5 V 电源;4 引脚接地;DHT11 的供电电压为 5 V。传感器上电后,要等待 1 s 以越过不稳定状态,在此期间无须发送任何指令。电源引脚(VDD、GND)之间可增加一个 100 nF 的电容,用以去耦滤波。

2 引脚是数据总线,与单片机 P2.2 连接,通过该端口组成了单线双向的串行接口。典型应用如图 7-2-3 所示。

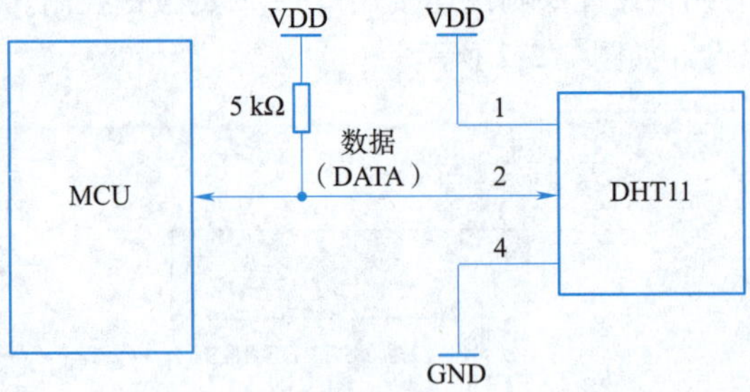

图 7-2-3 DHT11 典型应用电路图

建议连接线长度短于 20 m 时,用 5 kΩ 上拉电阻;大于 20 m 时,根据实际情况使用合适的上拉电阻。

2. 数据格式

DATA 用于微处理器与 DHT11 之间的通信和同步,采用单总线数据格式,一次通信时间为 4 ms 左右,数据分小数部分和整数部分。

一次完整的数据传输为 40 bit,高位先出。格式见表 7-2-1。

表 7-2-1 DHT11 的数据格式

数据长度	8 bit	8 bit	8 bit	8 bit	8 bit
注释	湿度整数数据	湿度小数数据	温度整数数据	温度小数数据	校验和

数据传送正确时,校验和数据等于“8 bit 湿度整数数据 +8 bit 湿度小数数据 +8 bit 温度整数数据 +8 bit 温度小数数据”所得结果的末 8 位。

3. 读取时序

用户 MCU 发送一次开始信号后,DHT11 从低功耗模式转换到高速模式,等待主机开始信号结束后,DHT11 发送响应信号,送出 40 bit 的数据,并触发一次信号采集,用户可选择读取部分数据。从模式下,DHT11 接收到开始信号,触发一次温湿度采集,如果没有接收到主机发送开始信号,DHT11 不会主动进行温湿度采集,采集数据后转换到低速模式。

外设读取步骤:

步骤一:DHT11 上电后(DHT11 上电后要等待 1 s 以越过不稳定状态在此期间不能发送任何指令),测试环境温湿度数据,并记录数据,同时 DHT11 的 DATA 数据线由上拉电阻拉高一直保持高电平;此时 DHT11 的 DATA 引脚处于输入状态,该时刻检测外部信号。这个步骤在本项目中由硬件电路实现上拉电阻拉高电平。

步骤二:单片机的 I/O 设置输出低电平,且低电平保持时间不能小于 18 ms,然后单片机的 I/O 置高电位,为输入状态,等待 DHT11 做出应答信号,发送起始信号时序图如图 7-2-4 所示。

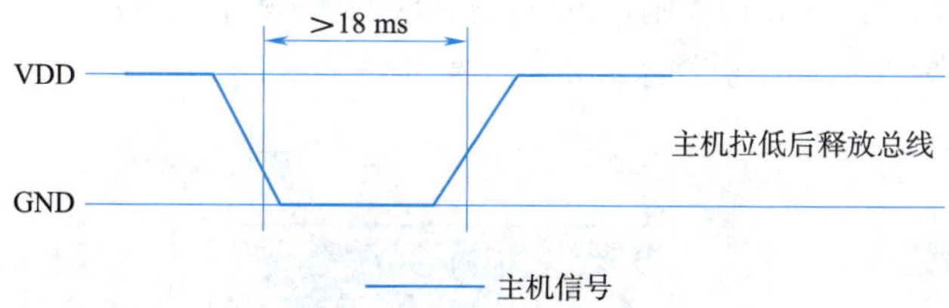

图 7-2-4　DHT11 主机发送起始信号时序图

步骤三：DHT11 的 DATA 引脚检测到外部信号有低电平时，等待外部信号低电平结束，延迟后 DHT11 的 DATA 引脚处于输出状态，输出 80 μs 的低电平作为应答信号，紧接着输出 80 μs 的高电平通知外设准备接收数据，单片机的 I/O 检测到有低电平（DHT11 应答信号）后，等待 80 μs 的高电平后的数据接收，应答时序图如图 7-2-5 所示。

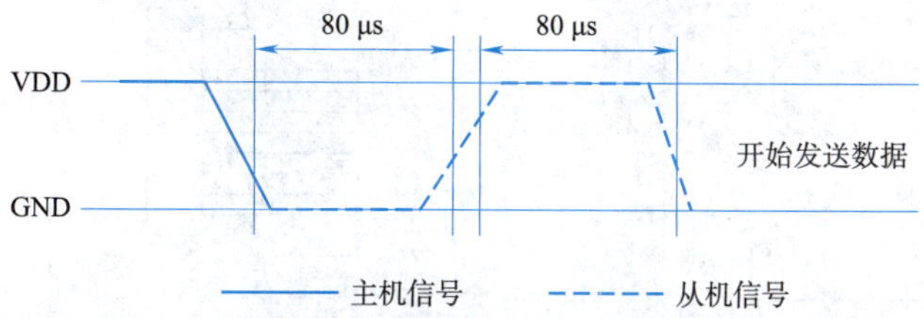

图 7-2-5　DHT11 应答时序图

步骤四：由 DHT11 的 DATA 引脚输出 40 位数据，微处理器根据 I/O 电平的变化接收 40 位数据。

位数据“0”的格式为：50 μs 的低电平加 26 ~ 28 μs 的高电平。

位数据“1”的格式为：50 μs 的低电平加 70 μs 的高电平，如图 7-2-6 所示。

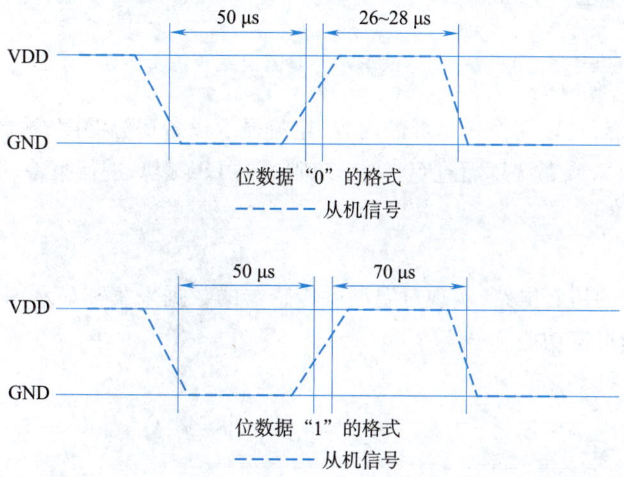

图 7-2-6　DHT11 位数据“0”和位数据“1”时序图

结束信号：DHT11 的 DATA 引脚输出 40 位数据后，继续输出低电平，50 μs 后转为输入状态，由于上拉电阻随之变为高电平。自动测量数据重装，等待外部信号的到来。

二、仿真实现

仿真实现了实时采集地铁设备房和站台层的温湿度数据，并分析显示。如果温度高于 30 ℃

或者湿度超过 60% 则报警。同时，控制台可以选择查看具体某个站台层、站厅层的位置或者设备房的温湿度信息。地铁车站环境监控系统仿真结果如图 7-2-7 所示。

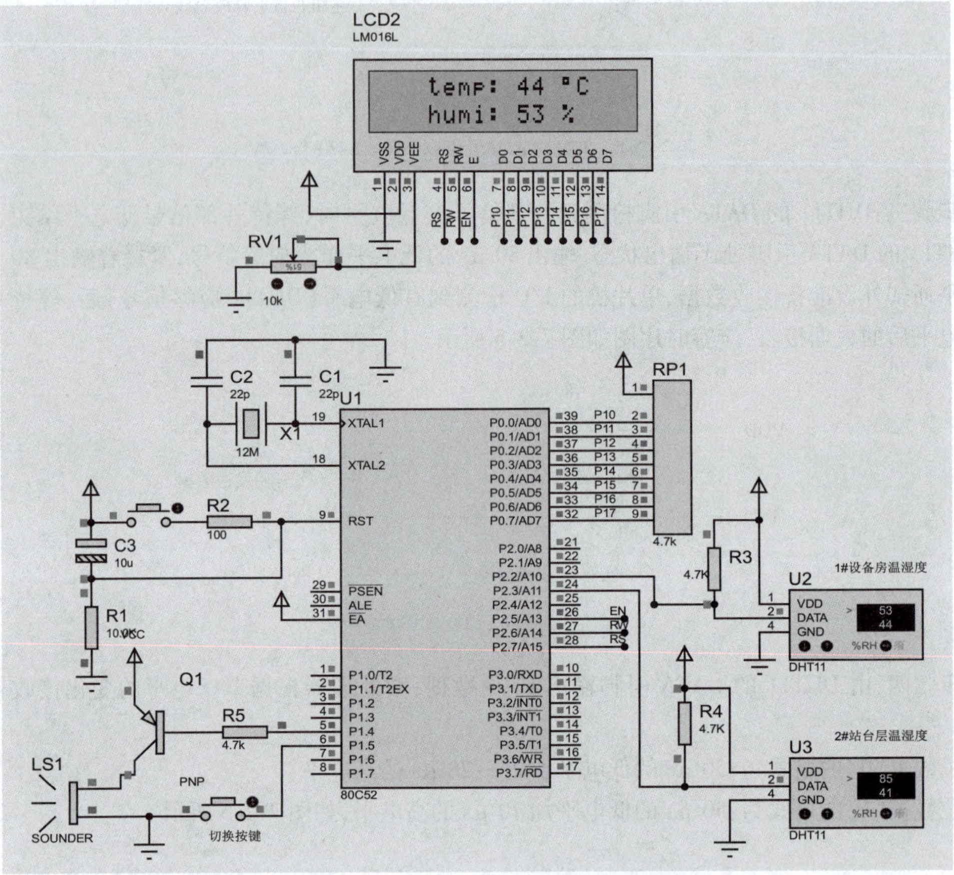

图 7-2-7　地铁车站环境监控系统仿真结果

(1)按下切换按键，可以切换显示屏的内容，轮流显示设备房温湿度、站台层温湿度情况。

(2)温度高于 30 ℃或者湿度超过 60%，系统则通过 LS1 喇叭进行报警。

三、程序详解

该程序利用前面的仿真电路，实现对温湿度传感器的数据采集和显示，并进行数据分析。完成对地铁环境监控和报警功能。

```
/* ---------------------------------------------------------------
程序开始
==========================================
文件名：DHT11.c
描述：DHT11 采集温度并显示到数码管(12 MHz 晶振下操作)
==========================================
----------------------------------------------------------------*/
#include <reg52.h>
#include <intrins.h>                  //因为此文件中用到了延时函数_nop_(),所以要
                                      //包含_nop_()的头文件

/* 定义数据类型转义符 */
```

```
#define uchar unsigned char
#define uint unsigned int
#define x1 0x80                              //LCD1602 第一行
#define x2 (0x80 +0x40)                      //LCD1602 第二行
#define LCD_DATA P0                          //定义数据口
sbit LCD_EN = P2^5;                          //定义 LCD1602 的使能引脚
sbit LCD_RW = P2^6;                          //定义 LCD1602 的读/写选择引脚
sbit LCD_RS = P2^7;                          //定义 LCD1602 的数据/命令选择引脚
/* 定义 DS18B20 的数据通信引脚 DQ 对应的端口 * /
sbit DHT_DATA = P2^2;
sbit DHT_DATA2 = P2^3;
sbit beep = P1^4;
sbit btn_sor = P1^5;
/* 变量定义 * /
uchar flag_sor =0;
uchar receive_flag =0, times =0;
sbit paulse = P2^0;
uchar DigBuf[4] ={0,0,0,0};                  //定义数码管显示缓冲区
uchar value[5] ={0};                         //温湿度数据
uchar wendu_z =0,wendu_x =0,shidu_z =0,shidu_x =0;
/* 延时函数 1 ms * /
/*******************************************
功能:延时函数
输入参数:
n: 延时时长
输出参数:无
返回值:无
******************************************* /
void Delay(unsigned int n)
{
    unsigned int i;
    while(n --)
    {
        i =88;
        while(i --);
    }
}
/* 延时基准, 晶振为 12 MHz,即 6n +13 μs* /
void DelayXus(unsigned char n)
{
    while(n --);
}
/******************************************* /
/*************** DHT11 读取一字节数据**************** /
/***** 数字 0 表示:首先 DHT 把总线拉低 12 ~14 μs 然后拉高,高电平保持时间在 26 ~28 μs 范围内,则此比特位为低电平 0***** /
/***** 数字 1 表示:首先 DHT 把总线拉低 12 ~14 μs 然后拉高,高电平保持时间在 116 ~118 μs 范围内,则此比特位为低电平 1***** /
/***** 数据格式:湿度整数字节-湿度小数字节、温度整数字节-温度小数字节、校验和;共 5 字节***** /
/* 功能:读一字节函数
输入参数: i 传感器编号
```

```
输出参数:temp,即读取的数值
返回值:temp,即读取的数值* /
unsigned char Read_One_Byte()
  {
    unsigned char i,temp=0;
    for(i=0;i<8;i++)
    {
        while(! DHT_DATA);/* 等待 14 us 低电平结束* /
        DelayXus(3);/* 延迟 30 us* /
        if(DHT_DATA)
        {
            temp = temp<<1;
            temp |= 0X01; /* 等待低电平* /
            while(DHT_DATA);
        }
        else
        {
            temp=temp<<1;
        }
    }
    return temp;
  }

unsigned char Read_One_Byte2()
  {
    unsigned char i,temp=0;
    for(i=0;i<8;i++)
    {
        while(! DHT_DATA2);/* 等待 14 μs 低电平结束* /
        DelayXus(3);/* 延迟 30 μs,0 持续 30 μs 高电平,1 持续 70 μs 高电平* /
        if(DHT_DATA2)/* 延迟 30 μs 后,DHT_DATA2=1,说明是数据 1* /
        {
            temp = temp<<1;
            temp |= 0X01;
            while(DHT_DATA2); /* 等待低电平* /
        }
        else /* 延迟 30 μs 后,DHT_DATA2=0 说明是数据 0* /
        {
                temp=temp<<1;
        }
    }
   return temp;
  }
/*************************************** /
/*************** DHT11 初始化******************** /
/***** 主机发送开始信号(拉低总线 18 ms 以上)开始信号结束(主机拉高),延时 20~40 μs 后读
取 DHT 响应信号(低电平 40~50 μs,高电平 40~50 μs)***** /
/* 功能:接收字节函数
输入参数:P 接收指针
输出参数:无
返回值:无* /
```

```
void receive_data(unsigned char * p)
{
    unsigned char j;
    DHT_DATA =0;                          /* 拉低总线* /
    Delay(20);                            /* 需延迟18 ms 以上,这里为20 ms* /
    DHT_DATA =1;                          /* 复位总线* /
    DelayXus(1);
    while(DHT_DATA);                      /* 高电平* /
    if(! DHT_DATA)                        //响应信号
    {
      while(! DHT_DATA);                  //等待低电平过去
      while(DHT_DATA);                    /* 高电平* /
      for(j =0;j <5;j ++)
      {
          * (p +j) =Read_One_Byte();
      }
    }
}
void receive_data2(unsigned char * p)
{
    unsigned char j;
    DHT_DATA2 =0;                         /* 拉低总线* /
    Delay(20);                            /* 需延迟18 ms 以上,这里为20 ms* /
    DHT_DATA2 =1;                         /* 复位总线* /
    DelayXus(1);
    while(DHT_DATA2);                     /* 高电平* /
      if(! DHT_DATA2)                     //响应信号
    {
      while(! DHT_DATA2);                 //等待低电平过去
      while(DHT_DATA2);                   /* 高电平* /
      for(j =0;j <5;j ++)
      {
          * (p +j) =Read_One_Byte2();
      }
    }
}

/*******************************************
功能:忙检测
输入参数:无
输出参数:无
返回值:
1: 忙;
0: 空闲
******************************************* /
unsigned char BusyCheck(void)
{
    unsigned char TEMP =0;
    LCD_DATA = 0xFF;                      //将数据引脚都置为高电平,以保证接下来所读取
                                          //的数为实际引脚的输入
    LCD_RS = 0;
```

```
    LCD_RW = 1;
    LCD_EN = 1;
    _nop_();
    TEMP = LCD_DATA&0x80;
    LCD_EN = 0;
    return (TEMP);                               //从 LCD1602 所读取的字节的最高位
}
//写指令寄存器:
void WriteCommand(unsigned char cmd)
{
    /* 判断忙标志,等待液晶模块不忙的时候再执行下面的操作* /
    while(BusyCheck());                          //等待忙
    /* RS = 0,表示写指令寄存器* /
    LCD_RS = 0;
    /* R/W = 0,表示对寄存器写操作* /
    LCD_RW = 0;
    /* 需要使能液晶模块,以便对它操作是有效的。* /
    LCD_EN = 1;
    /* 把要写入液晶模块的数据准备好* /
    LCD_DATA = cmd;
    /* 将 E 清零,让本次操作有效* /
    LCD_EN = 0;
}
//写数据寄存器:
void WriteData(unsigned char dat)
{
    /* 判断忙标志,等待液晶模块不忙的时候再执行下面的操作* /
    while(BusyCheck());                          //等待忙
    /* RS = 1,表示写数据寄存器* /
    LCD_RS = 1;
    /* R/W = 0,表示对寄存器写操作* /
    LCD_RW = 0;
    /* 需要使能液晶模块,以便对它操作是有效的* /
    LCD_EN = 1;
    /* 把要写入液晶模块的数据准备好* /
    LCD_DATA = dat;
    /* 将 E 清零,让本次操作有效* /
    LCD_EN = 0;
}
//液晶初始化:
void LCDInit(void)
{
    /* 液晶 1602 初始化 * /
    WriteCommand(0x38);                          //显示模式设置
    WriteCommand(0x08);                          //关闭显示
    WriteCommand(0x01);                          //清屏
    WriteCommand(0x06);                          //设置光标移动方向为向右(即每写一个字符光标
                                                 //自动右移一位),显示字符时字符不移动
    WriteCommand(0x0C);                          //开启显示,光标不显示,不闪烁
    Delay(1);                                    //延时,保证显示更稳定
}
```

```
void dis_caidan(void)
{
    unsigned char * String1 = "temp:";
    unsigned char * String2 = "humi:";
    WriteCommand(x1 +3);                    //指定液晶的数据存储地址
    while(* String1 != '\0')                //判断字符串是否结束
    {
        WriteData(* String1);               //将当前的字符内容发送到液晶,液晶的光标将自动
                                            //右移一位
        String1 ++;                         //指向下一个字符
    }
    WriteCommand(x1 +12);                   //指定液晶的数据存储地址
    WriteData(0xdf);                        //°
    WriteData(0X43);                        //C
    WriteCommand(x2 +3);                    //指定液晶的数据存储地址
    while(* String2 != '\0')                //判断字符串是否结束
    {
        WriteData(* String2);               //将当前的字符内容发送到液晶,液晶的光标将自动
                                            //右移一位
        String2 ++;                         //指向下一个字符
    }
    WriteCommand(x2 +12);                   //指定液晶的数据存储地址
    WriteData(0x25);
}
void dis_num(uchar a,uchar b)
{
    uchar v1 =0;
    WriteCommand(x1 +9);                    //指定液晶的数据存储地址
    v1 =a/10 + '0';
    WriteData(v1);
    v1 =a% 10 + '0';
    WriteData(v1);
    WriteCommand(x2 +9);                    //指定液晶的数据存储地址
    v1 =b/10 + '0';
    WriteData(v1);                          //°
    v1 =b% 10 + '0';
    WriteData(v1);;                         //C
}
/* ------------------------------------------------------------------- * /
/*******************************************
主函数,读取并显示 DS18B20 的温度
******************************************* /
void main()
{
    EA =1;
    ET0 =1;
    TMOD =0x01;
    TH0 = (65536-20000)/256;
    TL0 = (65536-20000)% 256;
    TR0 =1;
```

```
    LCDInit();
    dis_caidan();
    while(1)
    {
//按键判断
    if( btn_sor == 0)
    {
      DelayXus(5);
      if( btn_sor == 0)
            flag_sor^=1;
  while(btn_sor == 0);                          //松键检测
  }
                                                //读取温湿度数据
      if(receive_flag ==1)
        {
          receive_flag=0;
          if(flag_sor ==1)
                receive_data2(value);
      else
        receive_data(value);
      if(value[4] ==value[0] +value[1] +value[2] +value[3])
        {
        dis_num(value[2],value[0]);
        if(value[2] > =30 || value[0] > =60)//温度超30 ℃,湿度60% 报警
           beep=0;
        else
          beep=1;
      }
    TR0 =1;                                     //开定时器
    }
  }
}
/* * * * * * * * * * * * * * * 中断服务函数* * * * * * * * * * * * * * * * * * * * * /
void t0() interrupt 1
{
    TH0 = (65536-2000)/256;
    TL0 = (65536-2000)% 256;
      times++;
      if(times >100)
      {
        times=0;
        TR0=0;                                  //关定时器
        receive_flag=1;
      }
}
```

（1）根据 main( )函数对定时器的初始化，定时器每 2 000 μs 中断一次。进入中断后，中断函数计数，每 100 次进行标志位 receive_flag 赋值。main( )函数根据 receive_flag 的值定时采集设备房或者站台层的温湿度数据，并分析报警。流程图如图 7-2-8 所示。

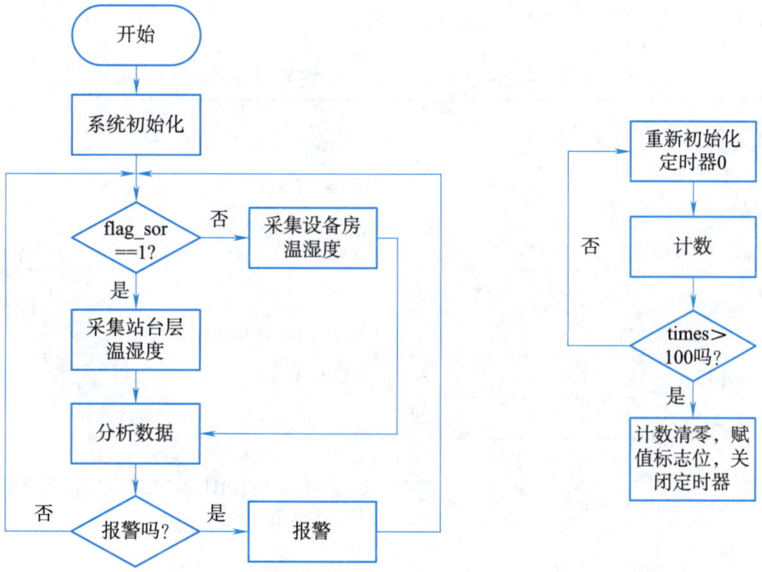

图 7-2-8　地铁车站环境监控系统设计流程图

(2)系统难点在于读取温湿度传感器的数据,这要严格根据传感器规定的时序逻辑进行编码,本工程主要体现在两个函数 receive_data(unsigned char ＊p)和 Read_One_Byte()。其中 receive_data(unsigned char ＊p)函数主要作为读数据前的准备,Read_One_Byte()完成读取一字节。下面详细分析两个函数。首先分析函数 receive_data(),见表 7-2-2。

表 7-2-2　receive_data()函数与时序操作对比表

程　序	说　明
void receive_data(unsigned char * p)	
{	步骤一:硬件已经实现
unsigned char j;	
DHT_DATA = 0;	步骤二:单片机的 I/O 设置输出低电平,且低电平保持时间不能小于 18 ms,然后单片机的 I/O 置高电位,为输入状态,等待 DHT11 做出回答信号
Delay(20);	
DHT_DATA = 1;	
DelayXus(1);	
while(DHT_DATA);	
if(! DHT_DATA)	
{	步骤三:
while(! DHT_DATA);	等待低电平
while(DHT_DATA);	等待高电平
for(j = 0;j < 5;j ++)	步骤四:接收 40 位数据
{	
* (p + j) = Read_One_Byte();	分四次,每次接收一字节
}	
}	
}	

再分析读取字节的函数 Read_One_Byte( ),见表 7-2-3。

表 7-2-3　Read_One_Byte( ) 函数与时序操作对比表

unsigned char Read_One_Byte()	
{	
unsigned char i,temp = 0;	
for(i = 0;i < 8;i ++)	
{	
while(! DHT_DATA);	等待约 14 μs 低电平结束
DelayXus(3);	延迟约 31 μs
if(DHT_DATA)	延迟 30 μs 后,DHT_DATA2 = 1,说明是数据 1,等待数据 1 的高电平结束
{	
temp = temp <<1;	
temp |= 0X01;	
while(DHT_DATA);	
}	
else	延迟 30 μs 后,DHT_DATA2 = 0,说明是数据 0
{	
temp = temp <<1;	
}	
}	
return temp;	返回读数
}	

任务实施

本书配套建设了实验箱,书中所有程序皆可在实验箱上进行验证。任务要求先进行仿真验证,再用实验箱进行验证。车站环控系统实验材料清单见表 7-2-4。

表 7-2-4　车站环控系统实验材料清单

序　号	名　称	规　格	数　量
1	51 单片机实验箱	本书配套	2
2	计算机	Win 10 系统	1
3	仿真软件 Proteus	Proteus 7 以上	1
4	Keil	μVision 4 以上	1
5	温湿度传感器	DHT11	2
6	蜂鸣器	5 V	1
7	液晶屏	LM016L	1
8	杜邦线	公对公、公对母、母对母	若干

请对照表 7-2-5 进行车站环控系统实验操作,并记录关键步骤和关键代码。其中,附加功能是提高部分,供学有余力的学生进行能力提升。

表 7-2-5　车站环控系统实验关键步骤

序号	关键步骤	具体实施(图片、文字)或对应关键代码
1	检查实验箱对应部件是否良好	
2	实验箱与计算机连接	
3	建立单片机工程,工程名为 tempcontl,单片机型号选择实验箱上对应的单片机型号	
4	编写程序,并编译通过,生成 tempcontl. hex 文件	
5	用仿真器成功下载代码到实验箱的单片机上	
6	按照原理图用杜邦线将 DHT11 接入系统	
7	运行单片机系统,进行功能测试	
8	功能 1:调整设备房温湿度,液晶屏能实时准确显示调整后的温湿度	
9	功能 2:调整站台层温湿度,液晶屏能实时准确显示调整后的温湿度	
10	附加功能 1:根据设备性能利用液晶屏进行温湿度报警	
11	附加功能 2:根据设备状态和通信状态,利用液晶屏进行设备状态显示报警	
12	整理实验台	

任务评价

任务评价表见表 7-2-6。

表 7-2-6　车站环控系统任务评价表

小组成员		学生姓名		
目标	目标内容	学生自评	小组互评	导师总评
知识	了解传感器在智能系统中的应用			
	了解温湿度传感器在城轨车站环控系统中的应用			
	掌握温湿度传感器 DHT11 的特点和应用			
	理解硬件时序图的含义			
	理解单片机常见的一线总线			
	了解人工智能技术在城轨环控系统中的应用			
	了解大数据在城轨环控系统中的应用			
能力	能设计环境监控系统电路			
	能初始化一线总线			
	能根据传感器 DHT11 硬件进行一线总线的读/写操作			
	根据硬件时序图进行硬件驱动函数编写			
素养	具有安全作业的操作意识			
	具有城轨环控系统生产安全的责任意识			
	具有科技强国的责任感			
	操作规范、团结协作、认真严谨等职业素养			

巩固练习

一、单选题

1. 数字温度传感器 DS18B20 温度数据最多为(　　)位。

A. 8　　B. 9　　C. 12　　D. 16

2. 符号“－”ASCII 码可用十六进制数(　　)表示。

A. 0x2c　　B. 0x2d　　C. 0x3c　　D. 0x3d

3. 数字温度传感器 DS18B20 进行 9 位温度数据转换的时间是(　　)。

A. 93.75 ms　　B. 187.5 ms　　C. 375 ms　　D. 750 ms

4. 数字温度传感器 DS18B20 共有(　　)种转换精度数据位，温度最高精度是(　　)。

A. 3,0.125 ℃　　B. 3,0.0625 ℃

C. 4,0.125 ℃　　D. 4,0.0625 ℃

5. 74HC573 为八输出的 D 型透明锁存器，透传状态的工作条件是(　　)。

A. OE 端为低电平，LE 端为低电平　　B. OE 端为低电平，LE 端为高电平

C. OE 端为高电平，LE 端为低电平　　D. OE 端为高电平，LE 端为高电平

6. 74HC573 为八输出的 D 型透明锁存器，保持信号输出不变的条是(　　)。

A. OE 端为低电平，LE 端为低电平　　B. OE 端为低电平，LE 端为高电平

C. OE 端为高电平，LE 端为低电平　　D. OE 端为高电平，LE 端为高电平

7. 单片机于 DHT11 之间使用单总线通信方式，单片机的起始信号格式为(　　)。

A. 数据总线(SDA)拉低至少 18 ms　　B. 数据总线(SDA)拉高至少 18 ms

C. 数据总线(SDA)高阻至少 18 ms　　D. 数据总线(SDA)空闲至少 18 ms

8. DHT11 数据总线(SDA)的位数据“1”的格式为(　　)。

A. 54 ms 高电平加 68～74 ms 低电平　　B. 54 ms 低电平加 68～74 ms 高电平

C. 68～74 ms 高电平加 54 ms 低电平　　D. 68～74 ms 低电平加 54 ms 高电平

二、填空题

1. 数字温度传感器 DS18B20 温度检测范围为________，并且在温度范围超过________时具有________的精度。

2. 传感器 DS18B20 和 DHT11 均采用________数据线实现数据的写入和读取，应用于电路时，总线上需接________电阻。

3. DHT11 是一款由已校准数字信号输出的温湿度传感器，其精度湿度为________，温度为________，量程湿度为________，温度为________。

4. 整型数 0x0550 的补码是________，整型数 -55 的补码是________。

5. 通过单线总线端口对 DS18B20 编程需进行________、________、________三个操作步骤。

6. DS18B20 的初始化时序包含一个________μs________的复位脉冲和一个________μs________的存在脉冲。

7. 温湿度传感器 DHT11 是通过一个________感湿元件和一个________测温元件测量环境湿度及温度。

8. 传感器 DHT11 的电源引脚(VDD、GND)之间通常并接一个 100 nF 的电容，主要起________功能。

9. 单片机与 DHT11 之间的通信，一次传送________位数据，________位先出。

10. 温湿度传感器 DHT11 推荐的存储环境为温度________℃、湿度不大于________%。

三、编程题

1. 编写程序，将数字温度传感器 DS18B20 的温度显示在 LCM1602 液晶屏的第一行，将温湿度传感器 DHT11 温度和湿度数据显示在第二行。

2. 编写程序，当数字温湿度传感器 DHT11 测量温度大于 45 ℃时，在 P2.0 口输出高电平；反之，输出低电平。当测量湿度大于 92% 时，在 P2.1 口输出高电平；反之，无输出低电平。

四、简答题

1. 描述 DS18B20 写“0”、写“1”的时序表示方法。
2. 单片机从 DHT11 读取数据间隔较长时，为何要读两次数据？
3. DS18B20 的单总线协议中包含哪些信号类型？
4. 数字温湿度传感器 DHT11 的数据脚与单片机相连接时为何需接上拉电阻？

附录A　图形符号对照表

图形符号对照表见表 A-1。

表 A-1　图形符号对照表

名称	国家标准的画法	软件中的画法
发光二极管		
二极管		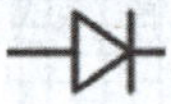
极性电容器	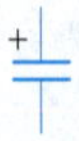	
晶振		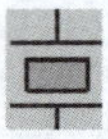
按钮开关		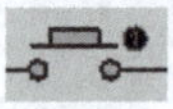
晶体管		
扬声器		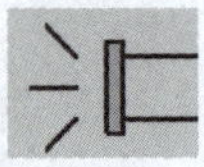
非门	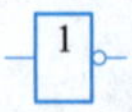	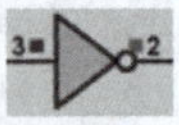

参 考 文 献

[1] 徐海峰. C51 单片机项目式教程[M]. 4 版. 北京:清华大学出版社,2011.

[2] 陈继欣,邓立. 传感网应用开发:中级[M]. 北京:机械工业出版社,2019.

[3] 徐科军. 传感器与检测技术[M]. 北京:电子工业出版社,2021.

[4] 朱济龙,唐春林. 城市轨道交通车站机电设备[M]. 北京:机械工业出版社,2018.

[5] 王骥,宋方,林景东,等. 模拟电路分析与设计[M]. 3 版. 北京:清华大学出版社,2020.

[6] 谭浩强. C 程序设计[M]. 5 版. 北京:清华大学出版社,2017.